智元微库
OPEN MIND

成 长 也 是 一 种 美 好

什么心理

我们为何这样想，那样做

陈晓 著

人民邮电出版社

北京

图书在版编目（CIP）数据

什么心理 ：我们为何这样想，那样做 / 陈晓著. --
北京 ：人民邮电出版社，2021.7
ISBN 978-7-115-56027-8

Ⅰ．①什… Ⅱ．①陈… Ⅲ．①心理学－通俗读物
Ⅳ．①B84-49

中国版本图书馆CIP数据核字(2021)第032743号

◆　　　　著　　陈　晓
　　责任编辑　　张渝涓
　　责任印制　　周昇亮
◆ 人民邮电出版社出版发行　　北京市丰台区成寿寺路 11 号
　　邮编 100164　　电子邮件 315@ptpress.com.cn
　　网址 https://www.ptpress.com.cn
　　大厂回族自治县聚鑫印刷有限责任公司印刷
◆ 开本：880×1230　1/32
　　印张：10.5　　　　　　　　　　　2021 年 7 月第 1 版
　　字数：360 千字　　　　　　　　2021 年 7 月河北第 1 次印刷

定　价：59.80 元

读者服务热线：（010）81055522　印装质量热线：（010）81055316
反盗版热线：（010）81055315

广告经营许可证：京东市监广登字 20170147 号

像读故事一样，轻松学习心理学

这是什么心理？

有一个很优秀的女孩，她和男朋友谈了 8 年的恋爱，然而这个男孩并不是一个合格的情人，对这个女孩不是很上心，还做过对不起她的事。女孩非常痛苦，她在理智上知道这个男孩靠不住，但就是无法离开他，周围的朋友都劝她放弃这段感情，但她坚信这个男孩是她的"真爱"。

为什么人会深陷一段不值得的感情而不可自拔？心理学的研究会告诉你答案。

假如你和伴侣去电影院看了一部电影，你很不喜欢这部电影，对方却说这部电影让他重新体验了年少时的迷茫与无助，实在太感人了，所以希望你能陪他再看一遍。在这种情况下，你是去还是不去？

如何感知感情深浅并预判走势？心理学的研究可以借你一双慧眼，

通过你在过往类似情境下的选择，帮你看清缘深缘浅。

2020年春节期间新冠疫情暴发时，我花了整整七天劝说我的父母戴口罩、不要出门。但他们对我的劝告置若罔闻，根本不听。尤其是我爸，还天天往外跑。但是当我们村头的大喇叭开始广播疫情信息时，我爸就立刻跑回家，好多天都不敢出门。

为什么一个心理学教授的话还不如村头那个大喇叭有说服力？心理学的研究不但可以解释其中的奥秘，还可以告诉你怎样才能防止父母上当受骗，怎样才能让处于青春期的叛逆孩子听话。

假如你计划买一台电视机，商场里同品牌的电视机有低、中、高三个档次，你最有可能选哪一个档次的电视机？很多时候我们以为自己是聪明的消费者，心理学的研究却发现，商家早早就布置好了"陷阱"……

这本书将以一个个小故事为切入点，让人们从心理学研究的视角看清故事背后的行为逻辑。

心理学的研究结果可能会令人吃惊，甚至刷新人们的认知。

这本书里介绍了许多心理学实验，这是本书的主要特点之一。科学的心理学实验往往充满了大量的专业理论和统计数据，除非受过专业的研究训练，否则很多人都会望而却步。但你不用担心，这本书不是枯燥乏味的学术报告，更不会干巴巴地罗列数据和图表，而会用有趣的故事演绎心理学理论和研究，这是本书的另一个主要特点。

除了介绍这些心理学理论和研究，这本书还包含了我对这些理论和研究的反思。期望这些反思可以帮人们审视自己的某些固有观念，打开思考自己、他人和社会的新视角，从而提升思维能力。

这本书还有一个特点是侧重从宏观的社会性角度来分析人的心理与行为。

2020 年春节，人们因新冠疫情暴发而被限制出行、聚集。很多人一开始很享受居家生活，感觉特别好，但是时间一久就觉得连出去散散步、见见人都是无比幸福的事情。这就说明人类具有社会特性，每个人都不是一个完全独立的个体，其心理和行为会不可避免地受到所处的群体和社会的影响。而这本书就是从这个角度切入，让人们从家长里短的烟火气中看到人生百态，也看到历史文化甚至是生物进化为人们的心理打下的烙印。可以说，这是一本很接地气的心理学书籍。当然，这不意味着其他的心理学视角不重要，各种视角都能帮助人们更好地理解自己，理解他人。

这本书中还有各类心理学小测试、小游戏、练习题和思考题，帮助大家更好地理解书中的内容，提升生活质量。

这本书中还附上了一些心理学研究的原始文献资料，推荐了很多电影和书籍，帮助人们拓展自己的自主学习能力和思维广度。

很多人们好奇的问题，都可能会在这本书中得到意想不到的答案。

这是一本独特的心理学图书。在同类图书中，有趣的心理学图书可能没有这本书专业，而专业的心理学图书又可能没有这本书有趣。

如果你想了解自己、了解他人、了解关系、了解世界，这本书可以帮你用"心"看人，是一个不错的选择。

第一章 理解自我

第二章 探究行为

第三章 改变态度

第四章 破解情感

第五章　播种善意

理解自我

★ 自我概念

一、"网红"与"忠实粉丝"

　　小明是一个中学生，最近他和家人说不想继续念书了，因为现在直播很火，可以赚很多钱，他也要做直播，要成为"网红"。

　　小红也是一个中学生，她对做"网红"不感兴趣，但是她有一个偶像，她是偶像粉丝团的中坚力量，热衷于给自己的偶像打榜①，容不得别人说一句她偶像不好的话。她甚至把自己的生活费都用来应援偶像。

　　为什么现在一些年轻人会像小明这样热衷于成为"网红"或者像小红这样容易成为某个明星的"忠实粉丝"？

　　你会怎么回答这个问题？自我概念或许可以帮助你更好地思考上面这个问题。

---

① 网络用语，帮助偶像提高在排行榜上的排名。

1. 自我概念

自我概念（Self-Concept）旨在回答"我是谁"这个问题。心理学家威廉·詹姆斯（William James）把自我（Self）分为两个层面（见图1-1）：一个层面是"主我"，即英文中的"I"，指主动的信息感受者；另一个层面是"宾我"，即英文中的"Me"，由对自己的看法和信念组成。主我对应的是自我觉知，而宾我对应的是自我概念。

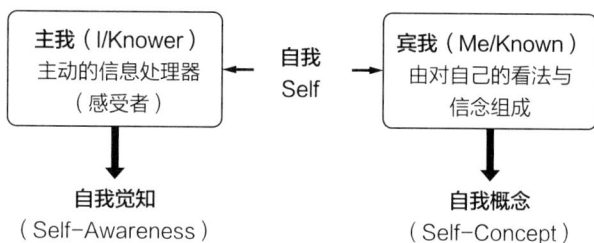

图1-1 自我的两个层面

例如，"我看到妈妈"和"我认为我很勤奋"。这两句话的两个主语"我"作为信息的知觉者，就是主我。而第二句话"我认为我很勤奋"中的"我很勤奋"是人们知觉到的，是人们对自己的一套看法，这就是自我概念。心理学家认为，自我概念指的是人们对自己的一整套的看法和信念。人们用这一套看法和信念来加工跟自己有关的社会信息和自身信息。

2. 三种自我概念

每一个人都有很多关于自己的看法，心理学家爱德华·托里·希金斯（Edward Tory Higgins）把人的自我概念分为三种：第一种是实际自我，第二种是理想自我，第三种是应该自我（见图1-2）。

```
                ┌──────────────┐  ┌──────────────────┐
                │   实际自我    │  │    个体认为自己     │
             ┌─▶│  Actual Self │  │  实际上拥有的品质    │
             │  └──────────────┘  └──────────────────┘
   ┌──────┐  │  ┌──────────────┐  ┌──────────────────┐
   │      │  │  │   理想自我    │  │    个体期望自己     │
   │ 自我 │──┼─▶│  Ideal Self  │  │     拥有的品质      │
   │ 概念 │  │  └──────────────┘  └──────────────────┘
   │      │  │  ┌──────────────┐  ┌──────────────────────┐
   └──────┘  │  │   应该自我    │  │     个体认为自己        │
             └─▶│  Ought Self  │  │ 应该/必须拥有的品质（责任）│
                └──────────────┘  └──────────────────────┘
```

图 1-2 自我概念的三种类型

　　什么叫实际自我呢？它指的是个体认为自己实际上拥有的品质，即认为自己是一个什么样的人。理想自我指的是个体期望自己拥有的品质，即期望成为一个什么样的人。应该自我指的是个体认为自己应该做到或必须拥有的品质。比如，你现在赶时间，刚好遇到红灯，你很想冲过去，但是你知道你必须遵守交通规则。这就是一个应该自我：我需要遵守交通规则。

　　心理学家认为，当实际自我、理想自我或应该自我之间出现差距时，人们就有了做出改变的动力。比如，你为什么想读这本书呢？有可能是因为你觉得自己现在还没有成为期望中的自己，所以要学习相关知识来提升自己。而当理想自我和实际自我合二为一时，人们就会失去学习的动力。这也能解释为什么有的人在追求某人时每天都有动力把自己打扮得漂漂亮亮，而一旦结婚就开始发福、变得邋遢，因为这个时候他们的理想自我和现实自我已经合二为一，失去了继续打扮的动力。

　　有不少学生，尤其是男生，在上大学后沉迷网络游戏、荒废学业。这些学生并不是一直都这样，很多学生可能在中学阶段非常用功地读书，但是考上大学之后，就堕落成"学渣"。为什么会出现这种转变呢？从不同的角度分析这个问题可以找出不同的原因，此处尝试从自我概念这个

5

角度来看看问题可能出在哪里。

在中学阶段，父母、老师甚至社会常常给学生传递这样的信息：等你考上大学就轻松了。在这种情况下，学生在中学阶段的理想就是考上大学。当他考上了大学，他的理想自我和现实自我就合二为一了。这时，他就失去了继续学习的动力。所以，家长和老师最好不要用这样的话来劝说孩子学习，努力学习的目的不只是为了考上大学，而是让自己在未来有更多的选择。有人会问，如果他已经出现这种情况，应该怎么办？

有一种做法是重新建立新的理想自我，找到自己可以继续努力的方向。

对于建立新的理想自我这件事情，在十多年的教学生涯中，有一个学生让我印象尤为深刻。他是一个很高大的男生，入学没多久就告诉我，当初他以为心理学很好玩，但是学习了一段时间后发现，心理学并不像他想象中那样有趣。他不想转专业，同时也不想每天无所事事。

了解到这种情况，我没有像一般老师通常会做的那样——努力告诉他心理学多么实用，而是直接问了他一个问题：在你上大学之前，除了读书之外，有没有你特别想做且不犯法、不伤害他人也不伤害自己的事情？他想了想，不好意思地和我说，他一直很想学琵琶。我没有劝他放弃这个"荒谬"的想法，而是立刻鼓励他去试试，并且热心地帮他介绍了琵琶老师。这个学生行动力很强，立刻买琵琶学了起来，不过他的室友开始感到崩溃——一个高大的男生抱着琵琶坐在阳台低头弹挑，画面太"美"，不敢看。

过了一阵，这个学生又来对我说，他学不会琵琶，但是他在学琵琶的过程中发现自己对音乐非常感兴趣。后来他在我们学校创办了一个音乐社团，每周举办一些音乐鉴赏活动。我在听他讲那些音乐知识的时候，可以感受到他对音乐的热爱。

大学毕业后他真的没有从事心理学的工作，而是去了一家歌舞剧院从事与音乐相关的工作，后来还去加拿大进修了一个音乐和心理学交叉的学位。

从这个学生身上可以看到，理想并不一定多么远大。如果你现在没有动力，那么可以多问问自己，有什么是自己想做但还没开始行动的，现在就开始行动起来。

从上面的例子可以看到，当理想自我与现实自我之间有一定的距离时，可以给予人们动力，但如果实际自我、理想自我或应该自我之间的差距太大，大到已经无法改变的时候，就可能引发一些负面情绪，如沮丧或愤怒。比如，你现在的月薪是 3000 元，但你希望自己一年内在市中心买一个面积 100 平方米、每平方米价格为 5 万元的房子，一般来说这是一个很难实现的愿望。在这种情况下，期望和现实之间的巨大差距会导致你出现沮丧、焦虑甚至愤怒等负面情绪。怎么办呢？你可以尝试调整二者之间的距离，从一个相对容易实现的目标入手，比如从每月定额储蓄开始行动，或者看看从哪些方面可以提升自己的赚钱能力。

有些心理问题可能就来自这三个"我"之间的差距。如果理想自我和现实自我合二为一，人们就失去了生活的动力，可能就会变得生无可恋或了无生趣；但如果二者差距过大，又可能会让人们痛苦不堪。适当的自我差距，可以让人们保持对生活的驱动力。

为什么现在的年轻人会热衷于成为"网红"或成为某个明星的"忠实粉丝"？回答这个问题，需要考虑青少年期的心理发展特点。你可以回想一下自己中学时期做过的疯狂的事情，或者去看看你在那个时期写的日记，回想你那时所喜欢的书籍或影视作品，是不是多多少少都有些

"玛丽苏"或"杰克苏"①的味道，会幻想自己就是各种故事中的主角。这就是青春期的理想自我——成为别人关注的焦点。

网络直播是成为别人关注中心的非常便捷的方式，这种方式能够实现青少年的理想自我，这是年轻人比较热衷于做网络直播的原因之一。少数人为了博得他人关注甚至会做一些比较出格的事情。

在分析"网红"问题的基础上再来思考追星问题，这一问题就能迎刃而解了。虽然青少年都想成为别人关注的中心或焦点，但毕竟不是每个人都能实现成为别人的焦点的理想自我。现实中的很多明星偶像在爆红前也只是普通人，可能是通过一些包装和运作加上运气才成了明星。青少年可能会把自己的理想自我投射到这些明星身上，尤其是那些通过选秀从普通人一夜爆红的偶像明星，这个偶像就是青少年的理想自我。与其说他们在追星，倒不如说他们在见证自己的理想自我被实现。所以，这时的明星不只是明星本人，他们还是很多粉丝的理想寄托。这也是为什么当某个明星突然出现不符合粉丝所期望的人设行为时，有的粉丝会"脱粉"甚至"转黑"。

针对这两种社会现象，只是批评这些年轻人思想不成熟并不能解决问题，父母、学校和社会更需要思考可以做些什么来为年轻一代提供更多合适的理想自我榜样。

当然，需要提醒大家的是，上述解释只是从自我概念的角度来对这些社会现象进行思考进而得出的，这些社会现象并非只有这一种解释。我鼓励你尝试从其他角度思考这两种社会现象。

---

① "玛丽苏"或"杰克苏"，网络流行语，泛指很完美、备受关注的主角形象。

自我概念的作用 ★

二、无法出门的学生

曾有一个学生在一次长假开学后 20 多天都没有回学校上学，当我知道这个情况后马上联系了他的家长，发现他就在家里待着，没有回学校。在大学四年间，这种事经常在他身上发生，即便他在学校，也总是待在宿舍，很少去上课，这导致他旷课过多甚至需要重修课程。后来，在我和这个学生的长聊中，他和我讲述了他的困扰——每次出去，只要别人稍微盯着他看，他就会感到特别不安，总是觉得别人在看他脸上的缺陷。其实这个学生长得非常帅气，只是脸上有一些小小的痘印而已。后来因为这个问题，他的父母还送他去韩国做过一次整容。

这个主题会尝试从自我概念的作用这个角度来解释上面这种心理困扰。

1. 自我概念的功能

对自己的看法，即自我概念，对人们有什么作用？心理学家认为自我概念主要有三个方面的功能。

第一，保持内在的一致性。每个人都需要保持对自己的看法的一致性。张三今天觉得自己很厉害，明天又觉得自己很差劲；后天觉得自己特别聪明，大后天又觉得自己非常笨。这样的自我概念是不一致的，他可能会被怀疑有边缘型人格障碍。

第二，自我概念能解释在日常生活中为何会形成某种经验。比如你今天遇到张三，我问你张三是一个什么样的人。你说张三这个人很好学。为什么你会注意到张三好学这一点呢？有可能在你的自我概念中，学习是核心自我概念的重要组成部分之一。你用自己的自我概念来解释在生活中遇到的人和事。人们在生活中在乎的事情，往往都与自我概念密切相关。

第三，自我概念会影响人们对生活的期待。在讲授社会心理学课程时，有一次课间休息时一个女学员对我说："陈老师，我的朋友说你的心理学课讲得很好，推荐我来学习，但是我听了你的课，感觉很失望。"我很真诚地问她，我的课哪些内容讲得不好。她说自己是开美容院的，她期望我在课堂上教她怎样让她的顾客尽快办美容卡。我很客气地告诉她，不好意思，我也很想学这种课程，要不你以后遇到这样的课程也告知我，我也去学习学习。

课后，介绍她来上课的朋友告诉我，她的这位朋友一心扑在美容事业上，导致夫妻关系和亲子关系都很糟糕，之所以介绍她来上课，本来是因为期望她可以通过学习逐渐处理好这些关系。那次课的后半部分的主题恰恰就是亲密关系和亲子关系。可惜的是，那位学员上完前半部分的课就走了。

对这个学员来说，美容事业是她的自我概念的重要组成部分，甚至家庭、伴侣和孩子都没有这个部分重要，她的自我概念决定了她对我的课程的期待。

人们在生活中对很多信息的加工都是基于自我概念，每个人的自我概念所关注的内容是不一样的。如果不尝试理解和接纳这种不同，而要求他人必须与自己保持一致，就容易导致人际关系出现矛盾冲突。

2. 自我参照效应

自我概念在解释经验和决定期待时会产生一个很好玩的心理现象，叫作自我参照效应（Self-Reference Effect），即当在加工一些信息时，如果这些信息和自我概念密切相关，人们就会对这些信息进行快速的加工并形成深刻的记忆。比如你去某个地方，那里有很多陌生人，但是其中有一个人跟你同名同姓，你很快就会记住这个人，因为这个人的名字跟你的自我概念密切相关。这就是自我参照效应。

生活中的某些社交焦虑或恐惧有可能是严重的自我参照效应引起的。假如你对自己身体的某个部位不满意，比如觉得自己的腿太短或太粗，你每天出门前可能就会花很多的时间来修饰这个部位，换了一条又一条的裤子试图掩盖这个缺点。如果路上有人盯着你的下半身时间稍长，你就疑心别人注意到了这个缺点，其实别人十有八九并没有看到。一旦对身体某部位不满意的自我参照效应变得特别严重，就会引发社交焦虑或恐惧，导致你可能不敢去人多的地方，严重者甚至连门都不敢出。而本节开头提及的那个学生的例子就是非常明显的严重的自我参照效应。为了确认，我还私下问过其他学生对这位同学的印象，其实，几乎所有的人都没注意到他所担忧的缺陷。

还有一个很有趣的故事。有一个非常帅气的男孩，曾经有很多女孩追求他，但都被他拒绝了。后来男孩终于接受了一个女孩的追求，女孩很好奇他为什么总是拒绝别人，男孩说，他有一个秘密。他把刘海掀起来让女孩看他的眉毛："喏，这就是我的秘密。"女孩盯着他那条眉毛看了许久也没有发现异样。最后在男孩的引导下才发现，男孩的眉毛里有一条非常小的伤疤，如果不认真看是看不出来的。男孩说从小别人都说他长得好看，后来有一次他不小心摔倒，磕到眉毛留下了疤。从此，他每次照镜子都能清楚地看到这条疤痕。他觉得自己破了相，害怕别人看到这个缺陷，所以不敢接受别人的追求。

这时，女孩说，其实她也有一个秘密。女孩把散开的头发扎起来，告诉男孩"这就是我的秘密"。男孩看了半天也没看出究竟，最后在女孩的引导下才发现原来她两个耳垂长得不大一样。他们哈哈大笑，原来困扰他们十几年的心病别人从来就没有发现。

如果你也存在类似困扰，不知道男孩和女孩的故事能否给你带来一些启示？下面这个有关自我概念的小游戏，或许对解决你的问题也有一些帮助。

小游戏

首先，拿出一张纸，在纸上写出能够真实描述你的以"我……"开头的话。不要思考太多，凭借第一直觉写，这些描述可以是积极的，也可以是消极的，越多越好。

其次，找两群人，一群是你认为对你比较了解的人，比如你的家人、朋友、同学、同事；一群是对你不了解的人，你需要先和他们稍作交流。请这两群人帮忙写下他们眼中的你，可以是以"他……"开头的话。

最后，把这两群人对你的描述收集起来，并和你对自己的描述做比较，统计一下，你对自己的描述有多少与别人对你的描述重合；尤其是那些对你造成困扰的描述，有没有出现在别人的描述中，我猜很有可能并没有出现。如果你下次仍被这些缺点或缺陷困扰，你可以在内心告诉自己，没有关系，这个缺点或缺陷只有我自己知道，别人并没有发现。

做完这个游戏，请你思考一下，你对自己的描述和他人对你的描述，哪一个更符合真实的自己，你为什么没有留意别人眼中的你的那些方面。

社会文化对自我的影响 ★

三、东西方人与南北方人

小丽是一个已婚的"90后"女性，最近刚升级为妈妈。本来很开心的生活，自从婆婆来帮忙带孩子就开始变得鸡飞狗跳。现在婆媳关系闹得非常僵，夫妻关系也开始出现问题。为什么婆媳关系问题在中国家庭中比较普遍？

刚上大学的张三最近也非常心烦，他来自南方，而他的室友小李来自北方，张三发现他和小李好像分别来自不同星球，不管是生活习惯还是思维模式都存在很大的差异。张三很好奇，同样都是中国人，南北方的差异真的这么大吗？

先思考一下你对这两个问题的答案。对这两个问题的答案可能就隐藏在下面这个小游戏里。仔细观察图 1-3，你会怎么对没有见过这张图的人描述这张图？

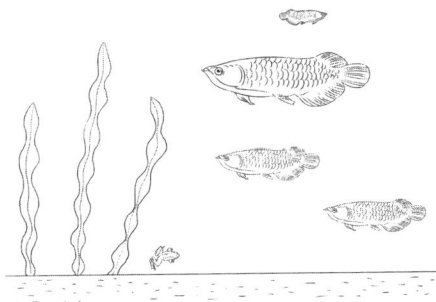

图 1-3 描述练习图一

同样，也请你观察图 1-4，然后思考你会怎样对没有见过这张图的人描述你看到的内容。

图 1-4　描述练习图二

请大家先将自己的答案放在心里，后文会解释你对这两幅图的描述与你如何看待自己之间的联系。

1. 自我概念与文化

每个人都生活在某种社会文化之中，对自己的认识会不可避免地受所处文化环境的影响。心理学家把关于受社会文化影响的这套自我概念，称为社会自我或集体认同。它包括两个方面：一是人际关系，比如，"我是某某的父母或者孩子"，这时人们就是在使用自己与孩子或父母的人际关系来定义自己；二是采用群体认同的方式来定义自己，比如"我是广东人"，就是用自己和广东人这个群体的关系来定义自己。

心理学家针对自我与文化的关系提出了两种自我定义，分别是个人主义和集体主义，也称为独立的自我（Independent Self）和依存性的自我（Interdependent Self）。个人主义的自我强调个人的目标，用个人的特质来定义自己，比如，"我是一个很善良的人""我是一个很上进的人"，就是依据自己独有的品质来定义自己；而集体主义的自我则注重个体所处的群体的目标，依据群体的属性来定义自己，比如，"我是中国人""我是某某公司的员工"。

个人主义的自我和集体主义的自我之间存在多方面的差异。如图 1-5 所示，个人主义的自我强调每个人都是独立的个体，因此自我是独立的；而集体主义的自我则更强调个体之间的互相依赖。二者的认同也有差异，个人主义认同的是个人的标准，而集体主义认同的是社会或群体的标准。二者所关注的重点也不同，个人主义关注的是"我"自己，而集体主义关注的是"我们"。二者所反对的也不同，个人主义可能比较反对从众、和大家一样，而集体主义则可能比较反对以自我为中心、和别人不一样、锋芒毕露。

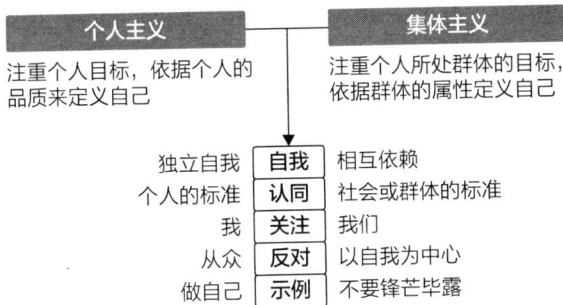

图 1-5　个人主义和集体主义的差异

2. 个人主义与集体主义研究

心理学家用了很多有趣的方法来检验不同社会文化下的自我概念的差异。

理查德·E.尼斯贝特（Richard E. Nisbett）分别给美国学生和日本学生看了类似图1-3的图片后，让他们回忆这张图。他发现，日本学生和美国学生都对这张图中比较突出的三条鱼有比较深刻的记忆，但同时他们的记忆又有一些不同。日本学生的回忆中包含了更多的背景特征信息，他们的描述以关系为主（青蛙在植物的旁边），描述一般以"看起来像一个池塘（整体）"开头；而美国学生把更多的注意力放到焦点目标上，比如其中某条鱼的特征，描述一般以"有一条……大鱼"开头。

东方文化下的个体在回忆信息时包含了很多关系的定义和整体的定义，而西方文化下的个体在回忆信息时更倾向于突出特别属性的定义。

当心理学家把类似图1-4的图片给来自不同文化的被试者看后，得出一个有趣的结果：个人主义文化下的个体会将图片描述为，前面这条鱼在引领后面的一群鱼，而集体主义取向的个体则更有可能将图片描述为后面的一群鱼在追赶前面的这条鱼。这两种描述实质上有很大差异，前者以前面这条鱼的行为来定义这张图，而后者是以后面那群鱼的属性来定义这张图。

我教授心理学十几年，每年都会对大一学生重复这个实验。我也有一个有趣的发现，2014年前，大部分学生的描述都以"一群鱼……"开头，但从2014年开始，1995年后出生的大学生进入了校园，他们更乐于用"一条鱼……"来描述这张图。

这可能与社会的变迁有关，出生在20世纪90年代中期后的这批大学生，其自我概念中个人主义的倾向会更加明显。

大家经常说"90后"的孩子表现得比较自我主义，真的是这样吗？我认为与自我主义相比，他们的表现更像个人主义。他们更注重个人的目标，更强调个人属性，而不像年长一辈那样更强调集体主义倾向，这就可以解释为什么现在的"90后"员工在工作上更强调个人的体验和价值，不那么愿意受领导或单位管制。我认为，这就是社会现状。作为管理者，不应该抱怨或批评年轻一代的不同，而是要思考如何根据他们的特点调整管理思路和方法。

如果现在给你三个词：熊猫、猴子、香蕉，要求你从里面选出两个词进行配对，你会选择哪两个？研究发现，东方人比西方人更有可能把猴子和香蕉进行配对。实际上猴子属于动物，香蕉属于植物，这两个本不是一类，但是东方人更有可能看到猴子吃香蕉或香蕉被猴子吃的存在关系。

心理学家北山忍（Shinobu Kitayama）向大学生展示了图 1-6 的 A 和 B 两个正方形，并要求他们完成两项任务：第一，在方框 B 里画一条和方框 A 里那根线段一样长的线段；第二，同样是在方框 B 里画一条线段，但是需要按照 A、B 两个正方形的比例关系画一条等比的线段。你可以自己尝试一下，比较哪项任务更困难。

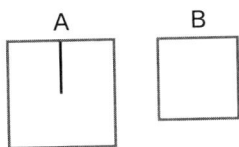

图 1-6 北山忍的两个四方形

对比美国学生和日本学生完成这两项任务的表现，心理学家发现，美国学生在画一条同样长度的线段时画得更准，而日本学生在画等比关系的线段任务上更准确。第一项任务中要求无视正方形的比例关系只考虑线段本身的长短，这符合个人主义文化，所以美国学生将这项任务完成得更好。第二项任务强调比例关系，符合集体主义文化关注关系和整体，因此日本学生在第二项任务上表现得更好。这也可以解释为什么亚洲国家的学生在数学领域的成绩会相对更好，因为在数学学习中要学会处理很多比例关系，而集体主义文化的特点可能会让人们更容易理解和掌握这些关系。

心理学家发现自我概念的文化差异甚至在神经方面也有所体现。研究者向中国和西方的被试者分别展示了自己对比他人和母亲对比他人的图像，并要求他们判断一些属性词（如勇敢、吝啬）是否可以描述自己、母亲或其他人，同时扫描他们在做这些判断时的大脑活动。

研究者发现，中国人在呈现自己对比他人和母亲对比他人时，大脑激活的区域一致，而西方人在自己对比他人和自己对比母亲时，大脑激活的区域一致。也就是说，中国人把自己和母亲归于一类，而西方人则把母亲和他人归于一类。

基于大量对东方人和西方人思维的研究，心理学家认为，东方人的思维更具整体性，会从人际关系和环境的角度来思考人和物。

现实生活中的一些案例也证实了这一观点。对比中国人和外国人撰写的心理学教材，会发现一些由中国人写的教材内容平实，但是逻辑性强，只要坚持读完，就会对这个领域有比较系统的了解。而在读一些由外国人写的同一领域的教材时，会发现教材内容有趣，但由于缺乏系统性，读者在阅读的过程中更容易产生困惑。这就是两种文化思维方式差异的体现。

我一般会建议心理学初学者在接触一门新的心理学课程时，先找一本由中国人写的内容较少的教材快速通读，搭建课程框架，再找一本外国人写的教材仔细阅读，将书中内容放到相应的框架体系里，这样可以将课程内容掌握得更系统。

社会上有观点认为中国人缺乏创造力，但我认为这种观点的出现是出于对创造性或创造力的肤浅理解。我个人认为创造性包含两个层面：一层是"无中生有"的原创性；另一层是"有中出新"，即在已有的基础上推陈出新。结合前文提到的自我概念的文化差异，个人主义文化可能会促进更多的原创性，而集体主义文化可能在有中出新这个层面表现得更为突出。

结合这一观点并重新审视近 20 年来中国的社会发展和科技进步，就会发现中国在有中出新这方面成果瞩目，比如：高铁、网络购物、电子支付、智能手机、物流体系等，思维方式赋予国人善于从关系和环境角度出发思考问题的能力，让我们能看到一个新兴事物带来的更多可能，并且能根据情景需要对新兴事物进行改造。这是文化带来的优势，我们应该引以为豪。

再来回顾本节开头案例中小丽的困扰：为什么婆媳关系问题在中国人的家庭中比较突出？我认为这可能与中国人的自我概念定义倾向有关。新一代年轻人的自我概念定义中有更明显的个人主义倾向，而老一辈的自我概念则更多地表现为集体主义倾向，所以婆媳关系冲突的背后是更深层次的两种不同的自我概念的冲突，可能老一辈认为你我是不分的，而年轻一代则认为你我是独立的。

3. 南方人和北方人

在中国人的日常语言中经常会提到南方人和北方人。同样都是中国人，南方人和北方人在思维上的差异有那么大吗？

2014 年，一位美国的心理学家托马斯·塔尔赫姆（Thomas Talhelm）在著名杂志《科学》（Science）上发表了一篇关于中国南北方人思维差异的研究，并为这一研究成果取名为"大米理论"。

他们研究了中国不同地区小麦和水稻的种植比例，把小麦种植比例比较高的地方划为北方，主要是黄河以北地区；把水稻种植比例比较高的地方划为南方，主要是在长江以南地区。基于这一划分标准，他们做了一系列的研究来观察南方人和北方人有哪些不同。

在第一个实验中，他们分别给南方人和北方人呈现三个词：火车、汽车和轨道，让他们从中选择两个词进行匹配。研究发现，南方人更容易把火车和轨道匹配在一起，而北方人更倾向于将火车和汽车匹配在一起。这与前文中的熊猫、猴子、香蕉匹配实验有相似之处，南方人更倾向于整体思维。

在第二个实验中，他们分别让来自这两个区域的人完成画圆圈的任务，先画一个圆圈来代表自己，再画一个圆圈来代表朋友。研究结果发现，南方人画的代表自己的圆圈较代表朋友的圆圈缩小了 0.03 毫米，而北方人画的代表自己的圆圈则较代表朋友的圆圈放大了 1.5 毫米。也就是说，南方人更可能把自己画得比他人小。

在第三个实验中，他们研究了两个区域的人对朋友的忠诚度是否有差异。他们让被试者想象自己与四类人进行交易，分别是诚实的朋友、不诚实的朋友、诚实的陌生人和不诚实的陌生人。如果对方诚实则被试者能赚取更多的钱，反之则会让被试者损失金钱。被试者有机会用自己的钱去奖赏诚实的人或惩罚不诚实的人。研究人员把被试者用于奖赏和惩罚的金钱差值作为衡量被试者对朋友或陌生人的忠诚度的标准。实验结果发现：南方人可能对朋友表现得更忠诚，但是南、北方人在对待陌生人的态度上没有差异。

研究还分析了大型的社会调查数据，研究者分别收集了 1996 年、

2000 年、2010 年南北方不同省份的离婚率，还收集了这两个区域的发明专利数量。他们发现，在同等 GDP 水平下，南方的离婚率要低于北方；南方申请专利的数量要少于北方。

这一系列的研究可以回答本节开头案例中张三的疑惑，同样是中国人，南方人在思维上比北方人更加突出整体性，他们会更加强调互相依赖及对朋友的忠诚，也就是具有集体主义倾向。

为什么南方人和北方人会存在这种差异呢？心理学家认为，因为两个区域的农业种植方式不同，小麦种植的种植方式一般来说比较粗放，而水稻的种植方式更为精细，需要集全村人之力一起协作完成灌溉活动。因此心理学家认为不同的种植文化会影响不同种植区域的人的思维方式。

下文附了一张心理学量表，可以帮你更直观地了解自己的个人主义或集体主义的倾向，感兴趣的话可以尝试一下。

小测验

独立性与相互依存性量表

阅读下面这些描述，选择你对这些描述的同意或反对程度，数值越小表示越反对，数值越大表示越赞成。

1. 我的快乐取决于周围其他人的快乐。

   强烈反对 1……2……3……4……5……6……7 强烈赞成

2. 我会为团体的利益而牺牲自己的利益。

   强烈反对 1……2……3……4……5……6……7 强烈赞成

3. 对我来说，尊重团体的决定很重要。

   强烈反对 1……2……3……4……5……6……7 强烈赞成

21

4. 要是我的兄弟姐妹失败了，我会觉得自己也要负责。

    强烈反对 1·········2·········3·········4·········5·········6·········7 强烈赞成

5. 即使我很不赞成团体成员的决定，我还是会避免和他们起争执。

    强烈反对 1·········2·········3·········4·········5·········6·········7 强烈赞成

6. 我可以坦然地面对因为获得称赞或奖励而受到的注目。

    强烈反对 1·········2·········3·········4·········5·········6·········7 强烈赞成

7. 能够照料自己，对我来说是第一要务。

    强烈反对 1·········2·········3·········4·········5·········6·········7 强烈赞成

8. 我倾向以直接、坦白的态度面对自己刚认识的人。

    强烈反对 1·········2·········3·········4·········5·········6·········7 强烈赞成

9. 我喜欢当个独特的、在很多地方都与众不同的人。

    强烈反对 1·········2·········3·········4·········5·········6·········7 强烈赞成

10. 独立于其他人而存在的自我认同，对我来说非常重要。

    强烈反对 1·········2·········3·········4·········5·········6·········7 强烈赞成

量表说明及计分方式：计算前 5 道题的平均得分，这个分数指示了相互依存性程度，也就是集体主义倾向；然后再计算后 5 道题的平均得分，这个分数指示了独立性程度，也就是个人主义倾向程度。

四、"别人家的小孩"

张三是个中学生，在最近一次考试中他只考了 55 分，父母看到他的成绩大为恼火，批评他说："你怎么就不能向隔壁的小李学习，人家每次都考 95 分以上。"在成长过程中，小李就是那个潜藏在亲子关系里的无形杀手——"别人家的孩子"。张三的父母认为，他们这么做是在激励张三，但这种做法真的能激励张三进步吗？

所谓的见贤思齐，同时也有一种说法叫作相形见绌。

人们在什么情况下会见贤思齐，在什么情况下会相形见绌，其实取决于人们对自己的情感评价，或者自己作为一个人的价值感受，也就是自我价值感。自信、自大、自恋、自卑，不过是自我评价的不同水平。自信是对自己有正确的高评价，自恋和自大是对自己有不切合实际的高评价，而自卑是对自己有过低的评价，这些都属于自我评价，也就是自尊。

1. 自尊的分类

从不同的角度来看，自尊可以分为不同的类型。

从整体和局部的角度看，自尊可以分为整体自尊和领域自尊。整体自尊就是作为一个整体的人，你觉得自己有没有价值，欣赏自己与否；领域自尊是你在某个特定领域对自己的评价，比如你常得自己数学学得不好，这是数学领域的自我评价。

从长期和短期的角度看，自尊还可分为特质自尊和状态自尊。特质自尊是对自己较稳定、跨时间性的评价；状态自尊指的是在某些情况下对自己的评价，比如你如果最近出色地完成了一项工作，就会觉得自己干得挺不错的。

自尊有高低之分，而高自尊和低自尊从何而来？想象一下，李四是你的朋友，最近他因在公司的部门晋升中失败而备受打击，觉得自己很糟糕。如果你是李四的好朋友，你会怎样安慰他呢？

2. 社会比较理论

《道德经》中说，长短相形，高下相倾。长短、高下是通过比较得出的结果。自尊高低的形成有一个重要的理论——社会比较理论。社会比较理论认为人们对自己的评价可以通过与他人做对比形成。

但具有相同行为或相同品质的个体的自我评价也可能存在区别，这取决于他们将自己和谁进行比较。比如，有的学习成绩好的学生有高的自我评价，是因为他们将自己和学习成绩差的同学进行比较。但是有的学习成绩好的学生也可能有低的自我评价，因为他们将自己和那些学习成绩更好的同学比较。这体现了两种社会比较方向：上行的社会比较和下行的社会比较。上行的社会比较就是与比你好的人进行比较，而下行的社会比较则是与比你差的人进行比较。

你觉得哪种社会比较会提升你的自我评价，哪种会降低你的自我评价？很多人的第一直觉会认为，下行的社会比较能提高自尊，而上行的社会比较会降低自尊。事实上，社会比较的结果非常复杂，除了比较的方向因素外，对比较的对象的情感距离也会对社会比较的结果产生一定的影响。

3. 社会比较对自尊的影响

根据与他人关系的亲疏远近可以将比较对象分为三类：第一类是陌生人；第二类是群体中的成员，比如：同事、关系一般的朋友或同学；第三类是和我们有亲密关系的人，比如：伴侣、孩子、父母或密友（见图 1-7）。和这三类人进行社会比较的结果对自尊的影响是不同的。

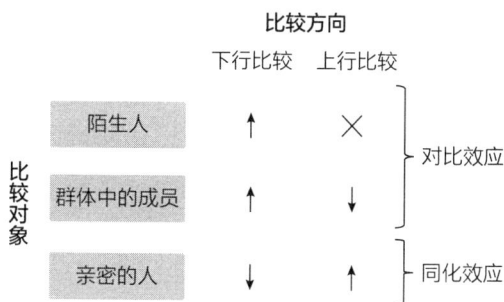

图 1-7　社会比较对自尊的影响

首先，和某方面比自己差的陌生人做比较，会提升自我评价。比如，你来到一个聚会，在场的大部分都和你不熟，你发现自己是这个聚会里长得最好看、最有魅力的人，这时你会瞬间感到自信心爆棚，在当天谈笑风生，这是因为与陌生人进行下行比较提升了你的自尊，而自尊的提升则会赋予你表现自己的勇气。

这种比较有时会对改善心境有帮助。我在大学期间曾经由于学业等方面的压力过大而情绪低落，甚至一度对生活失去信心。当时我坐在学校教学楼旁的花坛边，突然想到街上的乞丐，他们有的没有上学机会，有的甚至身体存在缺陷，但他们都在坚强地活下去，我怎么就不行呢？我在那一瞬间打消了颓废的念头。与街上的乞丐进行下行比较，让我提升了当时的自我价值感。如果你觉得自己的生活难以坚持下去，可以想想那些比你的境遇还糟糕的陌生人，他们都能坚持，你为什么不能呢？这或许能给你继续坚持下去的勇气。

和比自己优秀的陌生人进行上行比较时，对自尊的影响不大。想象一下，在大街上你看到别人开车的技术比你好，你会觉得自己很差劲吗？一般不会，你可能只会产生羡慕的心理：哇，他怎么这么厉害。

再来看与群体中成员的比较。和自己的同事进行下行比较，一般来说，会提升自我评价。比如，今天你和同事吐槽，昨晚你和老公一起去看电影时，他不仅迟到了半小时，还在电影院里睡着了，这让你感到非常郁闷。这时，你的同事说："你太不知足了，在电影院里睡着有什么大不了，我昨天晚上发现我老公有婚外情。"听到这个信息，你会瞬间觉得自己其实也没有那么惨，这时你的自我评价提高了，可能反而会去安慰这个同事。

和更为优秀的群体中的成员进行上行比较，会降低自我评价。比如，和你同部门的一位同事晋升了，你和其他同事可能会对他说一些客套话，但实际上内心并不舒服，因为这种上行比较会让你的自我评价降低。

最后，来看和自己亲近的人进行社会比较的情况。先看下行比较，即亲近的人比自己差。比如，你和另一半都是名牌大学的毕业生，但是你的孩子是个"学渣"。这种情况会降低你的自我评价。反之，你们两个是"学渣"，却培养了一个"学霸"孩子，你会嫉妒吗？不会！你只会感到自豪，甚至会向别人炫耀自己的孩子。

可以看到，与亲密的人进行社会比较和与其他两类人进行社会比较时呈相反效果。因为关系亲密的人实际上是属于你的自我概念的一部分，所以，当你与他进行比较时，其实就是在跟自己比较。

心理学家把人与陌生人及群体中成员的比较效果称为对比效应，而把与亲密的人的比较效果称为同化效应。

社会比较理论还有一个有趣的应用，如果你把这个理论反过来，就可以区分谁是你的真闺蜜，谁是你的"塑料姐妹花"①。当你的朋友遇到好事，你会真心为他感到开心，当他遇到困难，你会为他感到难过，这个人在你心里一定是亲密的朋友。如果你没有以上的感觉，那么可能你们的关系没有那么亲密。

关于社会比较对人的自尊的影响可以总结如下：当人们与别人做比较时，可能提高自尊，也可能降低自尊，比较对象和人们的情感距离对结果会产生很大影响。

回顾上文提及的李四晋升失败的案例，在安慰李四时，根据社会比较理论，可以选择一个和他关系一般的人甚至他的竞争对手作为比较对象，列举他哪些不如李四，比如，"他虽然晋升了，昨天却被女朋友甩了，而你还有一个很爱你的女朋友"。这或许能帮助李四提升自我价值感。

再看"别人家的小孩"的例子。父母举例的那个"别人家的小孩"往往是全班考得最好的，父母把你和他比较只会降低你的自尊而起不到激励的作用。相反，如果爸妈找一个和你关系较好、成绩略比你好一点的同学，鼓励你努力向他看齐，你或许就能听进去。

所以，见"贤"不一定思齐，也有可能是相形见绌，这取决于"贤人"与你是否是同类人。

下文是一个测量自尊的通用心理学量表——罗森伯格自尊量表。如果你对自己的自尊水平感兴趣，可以测试一下。

---

① 网络流行词，表示女生之间虚与委蛇的面子社交。

小测验

罗森伯格自尊量表

请仔细阅读下面的句子，选择最符合你情况的选项。请注意，这里要回答的是你实际上认为自己怎样，而不是你认为自己应该怎样。

答案无正确与错误或好与坏之分，请按照真实情况描述自己。

1. 我感到自己是一个有价值的人，至少与其他人在同一水平上。

   ④非常符合　③符合　②不符合　①很不符合

2. 我感到自己有许多好的品质。

   ④非常符合　③符合　②不符合　①很不符合

3. 归根到底，我倾向于认为自己是一个失败者。

   ①非常符合　②符合　③不符合　④很不符合

4. 我能像大多数人一样把事情做好。

   ④非常符合　③符合　②不符合　①很不符合

5. 我感到自己值得骄傲的地方不多。

   ①非常符合　②符合　③不符合　④很不符合

6. 我对自己持肯定态度。

   ④非常符合　③符合　②不符合　①很不符合

7. 总的来说，我对自己是满意的。

   ④非常符合　③符合　②不符合　①很不符合

8. 我希望我能为自己赢得更多的尊重。

   ①非常符合　②符合　③不符合　④很不符合

9. 我确实时常感到自己毫无用处。

   ①非常符合　②符合　③不符合　④很不符合

10. 我时常认为自己一无是处。

　　①非常符合　②符合　③不符合　④很不符合

　　量表说明及计分方式：把所有选项前圆圈内的分数加总就是你的整体自尊水平，分数介于 10 ~ 40 分之间，分数越高代表你的自尊水平越高。

✦ 高自尊的阴暗面

五、"魔镜，魔镜，告诉我"

大家应该都对童话故事《白雪公主》耳熟能详。

白雪公主的后妈每天问魔镜："魔镜，魔镜，告诉我！谁是世界上最美丽的女人？"当魔镜说她是世界上最美丽的女人时，她很开心。一天，魔镜告诉她，世界上最美丽的女人是白雪公主，她很生气并想方设法要害死白雪公主。白雪公主的后妈为何会做出这一行为？这一节的内容会尝试从心理学的角度对其进行解释。

1. 四种异质性高自尊

早期，心理学家只关注自尊的高低问题，但近期，心理学家认为人们不能仅把自尊粗暴地按照高低划分，还应该关注自尊的异质性，即自尊存在质的不同。心理学家将高自尊（High Self-Esteem，HSE）分为两类：安全高自尊（Secure HSE）和脆弱高自尊（Fragile HSE）。

安全高自尊个体的自我评价稳定积极、不依赖外在评价。即使得到消极评价或遭遇失败，他们也不会自我怀疑，而会认为这种失败只体现在特定任务上。如果他们取得成功，会认为这只反映了他们的兴趣或能力，而不会认为成功提高了自己的价值感。而脆弱高自尊的个体虽然对自我的评价也是积极的，但这种评价脆弱、不稳定，易受外部信息的影响。当他们的自尊受威胁时，可能会用各种防御机制应对。

脆弱高自尊还可进一步被细分成三种：第一种是不稳定高自尊（Unstable HSE），这类个体的自我价值不稳定、会随时间和情境的波动而波动，比如，今天觉得自己很好，过几天又觉得自己很糟糕；第二种是不一致高自尊（Discrepant HSE），这类个体在意识水平上，也就是外显上，持有积极的自我评价，但是在无意识水平上，也就是内隐上，其实对自己有消极的评价；第三种是依赖型高自尊（Contingent HSE），这类个体的自我评价依赖于某种具体的标准或结果，比如考试取得好成绩或者获得了他人的肯定，会使他自我感觉良好。

研究表明脆弱高自尊个体，更有可能表现出低水平心理幸福感和高水平压力、愤怒、攻击、人际关系问题、酗酒及饮食障碍，且更容易产生偏执、自恋、边缘型人格障碍。

2. 不同自尊类型的应对方式

当脆弱性高自尊个体的自尊受到威胁时，他们可能会以打压他人甚至以暴力的方式应对。白雪公主的后妈就是脆弱性高自尊个体的典型，她每天都需要听到魔镜说她是世界上最美丽的女人才能开心。她的高自我评价依赖于魔镜的反馈，事实上她的自尊很脆弱。当有一天魔镜告诉她白雪公主才是世界上最美丽的女人时，她不仅打碎了魔镜而且要千方百计害死白雪公主。你可能会在生活中遇到白雪公主后妈式的人，他们自我感觉良好，却拥有"玻璃心"[①]。在你批评他时，一定要注意说话的方式，避免做"魔镜"，威胁到他的自我评价。

上文介绍了脆弱高自尊的风险，而低自尊与很多不良行为或心理问题也存在相关性，那么不稳定的低自尊会怎样？

在告诉你答案之前，我想邀请你思考一个问题：下面两类人谁更有可能在失恋之后借酒消愁？是高自我评价者还是低自我评价者？

心理学家研究发现，后者，具体而言，低自我评价的男性在失恋后更有可能借酒消愁。这个结果和你的预期一致吗？

失恋后，不稳定的高自我评价者的自尊受到威胁，他们可能会像白雪公主的后妈一样使用对外攻击的方式来维护自我评价（我这么好，你还看不上，是你瞎了眼）。相反，对于低自我评价且不稳定的人，成功的恋爱无疑可以提升他们的自我评价（我还是有人爱的），但是失恋会让他们本来就低的自我评价雪上加霜。这时他们的自我评价会坠入谷底，他们的自我怀疑会更加严重。当人们不想面对不堪的自己时，借酒消愁式的自我麻痹就是一个解决办法。

但是这个研究只发现低自我评价的男性会采用借酒消愁的方式，那低自我评价的女性失恋后会干什么呢？我猜应该是疯狂购物或暴饮暴食。其实，酗酒暴食、购物成瘾、赌博、物质成瘾只是不同形式的自我攻击，这些方法可以让人们暂时远离不想面对的真实自己，但是如果这些方式不奏效，结果可能就是自我毁火。

结合上述例子和研究，不难得出这样的结论：当高自我评价且不稳

---

① 网络流行语，指心理素质差，心灵像玻璃一样易碎，经不起批评或指责。

定的人的自尊受到威胁，他们可能会采用对外攻击的方式来应对；而低自我评价且不稳定的人则更有可能采用对内攻击的方式来应对。

3. 自我服务偏差

心理学家认为，高自尊还可能会带来自我服务偏差（Self-Serving Bias）。它指的是个体倾向于以有利于自身的方式来进行自我知觉。自我服务偏差可以帮助个体维持良好的自我评价。自我服务偏差一般会表现在以下四个方面。

（1）对积极事件和消极事件的解释

有些人倾向于把积极或成功归因于自己的才能和努力，而把消极或失败的事情归咎于外部或他人。比如当公司利润上涨时，公司的管理者可能会将其认定为自己善于管理的结果，而当公司利润下滑时，他们可能会抱怨员工不配合管理或经济不景气。同样，在两性关系中，如果你会认为你们关系幸福美满都是你努力经营的结果，而一旦感情出现问题，你就可能就只会埋怨对方不够用心，这就属于自我服务偏差中对积极事件和消极事件的解释存在差异。人们采取这一解释方式的主要目的是维持良好的自我评价。如果让他们承认成功不是自己的功劳，而失败是自己的责任，这将对他们的自尊产生威胁。

（2）认为自己要比平均水平做得更好

在社会赞许性行为，即社会期望个体做出的行为方面，一些高自尊个体认为自己比平均水平做得更好。例如夫妻对自己承担的家务比例的估计，如妻子会抱怨老公很少做家务，老公却会反驳自己也做了很多家务，是妻子没留意。工作中也存在这种现象，很多员工会认为自己比其他人为公司创造了更多的价值，所以很多人都会对绩效分配不满意，觉得自己比别人做得多却拿得少。

（3）盲目的乐观主义

有些人笃信："发生在别人身上的悲惨事情才不会发生在我身上，我是被神眷顾的孩子。"比如，很多夫妻结婚时相信他们一定会白头偕老，即使研究数据显示有近四成的夫妻会离婚，他们也会说："那是别人，这种事情才不会发生在我们身上！"这种现象在那些明知自己的某些生活方式不健康却又不愿意改变的人群中更为明显。

温斯坦（Weinstein）等人做过一项研究，他们对 6369 个烟民按照每天抽烟的数量进行了分组（见图 1-8），并让这些烟民评估自己罹患肺癌的风险，然后将预期风险和实际罹患肺癌的风险做了对比。

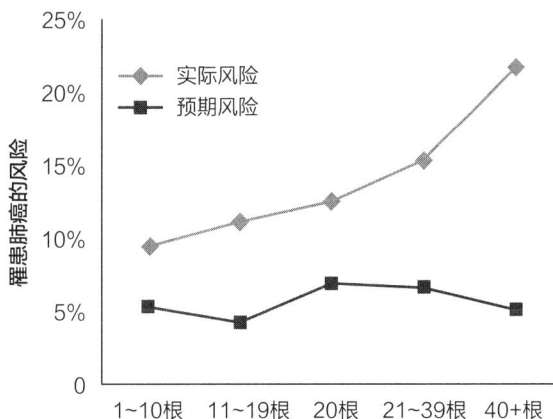

图 1-8　烟民预期与实际患肺炎风险对比

不同抽烟量的烟民认为自己得肺癌的风险相差不大，而且他们的预期均明显低于实际发病风险。但若将研究结果告诉烟民，他们并不会相信这一结论："那是别人，我肯定不会！"

这种盲目的乐观主义会让人漠视潜在的风险并疏于防范。比如在风险投资方面，盲目乐观主义可能会使人们对收益过分乐观而无视风险，投入大量的本金后血本无归。

适当的乐观是好事，但盲目的乐观则可能会是过犹不及。

（4）虚假的普遍性和独特性

虚假的普遍性（False Consensus Effect）是指人们高估自己的意见或行为的普遍性。在生活中，当人们产生某个看法时，有时会以为别人也会有和自己相同的看法。比如，如果你认为领导有问题，并且你认为其他的同事也会持有相同的观点，这就是高估了其他人可能持有这个观点的可能性，这就是虚假的普遍性。

虚假的普遍性还有另外一种表现形式，就是人们在做了不应该做或不成功的行为后，有时会在潜意识中告诉自己别人也可能会这么做。比如你逃课或消极怠工，你可能会认为很多同学或员工也会这么做；你打了孩子，你会想其他的父母也会这么做。这些行为的出现是因为人们高估了别人有同样行为的可能性。因为只有你一个人认为领导有问题，或者只有你一个人逃课、怠工或惩罚孩子，会对你的自我评价产生威胁。

而虚假的独特性（False Uniqueness Effect）是指低估了自己能力、期望或成功行为的普遍性。也就是当人们具有某方面的能力或成功做了某事时，会觉得别人没有这种能力或者做不到这件事。比如你有早上锻炼的习惯，而当你觉得其他人可能没有你这么自律时，你就是在低估别人和你同样自律的可能性。因为只有你有这个能力或只有你能这么做时，这种想法才会让你感觉更加良好，而如果大家都具备这个能力或都能做得同样好，那么你就很普通了。

这些自我服务偏差虽然在一定程度上有助于维持良好的自我评价，

但是也会带来一些问题。第一，自我服务偏差容易导致对他人的错误评价，过度将责任推给他人，无法清晰认识到自己所应该承担的责任。第二，自我服务偏差可能会导致对外部群体的偏见。

思考

你对自己的自我评价是基于哪些方面？是自己的能力、学习成绩、工作表现、家庭、人际关系、他人对你的评价，还是其他？为什么这些方面是你所看中的？你觉得这种自我评价模式在生活中对你有哪些积极影响，又存在哪些消极影响？当你的自我评价受到威胁时，你的应对方式是什么？

书籍推荐

[1] 《自尊的力量》（作者：【法】克里斯托夫·安德烈）

[2] 《恰如其分的自尊》（作者：【法】克里斯托夫·安德烈、【法】弗朗索瓦·勒洛尔）

★ 自我妨碍

六、"一把诡异的尺子"

下面来探讨自我的另外一个主题——自我展示，即自我在行为层面的体现。

有一个真实的故事，故事名为"一把诡异的尺子"。我的一个非常优秀的学生准备参加研究生入学考试，这个学生的专业水平一直保持在年级前列，考上研究生的把握很大。然而，考试的当天却发生了意外。原来，考研辅导班的老师说，答题时可以用尺子对齐，这样卷面会比较工整。虽然这个学生的字非常漂亮工整，但他还是在考试的前一天买了一把尺子，并把尺子放在了桌子上。

第二天早上，这个学生提前 45 分钟到达考场，却在检查文具时发现忘了带尺子。他没有放弃这把尺子，立刻打车赶回酒店去取。当他拿了尺子打车返回考场时，竟意外地遇到了一个醉酒的司机，这个司机一直往反方向行驶，而且不管他怎么劝说，司机就是不放他下来。等他终于赶到考场时，已经错过了允许进考场的时间，与那一年的研究生入学考试失之交臂。

司机违法危险驾驶直接导致了这个遗憾的发生，有人说他运气不好，但仅仅是运气不好吗？本节内容——自我妨碍，或许可以对理解这个学生的遭遇有所帮助。

1. 什么是自我妨碍

上文介绍了如何思考自己和如何感受、评价自己，接下来介绍一个维护自己的外在良好形象的策略，被心理学家称为自我妨碍（Self-handicapping）的策略。这个术语最早由心理学家史蒂文·贝格拉斯（Steven Berglas）和爱德华·琼斯（Edward Jones）提出，用来描述个体为了回避或降低由不佳表现带来的负面影响而采取的能增加将失败原因外化机会的行动和选择。简而言之，当你预期未来在某件事情上可能会失败时，你可能会提前准备好借口或者行动来解释这种可能的失败。

例如，你要参加部门领导岗位的竞选，在参选同事中你是最弱的一个。有些人听说你要竞选这个职位，就开玩笑地称呼你"领导"，这让你感到非常尴尬，你会怎么应对这种情境？你也许会罗列很多你可能竞选失败的理由，告诉他你可能没戏，这种做法就是自我妨碍。

自我妨碍可分为两种，一种是自陈式的自我妨碍，上例中那种口头解释自己预期可能失败的借口，就属于自陈式的自我妨碍；还有一种是行为式的自我妨碍，就是个体从行动上制造阻碍成功的行为，比如故意拖延、酗酒或滥用药物。

心理学家贝格拉斯做了一个经典"药丸选择"实验，用以验证行为式的自我妨碍。他让参与实验的大学生先完成20道智力测验的类比题，其中半数人完成的是比较容易的有解题，另外半数人完成的是较难的无解题。随后这两组中各有半数的人被告知他们答对20道题中的16道，其他人则不知道自己在这项任务上的表现。这样实验中就形成了四组人：完成有解题且被告知成功解决的人、完成有解题但无结果反馈的人、完成无解题且被告知成功解决的人以及完成无解题且无结果反馈的人。其中的第三组——完成无解题且被告知成功解决的这组人，他们虽然被告知成功解答了问题，但是这个成功并不是出于他们的努力或能力，而是靠运气。

研究者随后告诉所有被试者在继续完成后续的题目之前，他们需要服用两种药物中的一种，并向被试者展示两种药物的说明，其中一种是A，另一种是P。A有助于提升被试者在智力任务方面的表现，属于促进药物；而P则会干扰被试者在智力任务方面的表现，属于阻碍药物。也就是说，假如被试者在这个实验中选择P这种药物，他们实际上是在自我妨碍，利用药物来干扰自己后续的任务表现。

实验结果如图 1-9 所示。有解题组只有 17%~18% 的被试者选择服用阻碍药物。而在无解题组中没有获得成绩反馈的被试者选择服用阻碍药物的比例和有解题的两组无明显差异；但无解题组且被告知成功解决的被试者，在其随后的药物选择中选择阻碍药物的比例明显高于其他组。

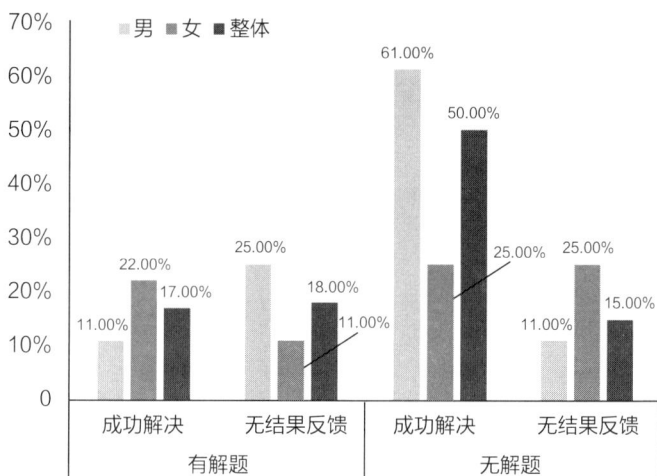

图 1-9　各组测试者选择使用阻碍药物的比例

也就是说，这些人虽然在上一项任务中被告知成功了，但是他们担心自己在后续任务中可能会失败，所以选择了服用阻碍自己成功的药物。如果他们后续表现糟糕，就可以将失败归咎于药物而非自己的能力有限，这样他们就能维持自己的良好形象。

从这个实验中还可以发现，男人和女人在自我妨碍上存在差异。选择服用阻碍药物的男性居多，而四个组中选择服用阻碍药物的女性数量接近。

心理学家发现，如果两类自我妨碍方式都可以被使用，男女都会倾向使用口头式的自我妨碍，但只有男性更有可能使用行为式的妨碍。

比如在生活中，在追求一个很难追到的人时，男人和女人对这个可能失败的自我妨碍会存在不同。男人比女人更有可能做出行为式的妨碍，比如在没有任何准备的情况下当众表白，或者捉弄对方、故意激怒意中人，最终导致追求失败。

为什么男女会在自我妨碍上存在差异？心理学家认为，可能是行为式的自我妨碍对男女有不同的影响。人们倾向于把男性的失败归因于不够努力等不稳定因素，而非能力问题。比如男性表白被拒，大家可能不会觉得是他能力不行，反而觉得他挺自信、勇敢，也许他的这种行为还会被大家视为一种英勇。但是对女性来说，人们倾向于把女性的失败归因于缺乏能力等稳定因素。如果一个女性表白失败，大家不会佩服她的勇敢、自信，而可能认为她的魅力不够。也就是说，行动式的自我妨碍对于女人来说，可能是"费力不讨好"的策略，而对于男人来说，这一策略虽然费力但是"讨好"。

2. 在什么情境下会使用自我妨碍

心理学家认为人们决定是否使用自我妨碍的一个很重要的因素是，是否有他人在场。他人在场时会对人们的表现进行评价，在预期自己可能失败时，人们就需要运用一些方法来改变自己给别人留下的印象，也就是日常生活中说的"挽尊"①。

第二个会导致人们使用自我妨碍的因素是任务的重要性。任务的结

---

① 网络流行词，指挽救自己的自尊。

果如果非常重要，失败可能严重影响自我评价，就会导致人们使用自我妨碍。例如，比起一次可能失败的平时小测验，高考或研究生入学考试的失败更有促使人们使用自我妨碍的可能。

最后一个因素是和他人在任务表现上的比较。比如，其他人都在某项任务上取得了成功，但是你却失败了，这可能会给你带来自己的能力不如别人的自我评价。你如果不确定自己是否会在这类任务上取得成功，可能就会启动自我妨碍。在大学期间，在排球发球考试前练习时，其他同学都可以轻松发球过网，只有我一个球都没有发过网。等到正式考试时，我就一直不自觉地碎碎念，"哎呀，刚才打得手痛死了，我的手好像受伤了"。其实，在正式考试时我的发球全部都过网了，我的那些碎碎念无非就是为自己可能遭遇的失败设置的自我妨碍。

回顾那个因为忘带尺子而错失考研机会的学生，作为大学四年全系较优秀的学生之一，所有人都相信他一定能考上研究生。这反而使他备感压力，在复习期间一直担心自己考不上研究生会很丢脸。而这把尺子就是他无意间给自己制造的自我妨碍，只是连他自己都没有意识到。

当人们鬼使神差地错失良机或搞砸了本来很有把握的事情时，可能是运气不好使然，但也需要自问，是否有可能是因为自己很害怕面对可能的失败，而有意无意地给自己设置了自我妨碍。

在此提醒各位老师和家长，如果你喜欢拿孩子的学习表现和别人进行比较，孩子会把自己的成绩和排名看得很重要。有时候孩子本来可以学得更好，但由于太在乎别人的评价、害怕面对失败，可能会用自我妨碍策略来维护自己的形象，学习成绩反而会受到影响。心理学研究发现，如果老师和家长可以帮助孩子提高自我效能感、建立对学习的兴趣、认识到学习对自我的重要性和价值感，孩子就会很少使用自我妨碍。

思考

　　你在生活中是否也曾出现过自我妨碍？你觉得有什么方法可以帮助你减少自我妨碍的使用？

小测验

自我妨碍量表

　　仔细阅读下面 14 道题目，根据自己的情况选择一个最符合自己的选项，在选项前面的数字上打"√"。

　　答案没有对错之分，无须对每个句子过多考虑。

1. 每当我做错事时，总认为是环境不好造成的。

　　①完全不同意　　②非常不同意　　③比较不同意

　　④比较同意　　　⑤非常同意　　　⑥完全同意

2. 我习惯于把事情拖延到最后再做。

　　①完全不同意　　②非常不同意　　③比较不同意

　　④比较同意　　　⑤非常同意　　　⑥完全同意

3. 我觉得我比大多数人更易受到环境的影响。

　　①完全不同意　　②非常不同意　　③比较不同意

　　④比较同意　　　⑤非常同意　　　⑥完全同意

4. 无论什么事情，我都会尽我最大的努力去做。

　　⑥完全不同意　　⑤非常不同意　　④比较不同意

　　③比较同意　　　②非常同意　　　①完全同意

5. 我很容易被噪声或自己富于创造性的想法干扰。

　　①完全不同意　　②非常不同意　　③比较不同意

④比较同意　　⑤非常同意　　⑥完全同意

6. 我尝试着不让自己将过多的热情投入竞赛性的活动中，这样即使失败或做得很差，自己也不会受到很大的伤害。

①完全不同意　　②非常不同意　　③比较不同意

④比较同意　　⑤非常同意　　⑥完全同意

7. 如果我再努力些，会做得更好。

①完全不同意　　②非常不同意　　③比较不同意

④比较同意　　⑤非常同意　　⑥完全同意

8. 有时候我希望生一两天的小病，因为可以减少我的心理压力。

①完全不同意　　②非常不同意　　③比较不同意

④比较同意　　⑤非常同意　　⑥完全同意

9. 如果不是情绪不好，那么我的成绩会更好。

①完全不同意　　②非常不同意　　③比较不同意

④比较同意　　⑤非常同意　　⑥完全同意

10. 我承认，当我辜负了别人对我的期望时，我常会寻找借口和理由来解释不是自己的原因。

①完全不同意　　②非常不同意　　③比较不同意

④比较同意　　⑤非常同意　　⑥完全同意

11. 我经常认为自己在运动方面没取得好成绩是因为运气比别人差。

①完全不同意　　②非常不同意　　③比较不同意

④比较同意　　⑤非常同意　　⑥完全同意

12. 我经常暴饮暴食。

①完全不同意　　②非常不同意　　③比较不同意

④比较同意　　⑤非常同意　　⑥完全同意

13. 我从来不会让情绪问题干扰生活的其他方面。

    ⑥完全不同意　　⑤非常不同意　　④比较不同意

    ③比较同意　　　②非常同意　　　①完全同意

14. 有时我会感到很沮丧，以至于很简单的工作也会变得很难完成。

    ①完全不同意　　②非常不同意　　③比较不同意

    ④比较同意　　　⑤非常同意　　　⑥完全同意

    量表说明及计分方式：该量表主要测量个体在评价情境中以练习不够、生病、拖延或情绪波动等为自己表现不佳的借口的自我妨碍倾向性，把所有题目所选的选项前圆圈中的数字加起来就是自我妨碍倾向的得分。

✦ 自我控制 ✦

七、自控者得天下

你在生活中是否也曾遇到以下这些困难？

明知道今天上午需要完成某项工作，却控制不住玩游戏、追剧；明知道自己需要早睡，已是晚上 12 点多却还一直不停地刷手机；明知道自己要勤加锻炼，保持健康饮食，却总抵不过懒惰和美食的诱惑；明知道自己要节省开销，但还是忍不住买一堆不必要的东西，甚至为此借贷。

这些问题看似各式各样，但背后的深层原因可能都是自我控制失败。

1. 什么是自我控制

自我控制（Self-control）是自我的核心功能之一，是指人们克服冲动、习惯或本能反应，有意识地掌控自己行为方向的能力。

成功的自我控制体现在三个方面：一是设定自我控制的标准，二是对行为进行监控，三是改变行为的能力。

自我控制的标准是指人们期望行为达到的目标，比如晚上 12 点前上床睡觉、经常健身、节约开支。目标不明确是导致自我控制失败的原因之一，比如要经常健身和节约开支就属于比较模糊的目标，而晚上 12 点前上床睡觉则会相对清晰。如果想成功地自我控制，可以将目标设置得具体一些。

是不是把目标设置得越细就越好？心理学家曾做过一个实验，考察不同的目标设置对学生学习表现的影响。接受实验的学生被随机分配到三个组：第一组制订以天为单位的学习计划，第二组制订以月为单位的学习计划，第三组不制订任何学习计划。研究者发现，制订月计划的学生在学习习惯和学习态度上在三组中均表现最好。即使在课程结束一年后，月计划组学生的平均成绩仍然高于日计划组与无计划组，而大部分日计划组学生在一年后均放弃了学习计划。

与直觉相反，研究结果表明虽然每日设置目标的计划让人们明确知道自己每天应该干什么，但制订这种计划不仅耗费大量的时间和精力，而且过于细致的目标缺乏灵活性和弹性。如果某天的目标没有达成，自己可能就会很受打击。而在月计划实施过程中，人们可以随时进行适当调整，即使某日或几日稍微拖延，计划仍然可以达成。

成功的自我控制需要在明确目标的同时，给自己留下一些余地。

设定合适的目标只是成功的自我控制的开始，人们还需要随时监控自己的行为是否与标准符合，一旦当前行为偏离标准，就要及时纠正它。有的人之所以会在醉酒后耍酒疯，就是因为酒精抑制了大脑中负责自我控制的脑区，导致自我控制失败。"酒后吐真言"也是如此，人们需要时刻控制自己的言行来保守秘密，但在酒精的麻痹下，大脑的控制机制失灵，不该说的话也会脱口而出。

成功的自我控制的最后一步，是掌握改变行为的能力，这是成功自我控制的关键。很多时候，人们既不缺乏明确的目标，又能对自己的行为进行良好的监控，却缺乏行动的动力。比如，我们知道自己要早睡，也能觉察到现在已经深夜该休息了，但是仍不能停止玩手机。

2. 自我控制的新视角——自我控制有限资源理论

心理学界对自我控制失败的原因非常感兴趣，心理学家罗伊·鲍迈斯特（Roy Baumeister）和他的团队提出了"自我控制有限资源理论"（Theory of Limited Self-control Resource）来解释我们为什么会出现自我控制失败。这个理论认为：第一，所有的自我控制行为都依赖同一种内部资源或能量。比如，你抵制购物的诱惑和完成工作、保守秘密时使用的都是同一种自我控制资源。第二，自我控制资源或能量是有限的。当在某一个领域使用了自我控制资源，那么在另一个领域可使用的资源就可能出现枯竭，从而产生自我控制失败，也叫自我耗损（Self-depletion）。第三，自我控制资源可以恢复，并且类似肌肉锻炼，规律的训练可以使得自我控制资源得到增加。

可以这么理解这一理论，人们需要能量进行自我控制，这个能量就像电池的电量，各种自我控制的活动都需要电池来供电才能开展，但电池储存的电量是有限的。如果已经使用比较多的电量完成某项自我控制活动，那么其他需要自我控制活动的可用电量就会减少，这些活动可能就无法正常进行，最终导致自我控制失败。不过，人们可以通过一些方法来恢复电池电量，还可以采取措施提高电池的容量。

鲍迈斯特团队设计了一个非常巧妙的实验范式来验证自我控制有限资源理论。他们要求参与者完成两项完全不相关的自我控制活动。参与者被分成三组，第一组被要求对着一些闻起来非常美味的饼干吃毫无味道的胡萝卜，随后演算些无解的几何题；第二组和第三组参与者也被要求做同样的无解几何题，但第二组参与者被允许吃饼干，第三组参与者什么也不吃。鲍迈斯特团队观察这些参与者在做无解几何题这项任务上坚持的时间。

研究者的研究结果如图 1-10 所示，什么也不吃的参与者和吃饼干的参与者在无解几何题任务上坚持的时间差不多，约 20 分钟，而要抵制饼干的诱惑吃胡萝卜的参与者只能坚持 8 分钟。这说明在抵制饼干的诱惑上他们的自我控制资源被损耗了，这导致他们在解几何题上的控制资源不足。

（分钟）

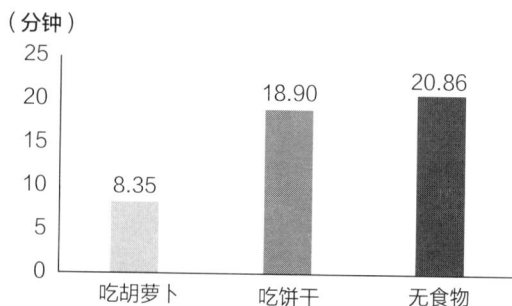

图 1-10　各组参与者在无解几何题任务上坚持的时间

后续大量的类似实验都证实，无论是抵制诱惑，还是控制情绪、思维，还是做太多的选择，都会导致被试者在随后的自我控制任务上失败。

自我控制有限资源理论在生活中也有所表现，比如，当你加班至晚上 10 点回到家里后，明知道今天很累需要早点休息。但往往就是在这种情况下，你会躺在沙发上玩手机玩到 12 点多后，才无比艰难地放下手机去洗澡睡觉，因为加班已经把你的自控资源消耗殆尽，你没有足够资源来抵制玩手机的诱惑。

再比如优惠力度诱人的"双十一"，当你要熬到午夜抢购，还要计算连数学老师都很难计算的优惠组合时，你的自我控制资源几乎被这种熬夜 + 紧张 + 复杂的优惠计算完全耗尽，你越发无法控制自己的购物冲动。等你一觉醒来，自我控制资源有所恢复，可能就会开始后悔过度消费并开始退货。

正因为自我控制资源有限，所以最好不要同时进行两项或多项需要自控资源的任务。比如一边辅导孩子学习一边忙工作，你可能会顾此失彼；再比如，同时减肥和戒烟，很容易让二者都以失败告终，最有效的办法是一件事一件事地来解决。

这一理论还可以帮助人们从新的角度来思考情感危机。婚姻治疗师唐·鲍科姆（Don Baucom）认为，很多婚姻之所以会变得不幸，是因为长时间工作让各自有工作的夫妻双方都精疲力竭，常常在下班回家后为一些鸡毛蒜皮的小事吵架。这就是为什么婚姻往往最容易在工作压力最大时出现问题：人们在工作上用完了所有的自我控制资源，在处理家庭关系时缺乏自我控制资源。

心理学家芬克尔和他的同事做了一项实验。他们要求参加实验的大学生及其伴侣在纸上照着图片画出 5 种物品，并告诉他们，其伴侣会对这些画作进行评价。

然后，他们让这些被试者观看一个女性的访谈视频，视频的下方会出现一些字幕，一部分被试者发觉自己在看字幕时将被要求重新把注意力转移到视频上，这时他们需要努力克制看字幕的冲动，产生自我损耗；另一部分被试者则是正常观看视频。

随后研究者向他们展示了他们的伴侣对画作的评价，有一些人得到的是伴侣的积极评价，而另外一些人则被告知伴侣对他们的画作给出了差评。

研究者向被试者提供了一个惩罚伴侣的机会——让他们指导伴侣练习瑜伽，并由他们决定伴侣在瑜伽体式上保持的时间，研究者把这个时间长度视为他们对伴侣的惩罚程度。

研究结果如图 1-11，无损耗的被试者，不管伴侣给的是好评还是差评，他们对伴侣的惩罚程度没有明显差异。但出现自我耗损的被试者，在得知伴侣的差评后，会用更为严厉的方式来对待伴侣。不过如果伴侣给他们好评，他们对待伴侣的方式与无损耗组没有明显差异。

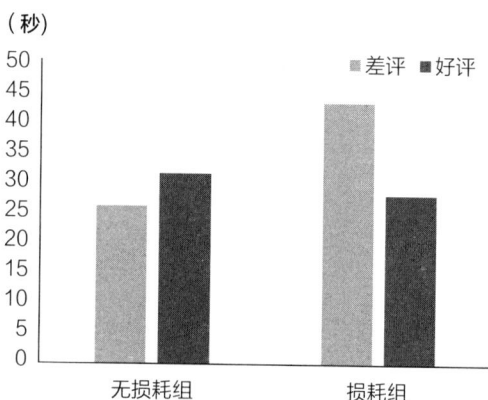

图 1-11 不同被试者让伴侣在瑜伽体式上保持的时间

如果你的另一半最近正在经历很抓狂的事情，你最好避免给他差评，否则当他的自我控制资源不足以控制情绪时，你很可能会引火烧身。相反，你可以尽量给予他积极的反馈。在对方很累时，一个微笑、一句赞美的话或一个拥抱会胜过一番指导和批评。

3. 如何提升自我控制

怎样能恢复甚至提高自我控制呢？

心理学家通过研究发现，睡眠或者放松是恢复自我控制的重要途径，积极的情绪也有助于缓解自我耗损。此外，鲍迈斯特团队发现还有一种更直接的方法，补充葡萄糖可以帮助人们很快恢复自我控制。给已经损耗自我控制资源的被试者喝含糖的柠檬水后，其自我控制恢复速度加快。这是因为甜点可以提供自我控制所需的能量。因此在人们很累时，甜点会看起来比平时更加诱人。这除了因为你已经没有多少自我控制资源可以抵制甜点的诱惑外，还因为你的身体也一直在呐喊：吃它！吃它！吃它！所以，在工作或学习很繁忙时，千万不要一直空着肚子，不然到了晚上你很有可能会失去自我控制。你可以准备一些小零食，适当补充能量。

女性在生理期会对甜食更着迷也可用这一理论解释。研究发现，女性在排卵后，身体会供给卵巢大量的能量和葡萄糖来产生雌性激素。由于大部分能量都被供给生殖系统抵抗疼痛，她们已经没有足够的能量来同时运转其他自我控制程序，这就是为什么女性在经期前后容易情绪化或行为失控。这时，及时补充巧克力或红糖水，虽然无益于消除疼痛，但可以帮助女性恢复自我控制。

当然，吃糖不能解决一切自我控制资源损耗问题。鲍迈斯特认为，吃糖可以让人在短时间内恢复自我控制，但血糖指数低的食物，如蔬菜、水果和坚果才是长期保持稳定的自我控制的更好选择。血糖指数高和血糖指数低的食物都能补充自我控制所需的糖分，只是速度不同而已。由于血糖指数高的食物（比如糖果）会导致葡萄糖水平快速上升，结果导致人们经常缺乏葡萄糖，进而使身体缺乏自制力，难以抵制再次迅速补充葡萄糖的冲动。

除了被动的方法，人们还可以通过主动练习提升自我控制。鲍迈斯特团队发现有两种有助于提升自我控制的简单练习，即调整日常行为习惯，比如改变站姿或坐姿和调整语言习惯。

芬克尔团队曾在其实验中检验自我控制练习是否可以降低对伴侣的攻击水平。

研究人员先让参与者进行自我损耗，然后测量参与者对伴侣进行身体攻击的水平。参与者被随机地分到三个组，其中两个组接受自我控制提升练习：第一组参与者被要求进行行为习惯破除练习，他们在两周内每隔一天尽量使用自己的非惯用手来生活，比如刷牙、开门、拿东西等；第二组参与者被要求进行语言习惯破除练习，在两周内每天白天尽量调整自己说话的习惯，比如只用"是"和"否"回答，避免用"我"开头等；第三组参与者不需要进行任何练习。两周后三组人重新回到实验室，研究者再次测量他们对伴侣的攻击水平。

研究结果如图 1-12 所示，没有进行自我控制练习的参与者对伴侣的攻击程度与此前的实验结果相比并没有变化（差值接近 0），但是无论是行为习惯破除练习的参与者还是语言习惯破除练习的参与者，与此前相比，他们对伴侣的攻击行为都有显著降低。

回顾前文提出的问题，如果你有拖延症、无法坚持减肥计划或有手机依赖，试图单靠制订行动计划改变现状可能无济于事，因为完成这些事情归根结底需要有足够的自我控制资源，也就是说，想要解决拖延症等问题要提高自我控制能力。

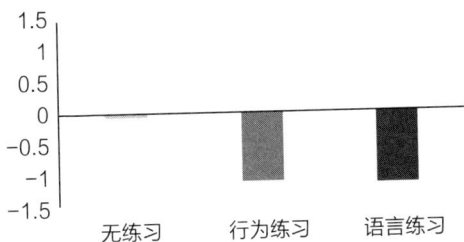

图 1-12　自我控制练习对伴侣攻击行为的影响

注：图中的柱状图是两周后的攻击水平减去两周前的水平，负值表示攻击水平下降。

最后，分享一个非常有效的提高自我控制能力的办法——练习瑜伽。练习瑜伽需要长时间保持一个体式并不断把到处游荡的意识反复拉回到当下，这是一种非常有效的提升自我控制的方法。如果能坚持一段时间，你可能会发现自己的工作效率有很大提升。

小练习

如果你感兴趣，可以抽出一周的时间，在早上起床后、中午午餐后和晚上睡觉前，用手机设定 10 分钟倒计时，在这 10 分钟里，你什么事都不用做，只需要数自己的呼吸次数，坚持练习一周之后，看看你有哪些变化。

书籍推荐

[1]　《意志力：关于自控、专注和效率的心理学》（作者：【美】罗伊·鲍迈斯特、【美】约翰·蒂尔尼）

八、念念不忘，必有回响

几年前有一本非常火的有关吸引力法则的书——《秘密》，该书的作者认为如果对某件事情保有积极的期待，只要不断地强化这个期待，最终将有可能梦想成真。

作者将这种现象解释为当人们有强烈的愿景时，个体就仿佛一个"人体发射塔"，会向宇宙发射某种频率的脑电波。如果脑电波足够强烈，就会产生所谓的"同质相吸，同频共振"，把那些能帮助个体实现梦想的能量吸引过来。书中还罗列了一些听起来非常离奇的成功案例，不过，这些案例后来被发现不过是作者为读者熬制的"心灵鸡汤"。李叔同在《晚晴集》中写道："念念不忘，必有回响"。心诚则灵的说法真的会实现吗？

在回答这个问题之前，我先讲一个故事。20世纪初，德国的一个退休中学教师威廉·冯·奥斯滕（Wilhelm von Osten）养了一匹叫"汉斯"的马。通过一段时间的训练，这匹马不仅能够识字，还掌握了四则数学运算，用蹄子敲出问题的准确答案。科学家对这匹马产生了兴趣。他们对这匹马进行测试后，发现马的主人并没有作弊。那汉斯是怎么学会算术和识字的？

1. 什么是自证式预言

自证式预言（Self-fulfilling Prophecy）是心理学中一个重要的心理效应。罗伯特·罗森塔尔（Robert Rosenthal）提出，所谓自证式预言就是指在接触他人之前先对此人有一个预期。注意，这个预期可能是正确的，也可能是错误的，比如你听别人说某人很害羞或某人是某个星座的。然后，你对这个人的预期就会影响你随后对待这个人的行为，把他塑造成你当初预期的那样。

1963 年，罗森塔尔研究团队给学生分配了两种老鼠，告诉其中一半的学生他们拿到的是聪明的老鼠，而另一半的学生则被告知拿到的是笨拙的老鼠，事实上，这些学生拿到的老鼠是随机分配的，也就是说，它们之间并没有差异。研究者给学生五天时间训练这些老鼠走迷宫，并让其每天记录老鼠成功通过迷宫的次数和用时。如图 1-13 所示，聪明老鼠成功通过迷宫的次数要多于笨老鼠，所用时间也更短。

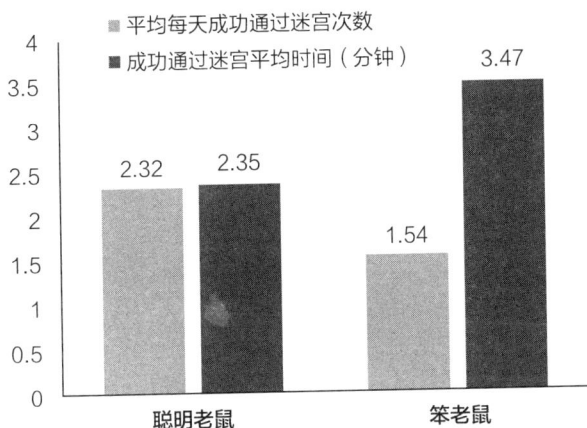

图 1-13 不同老鼠训练后通过迷宫次数及所用时间

为什么会出现这种差距？因为在实验中，两组学生对老鼠的预期有差别。当学生被告知自己拿到了聪明的老鼠时，他们会对老鼠更有信心，也会更加努力地训练这些老鼠，这些老鼠的表现自然就会更好。而被告知拿到笨老鼠的学生可能会对老鼠缺乏信心，对老鼠的训练敷衍应付，最终老鼠的表现自然就没有前一组好。学生对老鼠的预期影响了他们随后对待老鼠的训练行为，而他们的行为最终又实现了他们当初的预期。这就是自证式预言。

罗森塔尔还在 1966 年完成了一个著名自证式预言实验，我将其称为"未来大有可为"实验。

罗森塔尔等人去一所小学，声称要进行一个"未来发展潜能测验"。他们对学校 1~6 年级的学生进行语言能力和推理能力的测验，然后在每个年级随机选出 20% 的学生，告知他们的老师，测验显示这些孩子可能比其他学生更有发展潜力。8 个月后研究者再次造访这所学校，再次测验了这些孩子的语言和推理能力并将其与上一次测量结果做对比。

实验结果如图 1-14 所示，与其他学生相比，被挑选的期望组在 8 个月后的能力增长显著且表现出更强的自信心。再仔细对比 6 个年级的情况，可以发现这种差异在 1、2 年级的孩子身上表现得更为明显。

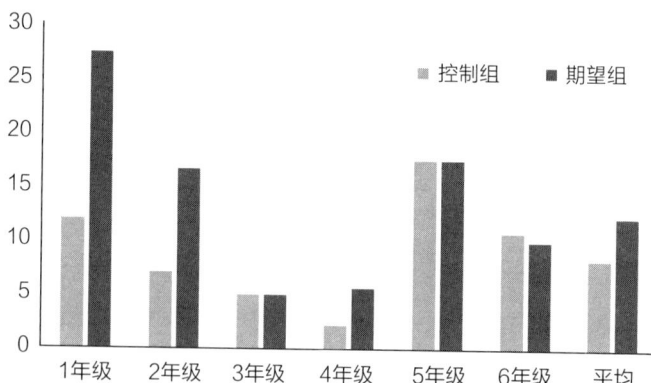

图 1-14　两组学生在两次能力测试中的增长水平

罗森塔尔认为造成这种现象的原因包括两个方面。第一，从学生的角度来解释，低年级小朋友的可塑性强、更易于接受暗示。他们的行为更容易受老师的影响。第二，从老师的角度来考虑，低年级的老师对学生还不够了解，所以更容易受这种先入为主的看法的影响。老师可能对这些学生态度更和蔼，给他们更多的关注，激励学生更加努力地学习。但对于高年级的学生，老师已经对他们有了一定了解，测验结果对他们对待学生的态度产生的影响较小。

2. 自证式预言的启示

自证式预言的研究可以带来很多方面的启示。

第一，在教育领域，老师如何期望和对待学生很重要。作为老师，应当做到有教无类，也就是不要给孩子贴标签。每一个学生都有自己独特的一面，学习成绩不好的学生也有自己的闪光点。当你热情积极地投入教学及与学生的互动时，你的热情可能会增强学生的自信，甚至有可能会最终改变一个学生的人生轨迹。这对于从事幼儿和小学低年级教学的老师来说尤为重要。

第二，在亲密关系中，自证式预言具有塑造力量。如果你总是认为孩子或伴侣存在问题，或总是对他们有消极评价，这些看法就会影响自己对待他们的行为。比如，当你经常莫名其妙地对家人缺少笑容甚至发飙时，你的家人可能也会给你消极的情绪反馈，最终促使他们变成你预想中的很差的形象，这也会为家庭关系带来消极影响。所以，在抱怨自己的孩子或伴侣的问题时，你或许需要反思一下自己是不是扮演着促使他们变成如此的幕后推手。如果你能尝试看到他们的积极之处，你就会发现他们变得越来越迷人、可爱。

第三，在工作中，需要注意自证式预言带来的偏见。人们在工作中会与不同的人打交道，当与某些人打交道时，会不自觉地带入自己的偏见。由于偏见会影响你对待他们的行为，进而这些人也会对你产生不满，其结果不言而喻。比如，作为咨询师，如果来访者表达的是咨询师感兴趣的内容，咨询师就可能在无意间对来访者露出更多的微笑或其他鼓励性的肢体表达；如果来访者表达的是咨询师不喜欢甚至厌恶的内容，可能就会在无意间通过表情或肢体流露出厌恶之情，这样咨询师就无法对来访者所表达的内容保持中立，最终将来访者塑造成咨询师自己以为的那个人。

第四，在生活中，要注意流行文化里的星相学和性格分类说。如果事前知道某个人是巨蟹座，而巨蟹座往往被描述为温柔的、情绪化的。当和这个人打交道时，人们就会更关注他性格中的这些方面。当他的表现符合巨蟹座的特点时，人们也会积极回应。这种行为又会在无意间强化这个人的行为模式，使他继续表现出符合这个星座的特点。最后这个人真的有可能变得温柔、情绪化。

最后，自证式预言还启示我们，在心理学研究中要重视实验的双盲设计。也就是说进行实验的人和参加实验的人，最好都不知道实验的目的，这可以在一定程度上避免他们对实验的先入为主的预期影响实验结果。

曾经有一本很有争议的书叫《水知道答案》。作者在这本书里宣称，对水进行赞美和诅咒会导致水凝结的花纹出现不同，被赞美的水凝结的冰花会比被诅咒的水凝结的冰花更好看；同样，给水听不同的音乐也会产生相似的效果。原书的作者独立完成这个实验观察并得出这一结论，而后来不同的物理实验室采用双盲的研究设计重复实验，得到的研究结果与作者宣称的结论并不相符。这种现象被称为实验者效应。

在本节开头的故事中，后续的研究者发现，那匹聪明的马——汉斯，在其主人知道的答案是错误的时，也会给出错误的答案；而当在场的人都不知道答案时，汉斯会胡乱回答问题。研究者发现，汉斯善于观察周围的人，当研究者让它计算 7+2 的答案时，它会开始跺脚，同时观察周围人的反应。它的答案越接近 9，周围人的内心就会越兴奋或惊讶，这时候人的面部表情或肢体会传递出一些微妙的信号，比如，眉毛微微一挑等微动作，这种变化足以让善于观察的汉斯知道正确答案。当研究者让提问者处于汉斯的视野之外时，比如躲在一个隔板后向汉斯提问，汉斯就丧失了计算能力。所以，汉斯的聪明表现实际上是一种自证式预言。

而《秘密》中所讲的吸引力法则，我个人认为那并不是所谓的向宇宙发送的脑电波在起作用，而是自证式预言。你日思夜想一个东西或一件事，比如，你想完成某个项目，你期望有人投资这个项目。在与他人的互动过程中，在谈到与这个项目相关的信息时，你可能会更兴奋，露出更多笑容。对方接收到你的这些信息后也会对你更积极，表现出更大的兴趣，心想"刚好最近有一笔资金，不如就投资你这个项目吧"。

所以，对生活保持积极的心态有时还真的有可能让你梦想成真，念念不忘，真的可能会有回响。

在古希腊神话中，塞浦路斯有一位国王叫皮格马利翁（Pygmalion），他是一名出色的雕塑家。有一次他用大理石雕刻一尊美女雕像，他在夜以继日的工作中爱上了这尊雕像，因此带着丰盛的祭品去庙里祈求爱神赐给他一位这样的妻子。爱神被他打动，赐予了雕像生命，让他们结为夫妇。后来心理学就用这个古希腊神话故事把自证式预言称为"皮格马利翁效应"（Pygmalion Effect）。奥黛丽·赫本主演的电影《窈窕淑女》

（*My Fair Lady*）也讲述了这一效应，大家感兴趣的话可以找来一观。

小练习

请观察你的生活中，尤其是和你的伴侣、孩子、父母或朋友之间，有没有出现自证式预言？是积极的自证式预言还是消极的自证式预言？如果是消极的，请你尝试在某一段时期里要求自己，每次想到对方的不好、对对方不满时，就要找出对方身上你以往没有注意到的两个优点并把它们写下来。经过一段时间的练习，你再对比你们之间的关系较以往有没有发生变化。

书籍推荐

[1]　《皮格马利翁效应》(作者：【美】朱瑟琳·乔塞尔森)

第二章

探究行为

★ 内外归因理论 ★

一、为什么

小丽和男朋友分手后非常伤心，向闺蜜倾诉："为什么他不要我？是我不够温柔体贴，还是太作……"而闺蜜则安慰她："你是一个好女孩，这个男人既没有好看的皮囊，也没有有趣的灵魂，还没办法给你承包鱼塘。他不要你是他的损失！"

在这个案例中，面对同样的分手事件，为什么当事人小丽和她闺蜜的解释有这么大的区别？在生活中，我们也会经常遇到不同的人对同一事件有不同的解释的情况。即使说法天差地别，他们事实上都是在尝试回答同一个问题："为什么？"

1. 什么是归因

人们在回答"为什么"这个问题的时候，就是在进行心理学家所说的"归因"，即个体对自己和他人的行为背后的原因进行推论和解释的过程。那么，人们在什么情况下会进行归因？换句话说，人们在什么情况下会问"为什么"？

例如，当你打开书，发现本章标题下的内容与上一章一模一样，你会感到疑惑："为什么这一章和上一章内容一样？这本书是不是印错了？"再如，如果你感情发展顺利，婚姻幸福，你几乎不会坐在那里唉声叹气地说"我为什么这么幸福"。但如果你被伴侣"劈腿"①，或是遭遇了分手，你可能就会痛苦地问："为什么？为什么要这么对我？"

上述两个情境具备两个共同特点：第一，这些事情出乎你的意料；第二，这些事情让你感到不爽。也就是说，人们并不是每时每刻都会对每件事情进行归因，只有在意外发生或某件事情让人们感到不满，或两者兼有时，人们才会进行归因。

那些会引起舆论广泛讨论的事件也具备这两个特点。正是由于负面事件比正面事件更容易引起人们的注意并让人们进行归因，所以人们才容易产生一种错觉——这个社会怎么了，为什么这么多负能量？其实生活中每天也发生很多正能量的事件，只是人们很少注意这些事件，也很少对这些事件进行归因。

2. 为什么要知道行为背后的原因

在前文的例子中，如果被分手的是你，你也会很想知道被分手的原因。既然分手已经是既成事实，为什么还要追问分手的原因呢？你可能会说，知道被分手的原因，可以避免下一次再被分手。可是下一段感情

---

① 网络用语，形容一个人用情不专，有出轨行为。——编者注

还不知道什么时候才能到来，为何要担心未来不能预料的事情？你可能会觉得我的追问是在无理取闹，其实不然，这个问题的答案就是进行归因的理由。

心理学家弗里茨·海德（Fritz Heider）认为，人们之所以想知道行为背后的原因，是因为人有两个很强烈的动机需要被满足：第一是对世界形成前后一致理解的需要，第二是控制环境的需要。

先看第一个：对世界形成前后一致理解的需要。这一需要一旦没有被满足，人们将会体验到恐怖的生活经历。比如，今天晚上你和伴侣去餐厅吃饭，吃饭过程甜蜜无比，在回家的路上你们还承诺要做彼此一辈子的天使。当你们回到家中，就在你以为自己是世界上最幸福的人时，你的伴侣突然从门后抽出一根棍子对你一顿狂打。

对于这个故事，很多人的第一反应是恐怖，因为关门前伴侣还是那个非你不可、爱你的天使，关门后却变成毫无征兆就会虐打你的魔鬼，这就是违反人们对世界的一致理解的典型案例。口口声声说爱你的人是不会莫名其妙地打你的，而若这个人在回家的路上就对你进行语言辱骂，回家之后还打你，你就会觉得这件事情发生得毫不意外，甚至对此早有预料。

基于同样的原因，人们无法接受那个口口声声说爱你的伴侣，其实早在多年前就背叛了自己而另有所爱；或是口口声声说是你的真姐妹的闺蜜，却在背地里到处说你坏话。伤害本身可能不是最痛苦的，最痛苦的是他们欺骗了你，打碎了你对世界理解一致的认知。

这个观点也可以用来解释一些社会现象。比如，现在出现心理问题的年轻人越来越多，我认为其背后的原因之一就是现在越来越多的年轻人体验到了更多的不一致。他们走入社会后发现，社会上的很多现象有悖于父母、老师的教导。有一些年轻人可能开始产生自我怀疑，有 些年轻人可能开始怀疑之前所接受的观点，而另一些年轻人则可能开始怀疑整个社会。看到的真实世界和自己理解的世界不一致，是他们出现心理问题的原因之一。

再看第二个：控制环境的需要。注意，这个控制不一定是完全控制，而是人们觉得环境在自己的可控范围内。假如你的伴侣是个非常情绪化的人，你完全不知道对方何时会突然发脾气，你可能需要处处小心，内心总是处于不安的状态。而假如这个人固定在星期一、星期三、星期五发飙，星期二、星期四、星期六"休战"，或许这样的关系对你来说更容易接受，至少你知道他发飙的规律，只要避免在星期一、星期三、星期五惹他即可，也就是你对两人的关系有了控制感。

在恋爱最初的暧昧期，那种盯着手机既期待又害怕收到对方信息的感觉，是不是特别忐忑？为什么会有这种感觉？因为你不确定对方到底是不是真的喜欢你，对方的感情不被你控制，这种无力控制这段关系的感受会让人抓狂，尤其是对那种只能生存在关系中的人来说更是如此。

有些年轻人每个周末都奔波于不同的学习班。我就很好奇，他们真的这么热爱学习吗？为什么不在周末多多休息？我问了一些同学，他们告诉我，"我周围的朋友和同事都会在周末学习，如果我不学习，我就会觉得自己落后于他们，内心会很不安"。这背后的深层次原因就在于有些年轻人对自己生活的控制感不高，所以他们选择以投资自己的方式弥补对生活的控制感的缺失，觉得只要自己努力学习，未来还是可控的。换言之，执着于某件事或者对某件事投入大量的时间、精力可能只是为了满足控制感需要。

海德认为，为了满足上面这两个动机，人们必须预测未来他人将如何行动，而要预测未来他人如何行动，就必须了解他人的行为原因。一且人们能预测未来的行为，就能满足对世界形成前后一致理解的需要和控制环境的需要。

我认为这两个需要实际上组成了人们常说的安全感。当你对世界形成前后一致的理解并且对环境有控制感时，就会觉得安全。而当你无法对世界形成前后一致理解或者缺乏控制感时，你的安全感就会受到威胁。

以买卖房子为例，如果你知道了导致房价涨跌的原因，你就可以预测某一个地区的房价未来几年的走势，更进一步，你就可以在适当的时机进行买卖，假如最后结果正如你所预料的，你对世界形成一致理解和控制环境的需要也就被满足了。

对于本节开头那个女孩分手的例子，也可以用这两个需要来解释她为何执着于被分手的原因。因为如果知道了男友提出分手的原因，在下一段关系中她就可以做出一些调整，避免再次遭遇感情失败。最后如果一段新的关系的发展恰如她预期的一样，就满足了前后理解的一致性，也获得了对关系的控制感。当然，很多行为的原因远比人们以为的复杂得多，这也是需要学习归因的原因。

3. 怎么进行归因

海德认为，人们对行为进行的归因可以分为两方面：内归因和外归因。内归因是指将行为归因于个人特征，比如行为者的人格、品质、动机、态度、情绪等；而外归因则将行为归因于外部条件，比如运气、任务难度、他人影响等。

那人们是如何进行内外归因的？海德认为归因时人们会遵循以下两个原则。

第一个是共变原则。如果某一个因素与某一个行为在不同情境下伴随出现，并且如果这个因素不出现，相应的行为也会不出现，那么这个行为就可以被归因为这个因素的出现。比如，张三每次约会前都会很焦虑，但是如果不约会他就不焦虑，那就可以认为是约会导致了张三焦虑。

第二个是排除原则。海德认为在归因过程中，如果内因或外因中的某一个已经能解释行为的发生，人们就不会去关注另外一个归因。在上例中，如果已经发现张三每次约会前都会很焦虑，人们就可能认为张三的焦虑是约会导致的，这属于外归因，有了这个外归因，人们可能就不会再考虑张三自身的原因。

心理学家布拉德伯里（Bradbury）和芬彻姆（Fincham）曾经对夫妻双方对彼此的归因方式与他们的婚姻幸福感进行过研究。他们对比了那些婚姻幸福美满和婚姻不幸的夫妻，发现二者对伴侣行为做出的归因有很大差别。

婚姻幸福的夫妻，会把伴侣的积极行为归因为伴侣本人，也就是进行内归因。比如，伴侣帮助自己做了某件事情是因为他是一个善良、乐于助人的人。而婚姻不幸的夫妻恰恰相反，他们倾向于对伴侣的积极行为进行外归因。同样是伴侣帮助自己做了某件事，他们会认为对方这么做的目的是在朋友面前显摆自己。而对于伴侣的消极行为的归因，幸福的夫妻倾向于把这些消极行为解释为外因导致的结果。比如，伴侣对自己说了一些难听的话，可能是因为他最近工作压力比较大。而婚姻生活不幸福的夫妻则倾向于把伴侣的消极行为归因为对方本人，也就是内因。同样是伴侣对自己说了难听的话，婚姻不幸的夫妻则倾向认为这是因为对方很刻薄。研究者发现当关系出现问题时，如果伴侣采用婚姻不幸的归因模式，他们的关系会恶化。

如果你们的关系目前正陷入危机，可以想想是不是和彼此的归因模式有关，并根据上述研究中学习调整归因方式，也许这段感情还能起死回生。

最后重新回到前文的分手案例。不难看出，对于同一个分手行为，当事人小丽进行了内归因，觉得是自己的原因导致了分手行为，而她的闺蜜则进行了外归因，认为是其前男友的问题。

小测验

罗特内在 / 外在心理控制源量表

测量个人将其行为的受控归因于内部或外部因素的程度。下面每道题目都有两种表述，选择你认同或者与你相符的一种即可。

1a. 孩子出问题是因为其家长对其责备太多。

1b. 如今大多数孩子出现问题的原因在于家长对他们太放任。

2a. 人们生活中很多不幸的事都与运气不好有一定关系。

2b. 人们的不幸源于他们所犯的错误。

3a. 引发战争的原因之一是人们对政治的关心不够。

3b. 不管人们怎样努力阻止，战争总会发生。

4a. 人们最终会得到他在这世界上应得的尊重。

4b. 不幸的是不管一个人如何努力，他的价值多半会得不到承认。

5a. 那种认为教师对学生不够公平的看法是无稽之谈。

5b. 大多数学生都没有认识到他们的分数在一定程度上受到偶然因素的影响。

6a. 如果没有合适的机遇，一个人不可能成为优秀的领导者。

6b. 有能力的人却未能成为领导者，是因为他们未能利用机会。

7a. 不管你怎样努力，有些人就是不喜欢你。

7b. 那些不能让其他人对自己有好感的人不懂得如何与别人相处。

8a. 遗传对一个人的个性起决定作用。

8b. 一个人的生活经历决定了他是怎样的一个人。

9a. 我常常发现那些我预感要发生的事果然发生了。

9b. 对我来说，信命运不如下决心干好实事。

10a. 对于一个准备充分的学生来说，类似于不公平的考试的事情不存在。

10b. 很多时候测验总是同讲课内容毫不相干，复习功课一点用也没有。

11a. 取得成功要付出艰苦努力，跟运气几乎（甚至完全）不相干。

11b. 找到一份好工作主要靠时间、地点适宜。

12a. 民众也可以对政府决策产生影响。

12b. 这个世界主要由少数几个掌权的人操纵，小人物做不了什么。

13a. 订计划时，我几乎肯定它们可以实行。

13b. 事先订出计划并非总是上策，因为很多事情到头来只不过是运气的产物。

14a. 确实有一种人一无是处。

14b. 每个人都有好的一面。

15a. 就我而言，能得到我想要的东西与运气无关。

15b. 很多时候，我们宁愿掷硬币来做决定。

16a. 谁能当上老板常常取决于他能很走运地率先占据有利位置。

16b. 让人们做合适的工作取决于人们的能力，和运气没有什么关系。

17a. 就世界事务而言，我们中的大多数都是既不理解又无法控制的。

17b. 只要积极参与政治和社会事务，人们就能控制世界上的很多事情。

18a. 大多数人都没有意识到，其生活在一定程度上受到偶然事件的左右。

18b. 根本没有运气这回事。

19a. 一个人应随时准备承认错误。

19b. 掩饰错误通常是最佳方式。

20a. 想要知道一个人是否真的喜欢你很难。

20b. 你有多少朋友取决于你这个人怎么样。

21a. 我们碰到坏事和好事的机会均等。

21b. 大多数人的不幸都是因为无知、懒惰、缺乏才能。

22a. 只要付出足够的努力，就能铲除政治腐败。

22b. 人们要想控制某些政治家在办公室里的勾当太难了。

23a. 有时我实在不明白教师是如何打出卷面上的分数的。

23b. 成绩好坏与学习是否用功有直接联系。

24a. 一位好的领导者会鼓励人们自己决定应该做什么。

24b. 一位好的领导者会给每个人做出明确的分工。

25a. 很多时候我都感到对自己的遭遇无能为力。

25b. 我根本不相信机遇或运气在我的生活中会起重要作用。

26a. 那些人之所以孤独是因为他们没想让自己表现得友善。

26b. 尽力讨好别人没有什么用处，喜欢你的人自然会喜欢你。

27a. 中学阶段对体育太过重视了。

27b. 在塑造性格方面，体育运动是一种极好的方式。

28a. 事情的结局完全取决于我怎么做。

28b. 有时我感到自己不能完全把握生活的方向。

29a. 大多数时候我都不能理解为什么政治家如此行事。

29b. 从根本上讲，民众对国家及地方政府的劣迹负有责任。

　　量表说明及计分方式：请按下面的计分表计算你的得分，如果你选择的选项和对应题号下的选项一致，计 1 分，如果不一致计 0 分，其中有 6 道题不参与计分。

1	2	3	4	5	6	7	8	9	10
不计分	b	a	a	a	a	b	不计分	b	a
11	12	13	14	15	16	17	18	19	20
a	a	a	不计分	a	b	b	b	不计分	b
21	22	23	24	25	26	27	28	29	总分
b	a	b	不计分	b	a	不计分	a	b	

　　该量表最高分为 23 分，是极端内部归因者；最低分为 0 分，是极端外部归因者。

　　平均分为 11 分，高于 11 分为偏内部归因者，低于 11 分为偏外部归因者。

★ 成败行为归因 ★

二、悲观主义者的自助手册

　　男生 A 是一名大二的学生，自进入大学起他就对同班的女生 B 有好感，但由于性格内向，他一直不敢与 B 主动接触。在一次聚会后，他终于鼓起勇气向 B 表白，但是被 B 以认识不深为由拒绝。两年时间积累的勇气一击即溃，这导致 A 愈发不自信，大学四年期间再也不敢谈恋爱，认为没有人会喜欢自己。

　　如果你是 A 的好朋友，你该怎样开导他，帮助他克服 "爱情恐惧症"？

1. 成败归因理论

心理学家伯纳德·韦纳（Bernard Weiner）在海德归因理论的基础上提出了成败归因理论。海德认为导致行为的原因可以分为内因和外因两类，而韦纳认为，行为的原因除了内、外属性，还有另外两个属性：稳定和不稳定与可控和不可控（见图 2-1）。而决定成败行为的主要原因有四个：能力、努力、任务难度和运气。

第一个是能力，属于内因，人的能力相对比较稳定，且不受行为者控制。人们可以在短时间内改变自己的智商吗？显然不行。总而言之，能力是一个内在的、稳定的且不可控的因素。

第二个是努力，努力是内在的、不稳定的且可控制的因素。

维度	内部		外部	
	稳定	不稳定	稳定	不稳定
可控制	努力			
不可控制	能力		任务难度	运气

图 2-1　决定行为成败的属性和原因

第三个是任务难度，属于外部因素。任务难度是对具有同等能力和努力程度的不同个体而言的，而非单一个体多次完成同一任务所体验到的难度水平，故而可以说任务难度是稳定的。任务难度对于设置任务的人是可控制的，但是对于任务执行者来说是不可控制的因素。

第四个是运气，这个也比较好理解，运气是外在的、不稳定的且不可控制的因素。

2. 积极的归因风格和消极的归因风格

在生活中，每个人都会经历无数次的成功和失败，在每一次的成功或失败后人们都可能会对自己的行为进行解释，慢慢地，人们就会形成一种稳定的归因风格。归因风格可以依据归因后对任务的趋近或回避分为积极归因和消极归因。对于积极归因风格的人，不管是面对成功还是失败，他们在归因后依然愿意继续从事这件事，也就是任务趋近。而对于消极归因风格的人，不管是面对成功还是失败，他们归因后可能都不想再继续从事这件事情，这就是任务回避。

下面来看这两种归因风格的具体归因过程。

对于积极归因风格的人来说，他们通常会把成功归因于自己的能力或自己的不懈努力，这会提高他们的自豪感，增强自己对成功的期望，也会使他们更愿意进一步继续下去。

面对失败，积极归因风格的人会把失败归因为努力不足。假如一个积极归因风格的人在一次考试中成绩下滑，那他可能会反思自己是不是在此前的学习过程中努力不足。于是他会积极转变学习态度，争取在下一次的考试中取得好的成绩。

失败的积极归因模式可以被应用在组织管理领域。如果你是一位员工，在工作中搞砸了一项任务，应当怎样解释这个失败才不会被上级严厉批评？其他同事的过失、这项任务太难等理由会可能让上级觉得你对待工作的态度不端正。但如果你用积极归因风格向上级解释，你已经很努力办这件事了，只是结果不理想，上级可能会觉得你在积极总结教训，愿意再给你一次机会。

在我的一次心理课上，学生们按组进行小组报告，其中一组学生的报告 PPT 做得特别糟糕。我并没有直接批评他们而只是问他们："你们坦白告诉我,这份作业你们花了多少时间准备,你们有没有用心完成?"学生心虚了,承认没有用心做。我说:"你们不用参与本周的报告了,回去修改好后下周再做报告。"第二周,他们重新修改后的报告是全班做得最好的。

不过,生活中有些事情不是仅仅靠努力就能达成的。一些父母在对待孩子的学习时,有可能就过度地使用了这个套路。当你某门课程成绩并不理想时,你的父母可能不会说"宝贝,你没有这个能力"或"这门课对你来说实在是太难了",他们更相信是因为你偷懒、不努力学习。然而,天赋在有些领域非常必要。对于孩子表现不好的领域,父母一定要先分清情况,不要武断地把一切失败都归咎于不够努力。

再看消极的归因模式对成功的归因。消极归因风格的人在面对成功时,会更多地将成功归因于运气,这种归因方式让他们对成功并没有太多的成就感。谁都不能确保下一次是否还可以维持这种好运,所以对于是否继续努力,他们感到无所谓。

现在有些年轻人在找伴侣时,过度相信星座匹配或塔罗牌等,坚信"命中注定让我们相遇"这样的"毒鸡汤"①。没有哪一段幸福感情是仅靠着星座匹配就能手到擒来的,如果仅仅用这些不可靠的信息来解释感情,实际上是过度将爱情的成功归因于运气。一旦感情出现问题,你可能并不愿意花时间、精力修复裂痕,因为即使感情错过了,你还可以用"缘分已尽"的借口掩饰过失。

消极归因模式下对失败的归因是尤为需要重视的。消极归因风格的人往往更愿意把失败归因于能力不足。因为能力稳定且不可控,所以

---

① 网络用语,指表面看起来是"心灵鸡汤",实际暗藏营销洗脑或诈骗信息的文字内容。

这种归因模式也会更容易让人体验到无能感。当人们长期经历这种无能感时，可能会形成心理学上的"习得性无助"。

心理学家马丁·塞利格曼（Martin Seligman）曾经在"习得性无助"的实验中对实验室里的狗进行电击。起初，狗在感到电击的不适感后尽力逃避，但当它发现不管怎样都无法躲过电击时，就不再尝试逃避，甚至在实验者打开关住它的笼子后，它也放弃了主动逃避的机会，只是绝望地躺在那里任人电击。

现实中有很多这样的例子。在一段关系中，如果你非常努力地尝试用不同的方法和对方沟通，但对方对此没有任何回应，慢慢地，你就会形成自己没有能力解决这个问题的无能感。时间渐长，你对这段关系也会日渐绝望。

这个模式也可以用来解释一些很诡异的施暴现象。在这里我先要申明，任何虐待和施暴行为都应该被谴责，此处不是在为施暴行为进行开脱，而是借助这个模式来解释受害方的一种比较奇怪的心理机制的形成。

比如有些人在受到家暴后，即使遍体鳞伤也不选择反抗或逃离。为什么会出现这样的情况？其实在施害方最早出现家暴行为时，受害方可能也曾尝试反抗，比如还击，但这种方法换来了对方更严重的暴虐。受害方发现反抗没有作用后，就可能转而采用讨好对方的方式避免被家暴，或寄希望于结束婚姻关系，结果这些方法都没有起作用。最终，受害方形成了习得性无助，自己命不好，没有能力改变现状，只能接受。

对失败的消极归因模式在教育领域也具有启示意义。当孩子在某些方面表现不好时，有的老师或家长会这样批评学生："你怎么这么笨！"这实际上是将孩子的失败归因为他自身能力不行。时间久了，孩子可能会形成习得性无助，即使他稍加努力就能取得更好的成绩，也不愿意再付出努力。所以，经常骂孩子笨，孩子可能最终真的会变"笨"。

你可以结合一些自己的体验来判断自己是哪种归因模式（见图 2-2）。你可能会发现两种模式自己都有涉及，这很正常。你可以以自认为最重要的成功或失败事件为例，对自己的归因风格做一个判断。

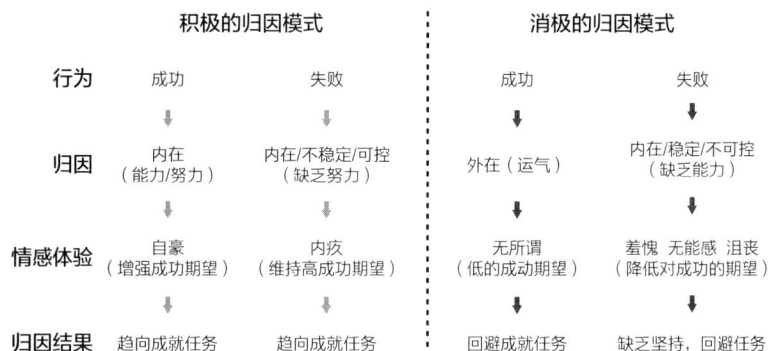

	积极的归因模式		消极的归因模式	
行为	成功	失败	成功	失败
	⬇	⬇	⬇	⬇
归因	内在 （能力/努力）	内在/不稳定/可控 （缺乏努力）	外在（运气）	内在/稳定/不可控 （缺乏能力）
	⬇	⬇	⬇	⬇
情感体验	自豪 （增强成功期望）	内疚 （维持高成功期望）	无所谓 （低的成动期望）	羞愧 无能感 沮丧 （降低对成功的期望）
	⬇	⬇	⬇	⬇
归因结果	趋向成就任务	趋向成就任务	回避成就任务	缺乏坚持，回避任务

图 2-2　两种归因模式的区别

如果你发现自己的归因模式是消极的，也不用太过担心，可以通过训练改变自己的归因风格。当你再次陷入消极的归因模式时，可以提醒自己采用积极的归因模式重新进行归因，多次练习后，你的归因风格就会逐渐改变。

斯坦福大学心理学家卡罗尔·S. 德韦克（Carol S. Dweck）曾经做过一项对习得性无助儿童的归因训练的研究。研究人员把 12 名被诊断为学习习得性无助的儿童随机分成两组，其中一组是失败回避组，这一组的儿童每次都能在规定的时间完成研究者布置的数学计算任务，他们不需要面对失败。另外一组是积极归因组，这组儿童在完成同样的数学计算任务后，还要完成额外 20% 的超过其目前所学内容的题目，当孩子在这些任务上失败后，研究者教孩子学会将失败归因于努力不足。他们在实验前、实验中和实验后分别评估了孩子在数学任务上的表现（见图 2-3）和完成任务的努力程度（见图 2-4）。其中，在数学任务上的表现以学生在 1 分钟内解答数学题的失败率为统计标准，分数越低表示失败率越低，数学任务表现越好。

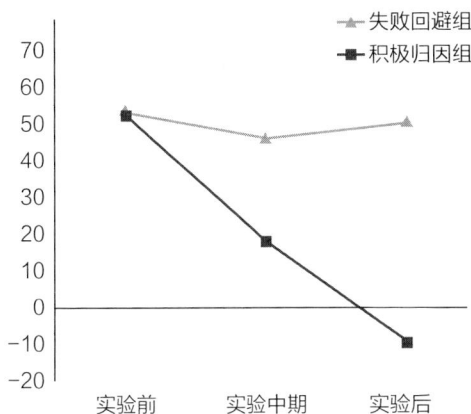

图 2-3　两组学生完成数学任务的表现

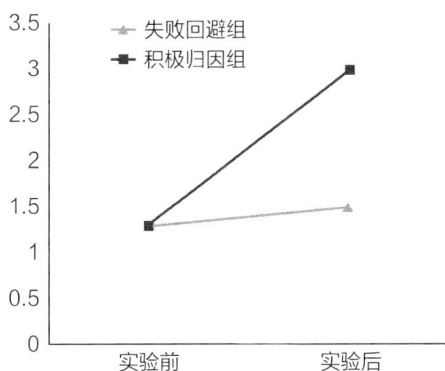

图 2-4　两组学生完成数学任务的努力程度

他们发现，在实验的三个不同阶段，失败回避组学生的任务表现没有发生明显变化，而积极归因组学生的任务表现随着训练的进行得到显著提高。在任务的努力程度上，失败回避组学生的努力程度在研究前后同样没有明显变化，而积极归因组学生随着实验的进行变得更加努力。

德韦克的实验表明，归因风格是可以通过训练改变的。

回顾本节开头男生 A 的案例，表白失败导致他对恋爱产生恐惧，他将自己的失败归因于能力不足。旁人可以从归因风格入手，帮他分析这个失败可能主要由于他在某些方面努力不足，比如这么久都没有了解对方的爱好、对方喜欢的男生类型等，这样他就更清楚自己可以进一步努力的方向。尽管这次失败了，但下一次再遇到喜欢的女生时，他可能会更有信心地追求对方。

书籍推荐

[1]　《终身成长：重新定义成功的思维模式》(作者：【美】卡罗尔·德韦克)

小测验

成就动机问卷

下面有一些描述，请判断这些描述是否符合你自己的情况，并选择相应选项。

1. 我喜欢对没有把握解决的问题坚持不懈地努力。

　　③完全符合　　②基本符合　　①有点符合　　⓪完全不符合

2. 我喜欢挑战新奇的、有困难的任务，甚至不惜冒风险。

   ③完全符合　②基本符合　①有点符合　⑩完全不符合

3. 即使有充裕的时间完成手中的任务，我也喜欢立即开始工作。

   ③完全符合　②基本符合　①有点符合　⑩完全不符合

4. 面对没有把握解决的难题时，我会非常兴奋、快乐。

   ③完全符合　②基本符合　①有点符合　⑩完全不符合

5. 我会被那些能了解自己有多大才智的工作所吸引。

   ③完全符合　②基本符合　①有点符合　⑩完全不符合

6. 我会被有困难的任务所吸引。

   ③完全符合　②基本符合　①有点符合　⑩完全不符合

7. 面对能测量个人能力的机会，我感到的是鞭策和挑战。

   ③完全符合　②基本符合　①有点符合　⑩完全不符合

8. 我在完成有困难的任务时能感到快乐。

   ③完全符合　②基本符合　①有点符合　⑩完全不符合

9. 面对困难的活动，即使没有什么意义，我也很容易投入进去。

   ③完全符合　②基本符合　①有点符合　⑩完全不符合

10. 能测量个人能力的机会，对我来说有吸引力。

    ③完全符合　②基本符合　①有点符合　⑩完全不符合

11. 我希望把有困难的工作分配给我。

    ③完全符合　②基本符合　①有点符合　⑩完全不符合

12. 我喜欢尽最大努力能完成的工作。

    ③完全符合　②基本符合　①有点符合　⑩完全不符合

13. 如果有些事不能立刻理解，我会很快对它产生兴趣。

    ③完全符合　②基本符合　①有点符合　⑩完全不符合

14. 那些我不能确定能否成功的工作最能吸引我。

　　③完全符合　　②基本符合　　①有点符合　　⓪完全不符合

15. 对我来说，重要的是做有困难的事，即使无人知道也无关紧要。

　　③完全符合　　②基本符合　　①有点符合　　⓪完全不符合

16. 我讨厌在完全不能确定是否会失败的情境中工作。

　　③完全符合　　②基本符合　　①有点符合　　⓪完全不符合

17. 在结果不明的情况下，我担心失败。

　　③完全符合　　②基本符合　　①有点符合　　⓪完全不符合

18. 在完成我认为有困难的任务时，我担心失败。

　　③完全符合　　②基本符合　　①有点符合　　⓪完全不符合

19. 一想到要去做那些新奇的、有困难的工作，我就感到不安。

　　③完全符合　　②基本符合　　①有点符合　　⓪完全不符合

20. 我不喜欢那种测量我能力的情境。

　　③完全符合　　②基本符合　　①有点符合　　⓪完全不符合

21. 我对那些没有把握胜任的工作感到忧虑。

　　③完全符合　　②基本符合　　①有点符合　　⓪完全不符合

22. 我不喜欢做我不知道能否完成的事，即使别人不知道也一样。

　　③完全符合　　②基本符合　　①有点符合　　⓪完全不符合

23. 在那些测量我能力的情境中，我感到不安。

　　③完全符合　　②基本符合　　①有点符合　　⓪完全不符合

24. 对需要有特定机会才能解决的问题，我会害怕失败。

　　③完全符合　　②基本符合　　①有点符合　　⓪完全不符合

25. 我做那些看起来相当困难的事时很担心。

　　③完全符合　　②基本符合　　①有点符合　　⓪完全不符合

26. 我不喜欢在不熟悉的环境中工作。

　　③完全符合　　②基本符合　　①有点符合　　⓪完全不符合

27. 如果有困难的工作要做，我希望不要分配给我。

　　③完全符合　　②基本符合　　①有点符合　　⓪完全不符合

28. 我不希望做那些要发挥我能力的工作。

　　③完全符合　　②基本符合　　①有点符合　　⓪完全不符合

29. 我不喜欢做那些不知道我能否胜任的事情。

　　③完全符合　　②基本符合　　①有点符合　　⓪完全不符合

30. 当遇到不能立即弄懂的问题时，我会焦虑不安。

　　③完全符合　　②基本符合　　①有点符合　　⓪完全不符合

　　量表说明及计分方式：选项前圆圈中的数字为该题得分。1—15 题的得分之和为追求成功（Ms）的得分，16—30 题的得分之和为避免失败（Mf）的得分。用追求成功得分减去避免失败得分就是成就动机得分。得分越低，成就动机越弱。这个测验可以测量你对任务的趋近和回避程度，也就是你希望成功的动机和回避失败的动机。前者关注的是如何获得成功，而后者关注的是如何避免失败。

　　研究显示，在希望成功的动机影响下，个体会主动从事学业等重要任务，会选择有利于高质量完成任务的策略，坚持努力，以求成功。在回避失败的动机影响下，个体面对重要任务时可能会采取两种不同的方式：一种方式带有防御性，个体力图逃避任务以避免失败；另一种方式则较为积极，个体会非常努力以避免失败。

　　下面是一组大学生常模数据，供大家参考：希望成功（Ms）男：44.73±6.22；女：44.59±5.87；避免失败（Mf）男：29.03±7.34；女：30.22±7.43。

三、"奇葩"的三个标准

　　小林最近陷入了"甜蜜的烦恼"，李四和张三同时在追求她。两人的外在形象和人品都不错，但李四经济条件不好；张三经济条件优越，名下有几套住房。一番纠结之下，小林选择了张三。

　　有人可能会猜测小林是一个见钱眼开的女人，或笃定小林是因为张三有钱而在二人中选择了张三。如果你持有这种想法，请思考自己是通过哪些方面做出这种判断的？

　　本节会对这个故事进行不同版本的演绎，大家可以体验在不同版本中对小林挑选男朋友行为归因判断的变化。

1. 对应推论理论

　　前文曾提及对行为进行的归因可以分为两方面：内归因和外归因。先来探讨内归因。我们在日常生活中经常会脱口而出："××可真'奇葩'""××有病"，这些都是在进行内归因。但被你称为"奇葩"或"有病"的那些人真的是奇葩、极品或有病吗？在什么情况下我们可以把一个人的行为归因为他自己的内在的原因呢？

　　心理学家爱德华·琼斯等人提出了对应推论理论（Correspondent Inference Theory）。这个理论关注人们如何寻找或推测对应行为者的行为意图并把这个行为与其本人的独特、稳定的内在属性建立对应推论的过程。简单地说就是，在什么情况下可以把一个人的行为归因为其内在特质。

　　这个理论认为，要把一个人的行为归因为其内在特质需要完成两步工作。第一步，推断行为者的行为意图或目的是不是由其内在的品质决定的。行为的意图会促使其做出某个行为，不同的行为可能会造成多种不同的结果，这些结果并不一定都能反映行为者的意图。第二步，观察行为结果，如果这些行为结果和行为者的最初意图相关，则可以推断，行为者个人的个性或人格特质导致其做出这种行为。

2. 对应推论的三个重要信息

　　在进行对应推断时，我们需要重点考虑三个行为信息（见图 2-5）：社会赞许性、选择自由性、非共同效应。

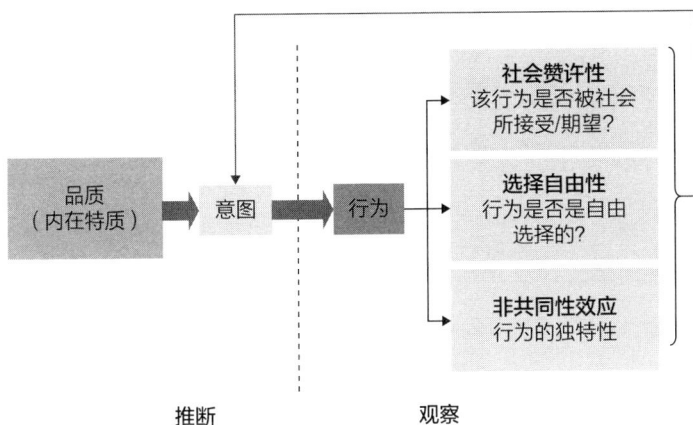

图 2-5　对应推论的三个重要信息

　　第一个重要信息，社会赞许性，又称非期望性，也就是该行为是否被社会所接受、期望。如果行为的社会赞许性低，或者行为者做出了社会不期望的行为，该行为则更有可能是出自其真实意图，此时行为者的行为就容易被归因为其个性本质。

社会赞许性越低，内归因的可能性就越大，对应推断的可靠性就越高。例如，一个母亲将自己的孩子殴打致死，这是社会赞许性极低的行为，远比母亲打孩子这样的行为赞许性更低，人们也更有可能认为这个母亲非常残忍，这就是根据行为的社会赞许性将其行为推断为内归因。

在小林挑选男朋友的故事中，如果张三很有钱，但生活作风糜烂，人品很有问题，还经常对小林举止粗暴，然而小林还是选择了嫁给他。那么小林可能更容易被认为是一个"拜金女"，因为她的行为是社会不期望她做的。

但是仅仅违背社会期望并不能完全判断行为结果是否缘于行为者本人，所以除了社会赞许性外，还需要考虑第二个重要信息——选择自由性。心理学家认为，如果行为是行为者自己发自内心的选择，而不是被环境逼迫完成的，那么他的行为就能反映他的意图，反之，如果行为并非行为者自由选择的，那就很难推断这个行为是否反映了行为者本人的意图。

假如在这个故事中，张三有钱但人品有问题，小林的父母极力反对二人在一起，但小林不顾父母的苦心劝阻，还是选择嫁给了张三。在这种情况下，你可能会觉得这个小林是"要钱不要命"的典型。

而若这个故事中，张三是个人品有问题的富人，但当时小林的妈妈得了重病没钱医治，小林为了救治母亲不得已嫁给张三。在这种情况下有些人就有可能不仅不会觉得小林拜金，还会觉得这个女孩子自我牺牲很伟大，同时也会为她感到难过。

对比上述这两种情形，虽然背景相同，不同的只是小林行为的选择是自由的还是被迫的，但这一信息的差异会明显影响人们对小林选择嫁给张三这种行为的归因。

有了这两个信息还不足以让人们做出内归因的准确判断，人们还要考虑第三个信息：非共同效应。所谓非共同效应，就是导致行为的相同因素不一定是行为的原因，不同的因素可能才是导致行为的原因。

在这个故事中，张三和李四的外在形象和人品都不错，这是共同的因素，两个人的不同点是一个有钱一个没钱，这是不同的因素。在这种情况下，小林选择张三极有可能正是基于这个因素。这个选择行为的原因就是非共同效应。也就是说，如果行为者的行为中有特定的与他人不同的信息，人们会更倾向于认为行为反映了行为者的真实意图。

下面来看小林选婿故事的另一个版本：小林的父母知道张三是个人品不好的富人，却仍然非常支持小林嫁给张三。小林父母的这种支持行为就是非共同效应，这会让你更坚定地认为小林就是一个见钱眼开的人。

我认为，除了以上三个因素外，还需要考虑另一个因素——结果的严重程度。行为造成的结果越悲剧，人们也越有可能将行为归因于行为者。如果小林选择嫁给人品恶劣的富人张三，婚后被张三家暴致残，但小林还坚持不肯离婚。你会不会觉得这个女人很"奇葩"？

值得注意的是，并非满足上述几个因素之一就足以判断该行为出自行为者的真实意图，而是要对这些信息进行综合考虑。也就是说，判断一个人是不是"奇葩"，需要考虑其行为是否违反社会赞许性、是否是自由选择、是否有其独特的原因以及结果是否严重。如果都符合，那这个人真的有可能是奇葩或极品；如果有一点不符合，判断结果就可能出现偏差。

在现实生活中，人们有时只根据四个因素中的某一个或某几个就做出内归因判断。如网络上的人身攻击，往往仅依据某一个信息就立刻做出判断，这种评判很可能存在偏差甚至完全错误，这对行为者是不公正的。

补充一点，熟悉行为者的能力、性格和为人方面的情况，有助于对其行为进行准确归因。所以，当人们在对他人的行为进行归因时，最好先对这个人做尽可能多的了解。

小练习

当你对他人的行为做出内归因，认为其性格不好、人品有问题时，请你反思自己依据了哪些信息做出这个判断？是社会赞许性、选择自由性还是非共同效应？请你收集这些完整信息并对行为者做更多了解，再重新对其行为进行归因。

★ 三维归因理论

四、领导为什么批评我

你在工作中是否有被领导批评或责骂的经历？领导为什么骂你？你是否与同事发生过冲突？你觉得是什么原因导致了这个冲突？三维归因理论可以帮助我们分析上述这些行为。

1. 三维归因理论

三维归因理论（Cube Theory）是由美国心理学家哈罗德·凯利（Harold Kelley）1967 年提出的，也被称立体归因理论。凯利认为，人们对行为原因的解释分为两种：第一种是单线索归因，即只依据一次观察就可以做出的归因；第二种是多线索归因，即需要在多次观察同类行为或事件的情况下才能进行的归因。

三维归因理论就属于多线索归因。比如遭到领导的责骂，你很难根据领导的一次责骂就判断出是领导有问题还是自己有问题。与同事发生了一次冲突，也很难因此就判断出自己与这个同事是否完全合不来。人们需要多次观察领导或同事的行为来获得更多信息进行判断，这就是多线索归因。

进行三维归因的前提是必须可以对行为者的行为进行多次观察。这个理论适合在工作、学习和生活中对同事、领导、同学、朋友、伴侣或家人的行为进行分析，因为我们有条件对这些人的行为进行多次观察。

2. 导致行为的三个因素

凯利认为导致行为的因素有三个：行为者（Actor），即做出这个行为的人；刺激物（Stimulating Objects），即这个行为针对的对象；情境（Context），即行为发生的背景。

举个例子，你上班迟到被 A 领导批评了。在这个事件中，行为者、刺激物和情境分别是什么？

首先，要确定分析的目标行为。在这个案例中，A 领导批评了你，所以要分析的目标行为就是批评。

其次，需要找出行为者，即谁做出"批评"这个行为。在案例中 A

领导批评了你，所以领导 A 就是行为者。

再次，需要找出刺激物，即这个批评行为是在针对谁？案例针对的是你（员工），所以在案例中你（员工）就是刺激物。

最后，需要分辨情境，即批评行为是在什么样的背景下发生的。在这个事件中，情境是"你上班迟到"。

在整个事件中，批评行为完整地包括了三个因素，那么哪些因素导致了 A 领导批评你？是行为者、刺激物或情境同时出现才导致的吗？其实并非如此，在这个事件中，导致目标行为发生的原因也可以是其中一个因素或多因素。换句话说，这三个因素的任意组合都可能造成批评行为的发生，在这个事件中存在 3 个单因素、3 个双因素、1 个三因素、1 个零因素：3+3+1+1=8，也就是说造成领导 A 批评你这个行为的可能原因总共有 8 种。

鉴于行为发生的复杂性，对于具体行为发生的原因，需要通过行为的三种信息来进行分析与判断。

3. 行为的三种信息

前文提及，三维归因理论需要对行为进行多次观察。而多次观察行为的目的就在于获取行为的三种属性信息：一致性（Consensus）、一贯性（Consistency）和区别性（特异性）（Distinctiveness）。了解这三种属性信息，才能对行为原因做出准确判断（见图 2-6）。

行为的一致性是指其他人会不会对刺激物做出这个行为，也就是"行为是否与众相同"。如果所有人都会对刺激物做出这个行为，说明行为的一致性比较高；反之如果其他人不做，只有行为者出现这种行为，那么一致性就低。

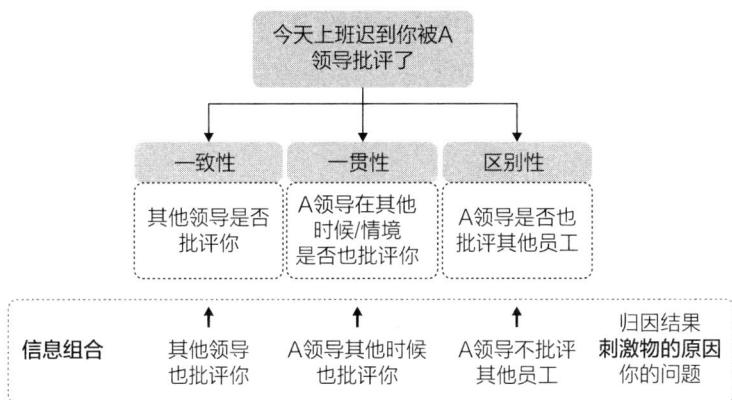

图 2-6　行为三种属性信息的分析

　　在 A 领导批评你的事例中，一致性体现在其他领导会不会也像 A 领导一样地批评你。如果其他的领导也会批评你，就说明 A 领导批评你这一行为的一致性比较高。如果除了 A 领导外，其他领导并不会批评你，就说明 A 领导批评你这一行为的一致性比较低。

　　行为的一贯性是指行为者除了这次以外，在其他时候或其他场合有没有对刺激物做出相同的行为。通俗地说就是"行为是否总是如此"。如果是，行为的一贯性比较高；如果不是，行为的一贯性比较低。A 领导是否在其他情境也总是批评你？如果 A 领导不仅是在你迟到时批评了你，在其他时候或其他场合也会批评你，那 A 领导的行为一贯性就高，反之则低。

　　行为的区别性是指行为者除了对刺激物做出这个行为外，对其他人是否也会做同样的行为，也就是"行为是否因人而异"。如果他对其他人也做出这个行为，说明其行为的区别性比较低；但如果他并不对其他人做出这个行为，则说明其行为的区别性高。在上述案例中，区别性是指

A 领导有没有批评其他迟到的员工。如果 A 领导也批评了其他迟到的员工，A 领导这个行为的区别性就低，反之就则高。

4. 行为信息的有效组合

依据行为的三种属性信息，可以根据凯利提出的信息组合表（见图 2-7）对行为进行归因，判断什么原因导致了该行为。

一致性	一贯性	区别性	解释	行为原因
↓	↑	↓	其他人对我不这么做 他其他时侯对我也这么做 他对其他人也这么做	行为者 **他的问题**
↑	↑	↑	其他人也对我这么做 他经常对我这么做 他对其他人不这么做	刺激物 **我的问题**
↓	↓	↑	其他人对我不这么做 他其他时候不对我这么做 他对其他人也不这么做	情境 **情境的问题**

图 2-7　信息组合表

注：↑高；↓低。

第一个组合是低一致性、高一贯性、低区别性。也就是别人不对你这么做，行为者经常对你这么做，行为者对别人也这么做。在这种情况下，行为的原因基本可以推断为行为者的问题。在你迟到受到领导批评的例子中，低一致性表现为其他领导不批评你，只有 A 领导批评你；高一贯性表现为 A 领导经常批评你；低区别性表现为 A 领导也经常批评其他员工。通过这种信息的组合，可以推断出 A 领导的行为是他的个人原因，他喜欢批评员工。

第二个组合是高一致性、高一贯性、高区别性。也就是别人也对你这么做，行为者经常对你这么做，行为者对别人不这么做。在这种情况下，行为的原因基本可以推断为是刺激物的问题。在这个例子中，高一致性是指其他领导也批评你；高一贯性是指 A 领导经常批评你；高区别性是指 A 领导不批评其他员工。也就是说，不仅 A 领导经常批评你，其他领导也会批评你，而且 A 领导并不批评别人，那么在这种情况下，问题最有可能出在你自己身上，可能你是不称职的员工。

第三个组合是低一致性、低一贯性和高区别性。也就是别人不会对你这么做，行为者也不经常对你这么做，他对其他人也不这么做。这时批评行为的发生就不是行为者也不是刺激物的原因了，更有可能是情境的问题。对应上述例子，低一致性表现为其他的领导不会批评你；低一贯性表现为 A 领导只在你迟到时才批评你，其他时候不批评你；高区别性表现为 A 领导不批评其他员工。在这种情况下，最有可能导致批评行为发生的原因是情境，也就是上班迟到导致领导批评。

以上这三种组合分析出了行为发生的单一原因。但在现实生活中，大部分行为都不是由单一原因造成的。所以，当你用这个理论进行行为分析，却发现事实并不是这三个组合中的任何一个时，就说明这一行为可能由多个原因造成，要意识到，不应该把过错归罪到某个人身上。

我的一个学生刚入学没多久就换了好几次宿舍，在他又一次提出换宿舍的要求时，宿舍管理中心拒绝了他。

这个学生向我哭诉，声称他的室友都在排挤他。

为了解决他的问题，我找到宿管老师了解情况。宿管老师告诉我，这个学生购置了电磁炉和锅放在宿舍，每天都一个人在宿舍做饭，还要求其他室友平摊电费，几次换宿舍遇到的室友都无法忍受他的行为。

这个学生几次更换宿舍，满足多次观察行为的条件。对于他提出的自己被孤立的行为，可以用三维归因理论帮他进行分析。首先，他住过不同宿舍，每个宿舍的室友都和他闹矛盾，这符合高一致性。其次，只要他在某一个宿舍住一段时间，就会和那个宿舍的室友产生矛盾，这符合高一贯性。最后，他所在的宿舍里其他室友之间并没有闹矛盾，室友只和他发生过冲突，这符合高区别性。可以很明显地看出，正是这个学生自身的问题才导致自己被孤立。

了解具体情况后，我教他用三维归因理论自己分析自己被孤立的原因，并告诫他，如果他不改变自己的生活习惯，即使再换宿舍也依然会出现被孤立的情况。

在生活中有些人经常说："某某老是怎样怎样，他真是奇葩。"如果一个人总是做某个行为，人们就很容易片面地仅凭借高一贯性对行为进行推断。但实际上，某人总是这样做的原因有两种可能：其一，行为者自身的原因，也可以说行为者确实是奇葩极品；其二，刺激物的原因，例如通过分析可以看出，在上述例子中，该学生的问题就出在刺激物上，也就是他自己的问题导致室友无法与他相处。所以，在生活中，在你说别人是奇葩或极品之前，最好先做三维归因分析。

★ 三维归因理论的应用

五、做个讲道理的伴侣

小明和小红是一对情侣，他们打算圣诞节一起去看新上映的电影，并约好在电影院门前见面。见面当天，小明迟到了半个小时，错过了电影。两人在电影院门前吵了起来。小红很生气，认为小明约会迟到是因为他不重视自己。而小明也感到很委屈，自己为了约会还向公司请了假，但无奈路上堵车。一个本该开心度过的节日以两人的吵架结束。

假设你是小明和小红的好朋友，他们来找你帮他们评评理，你应该怎样来劝导他们？在了解了三维归因理论后，其实可以用三维归因理论来帮助他们分析。

当你初次使用三维归因理论进行分析时，建议你拿出笔和纸，按照下面的三维归因步骤（见图 2-8），一步一步进行。等你可以熟练操作后，就可以直接用信息组合进行推断了。

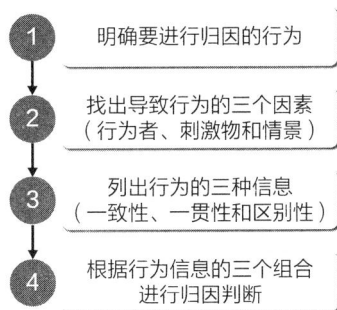

图 2-8　三维归因的四个步骤

1. 明确要进行归因的行为

三维归因分析的第一步是明确要进行归因的行为。现实生活中的一个事件里可能同时存在多个行为，一定要找准一个行为进行分析，千万不能同时分析多个行为。比如小明和小红的案例中就有两个比较明显的行为：一是迟到，二是吵架。这两个行为的行为者、刺激物和情境都不同，首先要明确自己要对哪个行为进行分析。

本案例中两人矛盾的焦点不在于吵架，而在于引起他们吵架的迟到行为。女方认为是男方不重视自己才怠慢、迟到，而男方则认为是情境原因——堵车导致自己迟到。所以，可以把迟到这个行为作为分析对象，并将这个案例总结成一句话：小明在圣诞节和小红约会迟到。

2. 找出导致行为的三个因素

在明确了要分析的行为之后，第二步需要找出导致行为的三个因素——行为者、刺激物和情境。本案例中的迟到行为的行为者和刺激物都很明显：迟到者小明是行为者；被迟到的小红是刺激物；迟到行为发生在圣诞节约会的时候，所以圣诞节约会是情境。

3. 列出行为的三种信息

第三步，获取行为的一致性、一贯性和区别性信息，这一步决定了后续分析的准确性。

在本案例中，需要获取的一致性信息为"其他朋友和小红约会是否迟到"；一贯性为"小明在其他时候和小红约会是否迟到"；区别性为"小明和其他朋友约会是否迟到"。

4. 根据行为信息的三个组合进行归因判断

接下来，根据三维归因理论中的三个有效组合来进行分析（见图2-9）。本案例虽然并没有提供迟到行为的充足信息，但是结合现实中情侣双方的约会往往不会仅有一次的情况，所以假定小红和小明在此之前有多次约会，可以获得充足的信息来进行三维归因分析。

A行为者 小明	S刺激物 小红	C情境 圣诞节约会	
一致性	**一贯性**	**区别性**	**原因**
↓低： 其他人和小红约会 不迟到	↑高： 小明和小红其他时 候约会也迟到	↓低： 小明和其他人约会 也迟到	**A行为者** 小明的问题 "迟到成性"
↑高： 其他人和小红约会 也迟到	↑高： 小明和小红其他时 候约会也迟到	↑高： 小明和其他人约会 不会迟到	**S刺激物** 小红的原因"小红不是 有魅力的约会对象"
↓低： 其他人和小红约会 不迟到	↓低： 小明和小红其他时 候约会不迟到	↑高： 小明和其他人约会 不迟到	**C情境** 圣诞节约会看电影 不是很好的选择

图 2-9 小明在圣诞节和小红约会迟到的三维归因分析

假如迟到是小明的问题，也就是行为者的原因，那么根据三维归因理论，信息组合应该符合：低一致性、高一贯性和低区别性的信息组合方式。低一致性——其他人和小红约会时不会迟到；高一贯性——小明在其他时候和小红其他时候约会也经常迟到；低区别性——小明和其他人约会时也会迟到。这种情况下，可以明显看出圣诞节约会迟到是小明的问题，可能他这个人迟到成性。

假设迟到是小红的问题，即刺激物的原因，那么根据三维归因理论，信息组合应该符合：高一致性、高一贯性和高区别性的信息组合方式。高一致性——其他人和小红约会也会迟到；高一贯性——小明在其他时候和小红约会也迟到；高区别性——小明和其他人约会时不迟到。这种情况下，可以明显看出小明在与小红的圣诞节约会中迟到是小红的问题，她可能不是一个很有吸引力的约会对象。

假设迟到是情境的问题，根据三维归因理论，信息组合则应该符合：

低一致性、低一贯性、高区别性。低一致性——其他人和小红约会不迟到；低一贯性——小明在其他时候和小红约会不迟到；高区别性——小明和其他人约会不迟到。这种情况下，可以看到这次圣诞节约会迟到行为的责任就不在双方，最有可能是他们选择在圣诞节约会不是一个很好的时机。

当上述任何一个信息组合中的任何一个属性方向被修改时，可能就无法推导出行为的具体原因，这说明导致行为发生的原因可能有多个。

三维归因理论在解决人际冲突矛盾方面非常实用。你可以把三维归因组合做成图片，贴在家中最显眼的地方，比如冰箱的门上，并和你的伴侣约好：以后两个人再发生争执，不要争论谁对谁错，可以一起玩三维归因游戏。学习三维归因理论，可以让你和伴侣都成为一个"讲道理"的伴侣。

三维归因理论是一个理性的归因理论，但其分析方法需要建立在拥有大量认知资源的基础上。而实际生活中的很多归因都发生在信息不完全的情况下。人们往往在未对所发生的事件进行多方观察、未收集足够信息的情况下，就利用生活经验等有限的信息，快速对行为进行归因，这可能会导致归因结果错误。

小练习

要熟练掌握三维归因理论的应用需要反复练习。建议大家找一两件最近发生在你和同学、同事、领导、朋友、伴侣或家人之间的事，用三维归因理论对这件事进行分析。你可以把分析结果和自己在没有学习三维归因理论之前对这个事件的解释做对比，看看分析结果有什么不同，你从中得到哪些启示。

这个理论非常复杂，可能对新手来说只在头脑中演练会有些困难，建议你使用纸和笔把整个过程写出来。

★ 基本归因错误 ★

六、他真不可理喻

假设你现在排着长队等待办事，而你还有其他重要事情着急处理。这时你发现一个关系很好的同事正在队伍的前头向你示意可以插队到他前面。你急于赶时间，便接受了他的建议。你注意到正在排队的其他人用气愤和鄙夷的眼神盯着你，你怎样解释自己的插队行为？可能你会辩解自己有不得已的苦衷，并不是素质恶劣故意插队。

同样是插队事件，如果你是被插队的一方，你会怎么看待他？你的第一反应可能是"这个人怎么这么没素质"。为什么人对自己与他人同样的插队行为的感受存在这种差异呢？

假如你作为一名陪审团成员观看审讯犯罪嫌疑人的录像带。审讯过程由两台摄像机记录，其中一台摄像机的镜头大部分时间都对着嫌疑人，而另一台摄像机的镜头大部分时间都对着审讯人员。你只能选择观看其中一台摄像机拍摄的录像，哪个录像会更容易让你判定这个嫌疑人有罪？

基本归因错误可以帮助我们解答上述两个案例中的疑惑。

1. 基本归因错误

基本归因错误（Fundamental Attribution Error），也叫基本归因偏差，是指人们在对他人行为进行归因时，往往将行为归因于其内在的人格或态度，低估了情境的作用。通俗来说就是在解释他人行为的原因时，往往容易忽略情境的影响，直接将行为归结为个人的内在因素。比如本节案例中把别人的插队行为直接归因为插队者素质有问题，而没有考虑情境的因素，这就是典型的基本归因错误。家庭生活中也常出现这种归因错误。比如你和伴侣发生争执，你很容易把产生争执的原因归咎为伴侣不可理喻，而忽视了引起你们吵架的其他情境因素。

心理学家李·罗斯（Lee Ross）和他的同事通过实验证实，人在解释他人行为时很容易产生基本归因错误。

心理学家把实验参与者随机地分成三组，并让这三组参与者各自扮演一种角色共同完成一个问答游戏：第一组是考官，负责提问；第二组是考生，负责回答考官提出的问题；第三组是观众，围观前两组人怎么玩这个游戏。

研究者告诉考官，对考生的提问尽量刁钻，比如"欧洲和非洲海岸线哪个更长""班布里奇岛在哪里"等连考官本人也未必知道答案的问题。游戏结束后，考官、考生和观众分别评估考生与考官的智力水平。

研究者发现：考官倾向于认为自己和考生的智力水平接近，但是考生和观众都认为考官要比考生聪明很多。为什么出现这种差异？原因在于三组参与者对考官出难题的行为的归因不同：考官本人知道提出难题是研究者要求而非因为自己聪明、博学，所以他们把提出难题这个行为归因为"研究者要求他们这么做"这个情境因素；但考生和观众看到考官提出难题的时候，他们会认为考官很聪明才会提出这么难的问题。

心理学家发现有多个方面的原因会导致人们出现基本归因错误，下文将重点介绍其中两个因素。

2. 行动者—观察者效应

心理学家爱德华·琼斯和尼斯贝特认为行动者（做出行为的人）和观察者（观察行为的人）对行为的归因存在不同。行动者倾向于对自己的行为做外归因，而观察者倾向于对他人的行为做内归因，他们把这种现象称为"行动者—观察者效应"（Actor-observer Effect）。比如在插队事件中，当你插队的时候，你是行动者，别人是你的行为的观察者。而当你看到别人插队，你就变成观察者。与伴侣吵架的时候，你既是行动者，同时又是对方的观察者。

为什么行动者和观察者对同一个行为的归因会存在不同？心理学家认为这主要由于两者对行为信息的掌握不对等（见图 2-10）。如前文所述，在进行归因之前需要掌握行为的三方面的信息：一致性、一贯性和区别性。而行动者与观察者双方所掌握的三方面信息可能存在差异。

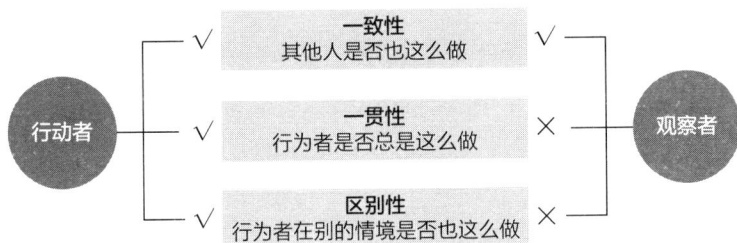

图 2-10　行动者与观察者掌握的行为信息存在差异

以插队事件为例，结合三维归因理论，在插队时，你是行动者。首先，你知道当时别人没插队，只有你插队，所以你掌握了行为的一致性信息；其次，你知道自己平时不会插队，只有这次，也就是你也掌握了行为的一贯性信息；最后，你知道你在其他需要排队的地方没有插过队，即你也掌握行为的区别性信息。作为行为者，你可以根据完整的三方面信息进行归因判断。

而当你看到有人插队时，你是观察者。你知道别人都没插队，只有这个人插队，所以你掌握了行为的一致性信息；但你并不知道这个人以前是否经常插队，所以你没有掌握行为的一贯性信息；此外，你也不知道这个人在其他需要排队的场合有没有插队，所以你也不掌握行为的区别性信息。作为行为的观察者，你只能根据行为的一致性信息做出判断。正是这种信息的不对等，才导致行为的观察者很容易出现归因错误。在生活中，作为行为的观察者，人们只有尽量收集行为的其他信息再做判断，才能避免归因错误。

有趣的是，假如你变成自己行为的观察者，比如将你插队的行为偷拍下来并播放给你看，你可能也会产生归因偏差，觉得自己挺没素质。

很多关系冲突中的最大问题就是人们只看到对方的行为，看不到自己的行为。回到伴侣吵架的例子，在吵架过程中你们都是行动者，同时又是对方行为的观察者，假如把你也变成自己行为的观察者，情况会怎样？你可以尝试用摄像机将吵架的过程记录下来，并在吵完之后两人一起重看吵架的过程。如果你有机会看到自己的行为，你对冲突的看法可能就会发生转变。这个原理也同样适用于同事矛盾、亲子矛盾。

3. 知觉显著性

同是观察者，他们对行为的归因解释也不一定会一样。心理学家认为即使同是观察者，但由于大家关注的焦点不同，人们会倾向于认为自己的知觉信息更重要，这也会导致归因错误。心理学家把这种现象称为"知觉显著性"（Perceptual Salience）。

我们一起来看心理学家谢利·泰勒（Shelly Taylor）和苏珊·菲斯克（Susan Fiske）做过的知觉显著性实验（见图 2-11）。在实验中演员 A 和演员 B 面对面进行一段"互相熟悉"的对话，另有六个人围坐在这两个演员附近六个不同的位置上。其中两个人能看到 A 的正面，但只能看到 B 的背面；两个人能看到 B 的正面，但只能看到 A 的背面；两个人可以同时看到 A 和 B 的侧面。观看完对话后，六个人需要评估在对话中 A 和 B 谁更有话语权。六个人观看的为同一场对话，唯一不同的是他们的视觉焦点存在差异。

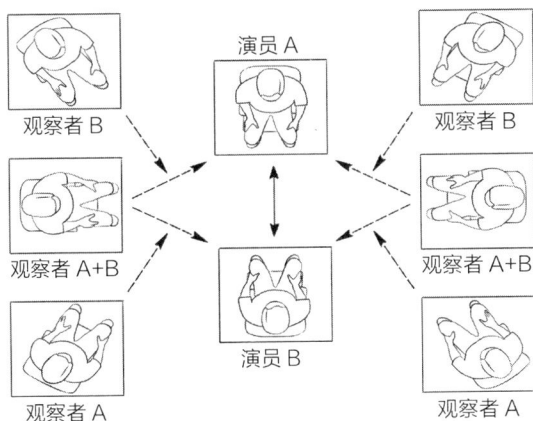

图 2-11　泰勒和菲斯克的知觉显著性实验

研究发现：面对 A 的观察者倾向于认为 A 在对话中更有影响力，而面对 B 的观察者倾向于认为 B 更有影响力，同时面对 A 和 B 的观察者认为双方的影响力相差不大。实验说明，知觉的焦点会影响人们对感知信息的重要性的判断。

回顾本节开头所说的陪审员看审讯录像的案例，根据知觉显著性理论，观看嫌疑人的录像版本更容易让陪审团做出有罪论断。这是因为如果镜头一直对着嫌疑人，知觉焦点可能会更多地聚焦在嫌疑人身上，比如看到他低下头，可能会判断这人内心有鬼；看到他眼神飘忽，可能会判断这人心术不正。相反，如果镜头一直对着审讯人员，人们可能会更多地感知他们审问的过程，会觉得他们在逼迫嫌疑人认罪。

知觉显著性也应当引发人们对公众媒体报道视角的反思。人们往往不是事件的亲历者，仅仅通过媒体或者网络获得信息，但在某些情况下，媒体作为信息传递者，其报道可能只反映了事件的一个视角。如果信息传递者有意扭曲视角，就可以很轻易地操控公众舆论导向。

知觉显著性也可能会引发婚姻危机。我的一位朋友在一次给公司做员工帮助计划（Employee Assistance Program，EAP）服务时，在咨询过程中先接待了一位女性来访者，这位来访者向他倾诉了自己婚姻生活的苦闷。送走这位女性后，朋友又接待了一位男性来访者。这位男性向他诉苦，在他的家庭生活中，自己的老婆如何不讲道理。

我的朋友先后接待的这两位来访者其实是夫妻关系，夫妻俩讲述的也是同一件事，仅听女方诉说时，我的朋友深觉她遇人不淑，对她非常同情；而仅听男方的讲述时，他也觉得这个男人非常可怜，遇到一个这么蛮横不讲理的老婆。在很多的个体咨询案例中，咨询师只能听到来访者以自己的视角描述事件、问题，这可能会导致咨询师对事情的判断容易出现偏差。优秀的咨询师需要时刻注意到这个问题，避免被来访者"牵着鼻子走"。

生活中也时常出现与他人发生冲突的情况，作为普通人我们应该怎样处理呢？一方面，要多提醒自己，对行为的解释仅仅是自己的视角。另一方面，尝试从别人的视角理解问题。比如你可以邀请他人与你分享他们对这件事情的看法和感受。《资治通鉴》中说"兼听则明，偏信则暗"，也正反映了如何降低知觉显著性对归因的影响。很多矛盾之所以产生并不是因为问题本身，而是因为人们太执着于从自己的角度对事情进行解释和判断。

小练习

回想你和伴侣或其他家人之间典型的矛盾事件，先思考自己对事件的归因模式，然后邀请你的伴侣或家人分享他们对这件事情的看法。学习用心倾听，并和他们一起探讨你们对此事的归因的差异点。

★ 锚定效应

七、买它！买它！买它

几年前装修时，我在商场看中了一套实木沙发，原价是 3 万多元，我觉得太贵就没有买。

过了一阵，销售人员打电话告诉我，我看中的那套沙发参与中秋节促销活动，打折后才 1 万多元，我听说后立即冲进商场下单。我在购买沙发时发现沙发前的茶几看起来也很不错，销售人员告诉我，茶几也参加促销活动，原价 2 万元的茶几打折后只要 7000 多元。我心想："太划算了，买它！"随后，我又看中了配套的边几，并在打折的诱惑下花费5000多元买了它。

等我回到家中，心满意足地拿出订单时才发觉有些不对劲。去之前，我只计划花费1万多元买下那套沙发，但那天我总共花费近3万元，很大一部分消费并不在购物计划中，我甚至还花费5000多元买了一个放在沙发旁边、用处不大的边几。平时我断然不会干这种事情。我很好奇当时自己为何会做出这样的决策？

有时候，厉害的销售员比心理学家更懂你的心。有时候你认为自己是精明的消费者，在做正确的决策，但最新的心理学研究显示，你有可能早已落入商家甚至是你自己为自己设置好的圈套，这是一个很有趣的决策心理现象——锚定效应（Anchoring Effect）。

心理学家发现，当人们在做某些定量估计，比如对商品价格的估计时，如果在做估计之前，人们就接触了一些无关的数值，那这些数值随后会变成估计的起始值。这些起始值就像"锚"一样把估值锚住了。一旦这些"锚"定的方向有误，估测就极易产生偏差。先来看几个有关锚定效应的实验。

1. 锚定效应实验一

我曾在课堂上给学生做过一个现场实验。我用实物和PPT给学生展示了7种他们不熟悉的产品：一张古琴CD、一张进口的莫扎特双钢琴奏鸣曲CD、一支激光笔、两本书《Inquisit教程》《考古发现曾侯乙墓》、一瓶婴儿润肤乳、一个负离子U盘。

然后我告诉学生，将自己学号的最后两位数当作我展示给他们的物品的标价，比如学号尾数是01，那么所有物品都是1元钱——锚。接着我问他们是否愿意用这个价格来买我的物品，如果愿意就在调查表中打钩，不愿意就打叉。最后，我请他们重新出价，如果要买我这个物品，就把他们能够接受的价格写在表格相应的位置。

问卷中还包括了这样的问题设置：学号尾数是否会影响你对物品的出价？参与实验的学生中有 51.6% 的学生表示不会，30.6% 的学生表示会影响。

我在另外一个班也做了同样的实验。但不同的是，在学生进行估价之前，我要求学生用 5 分钟的时间记住我提供的 10 个特别难的英文单词及其中文意思，用以观察当头脑正在进行耗费脑力的事情时，是否会导致随后的出价更容易出现锚定效应。

我把学生学号尾数的 01~20 和 81~99 单独挑出来分别组成低锚组（Min）和高锚组（Max）（见表 2-1）。在没有背单词的学生（无条件组）中，除了婴儿润肤乳外，高锚组对所有产品的出价都要高于低锚组，平均出价高了 36%。而在背单词的学生（认知消耗组）中，高锚组的出价比低锚组高了 59%。这个实验就告诉我们，不要一边做需要耗费脑容量的事情，一边买东西，不然锚定效应会更严重。

表 2-1　不同条件下估价差异

物品	无条件组			认知消耗组		
	低锚组（13）	高锚组（8）	（Ma-Mi）/Mi	低锚组（13）	高锚组（10）	（Ma-Mi）/Mi
莫扎特 CD	40.77	58.75	44%	21.23	45.00	112%
古琴 CD	30.62	54.75	79%	18.00	30.50	69%
激光笔	58.46	61.63	5%	25.85	48.00	86%
《Inquisit 教程》	33.46	51.25	53%	17.92	24.70	37%

（续表）

	无条件组			认知消耗组		
婴儿润肤乳	52.31	39.38	-25%	29.54	46.00	56%
《考古发现曾侯乙墓》	23.46	40.38	72%	17.38	21.78	25%
负离子U盘	76.92	93.50	22%	41.15	52.50	28%
差值平均值			36%			59%

2. 锚定效应实验二

我和我的学生还完成过另外一项锚定效应实验。我的学生"潜伏"在学校图书馆一楼和五楼的电梯门口（学校的图书馆总共只有5层楼），如果有人进入电梯学生就尾随其后，一旦他按下1楼或5楼，这个人就被我们锁定为目标被试者。在被试者离开电梯时，我的学生就会赶上去告诉他，我们准备与另外一所大学合作发起一场为福利院的儿童捐款献爱心的活动，需要提前调查同学们的捐款意愿，请他们帮忙完成这份调查，填写自己愿意捐款的数额。为了让被试者尽可能真实地填写自己愿意承担的捐款数额，我们要求他们留下联系方式，假称第二天找他们捐款。

我们猜想按下的电梯楼层数会影响他们捐款的数字，也就是按1楼的，认捐数额可能更倾向于以1开头，而按5楼的，认捐数额可能更多地以5开头。我们预期：如果不存在锚定效应，那去往这两层楼的被试者认捐数额的第一个数字在1、5及除1、5外其他的数字分布比例上应该一样。但实验数据表明，按下电梯1楼按键的被试者中有57.1%的人认捐数额以1开头，而按下电梯5楼按键的被试者中有62.5%的人认捐数额以 5 开头。这个实验表明，一个毫无关系的数字竟然能在无形中影响后续对认捐数额的决策。

3. 锚定效应实验三

相比于这两个实验，行为经济学家丹·艾瑞里（Dan Ariely）做了一个更严谨的实验，展示了锚定效应的强大。

研究人员邀请参与者来到实验室，随机地将他们分为两组。这两组人面前的电脑屏幕上都显示这样一段话："你们很快就会在耳机中听到一段令人不愉快的录音，我们想了解你们对它的讨厌程度。"事实上，这个录音就是噪声。录音播放完毕后，一组被试者面前的电脑屏幕显示："如果我们付你 10 美分让你再听一遍，你是否愿意？"这一组被试者被称为 10 美分组。另外一组被试者面前的电脑屏幕显示："如果我们付你 90 美分让你再听一遍，你是否愿意？"这一组被试者被称为 90 美分组。在给两组人播放 30 秒的噪声后，被试者面前的电脑屏幕显示出一行文字"如果再让你听一次，你最低限度可以接受多少钱"并要求被试者输入自己能够接受的最低价格。

实验结果显示：10 美分组的人平均出价 33 美分，而 90 美分组的人平均出价 73 美分。

正当被试者准备离开的时候，实验者告诉被试者他们需要留下来接受另一个实验。第二个实验和前面那个实验一样，只是听完这段噪声后，他们在屏幕上看到的话变成了："假定给你 50 美分，你愿意再听一遍吗？"这时每组人都接受了两个锚，分别是第一个实验的 10 美分或 90 美分，以及这次的 50 美分。他们的第二次出价会受到哪一个锚的影响？

艾瑞里的实验发现，尽管两组人接受的新锚都是 50 美分，但是 10

107

美分组被试者的出价仍然要比 90 美分组低很多，第一个锚仍然起主导作用。

接着，研究者又告诉被试者他们还要参与第三个实验。在第三个实验中，听完一段噪声后，10 美分组被询问是否愿意接受 90 美分再听一次，而 90 美分组则被询问是否愿意接受 10 美分再听一次。至此，两组被试者已经分别经历了三个锚：10 美分、50 美分、90 美分和 90 美分、50 美分、10 美分。

他们的第三次出价会更多地受哪个锚的影响呢？结果显示，10 美分组的出价仍然比 90 美分组低很多，第一个锚仍然占主导作用。

这个实验告诉我们，美好"初恋"的力量很强大，你可能会对"初恋"念念不忘，甚至以"初恋"的模板去找后面的"恋人"。以上这些实验都验证了锚定效应的存在。

当下，代购行为非常普遍，比如你在专卖店中看上了一款运动服，标价 600 元，你可能会打开淘宝寻找代购。这时你能接受的产品价格范围是多少？你大概不会接受 600 元及以上，也不大可能会选择 200 元以下，你最可能接受的价格会在 300~500 元之间，这说明你可能已经被锚住了。

有一次，我在商场发现了一个心仪的双肩包，标价 1200 元。从商场回家后打开了淘宝，最后花费 950 元开心地买了下来。如果让我直接花费 950 元买一个双肩包，我会觉得这简直是"割肉"，但在 1200 元的锚定下，我觉得 950 元挺划算的。

不仅如此，在网购平台搜索某类产品时，价格从低到高排序或从高到低排序，也会导致被锚定的区间不同。那么，如果你是商家，搞促销活动时你应该怎样设计你的产品展示页面以吸引消费者？是把高价格放在前面，还是把免费赠品放在前面？

回想我买家具的经历，我当时之所以觉得茶几、边几等其他家具很便宜，是因为沙发的原价太高，再加上销售人员告诉我的其他家具的原价也动辄上万元，我的心理预期已经被锚定在一个很高的价格上，也导致随后觉得标价 7000 多元、5000 多元的其他家具很便宜。

怎样破解锚定效应呢？有时候人们之所以被锚定是由于对某种东西太过痴迷，而无法理智地分析其绝对价值，轻易地落入了锚定怪圈。所以，你可以在做决策前给自己留一段冷静期，并在这个产品可能给你带来的价值和你需要付出的成本之间做一个分析，说不定就能消除锚定效应的影响。

书籍推荐

《怪诞行为学》（作者：【美】丹·艾瑞里）

框架效应

八、套路！套路！全是套路

请大家设想以下两种情境。

情境一：你计划买一个笔记本，发现这款笔记本在你家楼下超市的售价是 15 元，而在离你家 20 分钟路程的另一家超市，同款笔记本只需

5 元。你会不会愿意多花 20 分钟去那家便宜的超市买?

情境二:你计划买一台计算机,发现这款计算机在你目前所在的商城售价是 8000 元,而离你 20 分钟路程的另一家商城,同款电脑的售价是 7990 元。你会不会愿意多花 20 分钟去那家便宜的商城买?

我在课堂上问过我的学生,很多人愿意多花 20 分钟的时间去买一个便宜 10 元的笔记本,却很少有人愿意多花 20 分钟去买一个便宜 10 元的计算机。人们在现实生活中都期望自己是一个精明的消费者,比如算计着今天楼下卖的白菜是不是又贵了 1 元钱,淘宝上买二送一的活动很划算,买东西凑够多少可以打折包邮。但很多时候,这种"精打细算"反而可能落入了商家的套路。这就是本节要介绍的框架效应(Framing Effects),也被称为"诱饵效应"。

1. 框架效应

人们在现实中做任何决策都必须在已获得信息的基础上进行。在进行判断时,人们会考虑哪个选择能带来最大的收益,哪个选择能将损失降到最低。但是人们对收益或者损失的感知往往并不是基于完全理性的判断,而是受到所获得的决策信息的影响,这些决策信息组成了决策"框架"(Frame)。

下面是行为经济学家丹尼尔·卡尼曼(Daniel Kahneman)做的一个非常经典的框架效应实验。

假设在一场罕见的疾病中,如果不采取任何措施将导致 600 人死亡。为了更好地抗击这种疾病,相关部门经过科学计算研究出了 A 方案和 B 方案(见图 2-12)。

获益框架
如果选择A方案，则有200人肯定存活；
如果选择B方案，则有1/3的可能全部存
活，2/3概率无一人存活。

损失框架
如果采用A方案，则有400人全部死亡；
如果选择B方案，则有1/3的可能全部存
活，2/3概率无一存活。

图 2-12　丹尼尔·卡尼曼框架效应实验

这两种表述中对 B 方案的描述相同，不同的是对 A 方案的表述。第一个表述中强调 A 方案有多少人能活下来，这符合获益框架的表述；而第二个表述中强调 A 方案会造成多少人死亡，这符合损失框架的表述。两者的结果在本质上相同，只是一个关注的是获益，另一个关注的是损失。

对比 A 方案和 B 方案，你会发现 A 方案不管获益还是损失结果都非常明确，是保守的方案；但是 B 方案只提供了概率情况，具有一定的风险，是一个冒险的方案。

两种不同的框架是否会影响人们的决策呢？理论上来说，A 方案结果明确，不同的描述并不会改变其性质，如果决策者足够理智，那么在这两种框架下他们选择 A、B 方案的比例应该是相差无几。

但研究人员发现（见图 2-13），在获益（强调存活人数）框架下，大部分人会选择 A 这个保守的方案；但在损失（强调死亡人数）的框架下，大部分人会选择冒险的 B 方案。

实验结果表明，对问题表述形式的不同，会导致人们的决策出现显著的差异。卡尼曼发现，决策者在积极框架下，更多地倾向于风险规避（Risk Adverse），即保留已经得到的利益。而在消极框架下，则更多地倾向于风险寻求（Risk Seeking），即更愿意冒险。

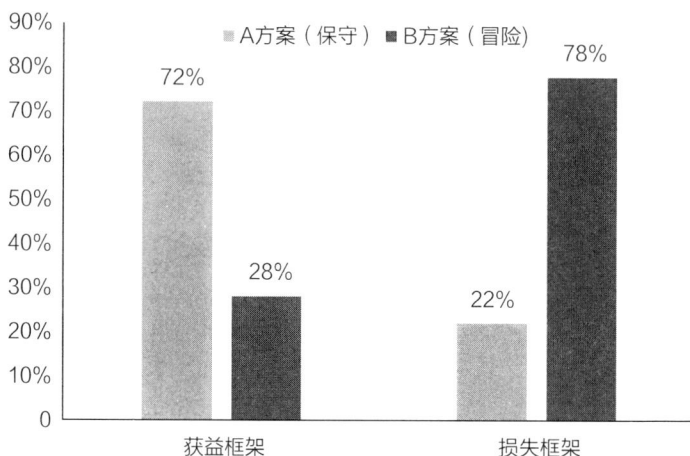

图 2-13　两种方案在不同框架下被选择的比例

2. "聪明的医生"

在一个实验中，肺癌患者需要在手术和放疗这两种治疗方案中做出选择。对于这两种治疗方案，在不同的框架下有两种不同的表述（见图 2-14）。

幸存率框架
手术： 在100个做过手术的人中，90个过了术后期还活着，68个在第一年的年底还活着，34个在第五年的年底还活着
放疗： 在100个接受放疗的人中，所有人过了治疗期还活着，77个在第一年的年底还活着，22个在第五年的年底还活着
你选择： 手术还是放疗

死亡率框架
手术： 在100个做过手术的人中，10个在手术期间或术后死亡，32个在第一年的年底死亡，66个在第五年的年底死亡
放疗： 在100个接受放疗的人中，没有一个人在治疗期间死亡，23个在第一年的年底死亡，78个在第五年的年底死亡
你选择： 手术还是放疗

图 2-14　肺癌患者的两种治疗方案的两种描述

可以看出，两种框架中对应方案的幸存率和死亡率数据相同，唯一不同的是两种治疗结果中的统计方式是关注幸存率还是关注死亡率。研究者发现，在关注幸存率的框架内，只有 18% 的人会选择放疗；但在关注死亡率的框架内，有 44% 的人会选择放疗。

有一个名为"聪明的医生"的故事。有一个人生了重病，医生给他做了详细的检查。病人家属问医生："这个病还能治吗？"医生说："这个病很棘手，只有 3% 的希望，不过我们会努力救治的。"经过治疗后，这个病人依然不幸病故，但病人家属认为，这个医生非常负责，在那么低的生存率下依然不放弃、努力医治病人。在同样的情况下，另一个医生告诉病人家属："这个病很棘手，有 97% 的可能会死掉，不过我们还是会努力救治的。"最后这个病人在治疗后不幸病故，可是病人家属对医生的治疗并不领情，甚至还觉得这个医生缺乏医德。

3. 商家套路

日常生活中的很多决策都受到了框架效应的影响。艾瑞里给大学生呈现了两套《经济学人》杂志的订阅方案。

第一套订阅方案：

（1）订阅电子版：59 美元 / 年

（2）订阅电子版＋印刷版套餐：125 美元 / 年

第二套订阅方案：

（1）订阅电子版：59 美元 / 年

（2）订阅印刷版：125 美元 / 年

（3）订阅电子版＋印刷版套餐：125 美元 / 年

结果，在第一套方案中，大部分学生都选择了只订阅电子版，仅有约 1/3 的人会选择同时订阅电子版和印刷版。但是在第二套方案中，当增加了一个与同时订阅电子版和印刷版套餐一样价格的印刷版之后，选择同时订阅电子版和印刷版套餐的人数比例从 32% 增至 84%。

其实，商家真正想要推销的就是同时订阅电子版和印刷版的套餐。但如果只提供这个套餐，消费者不一定会心动，而有了同样价格的仅订阅印刷版的选择作为比较，消费者立刻就会觉得套餐太划算了。

现在回到本书前言中那个买电视机的例子。

你打算买一台电视机，发现商场里同一个品牌的电视机有三个档次可供选择：低档机的功能配置比较少，估计很快就会被淘汰；中档机的基本功能配置都可以满足需要；高档机配置了很多不一定用得上的功能。你会选择购买哪一个档次的电视机？

我在课堂上问过我的学生，很多人会倾向于购买中档电视机；但若没有低档电视机、高档电视机，很多人就会犹豫要不要买中档电视机。在这种情况下，中档款是商场的"主打品"，低档款和高档款存在的意义，就是让你在对比中觉得中档款是最好的选择。假如你预算不足或追求高端产品，希望能选择低档款或高档款，也许销售会告诉你，"不好意思，那款暂时没货，你需要等待调货或者只能买样机"。

4. 带谁去相亲

艾瑞里还做过一个很有趣的实验：相亲时，带一个什么样的朋友可能会提高相亲的成功率。

在实验中，他找了 3 对被公认为长得最相似的男生和女生的照片，并用电脑将这些照片进行处理，把其中一个人（我们称其为 A）的照片做了丑化处理，然后他把这张丑化过的照片与 A 本人的原始照片及另外一个与 A 长相相似的人的原始照片一起展示给选择者，问他们最想和哪张照片上的人约会。结果是 75% 的人会选择 A 本人的原始照片，而不是另外一个人。

艾瑞里认为这是因为被丑化过的照片起到了"诱饵"作用——这个稍欠完美的人，给了选择者一个参照，导致他们会选择那个更为完美的人。

他给出的约会建议是，你要带上一个外表和你基本相似（相似的皮肤、体型、面貌）但比你稍微差一些的同伴。这样你就给相亲对象提供了参照，他会在无意中把你和你的同伴进行比较，作为"参照"的同伴会有助于你提升形象。我个人认为，或许还有一个更简单的方法，就是找一张拍得不如你本人好看的照片，先让对方看到你这张照片，等见到真人后，也许对方更容易心动。反之，如果之前让对方看到的是美化过的照片，等到对方见到你本人时，可能会起到相反的效果了。

艾瑞里提醒人们，这种比较并不只针对外表，如果你的优点是妙语连珠，那就带一个没有你能言善辩、反应机敏的朋友去相亲，这样也会显得你出类拔萃。

为什么会产生框架效应？

心理学中有一类错觉现象，艾宾浩斯错觉 (Ebbinghaus Illusion) 就是其中之一。

图 2-15 中左边的浅色圆圈看起来要比右边的浅色圆圈小很多，但实际上它们大小相同，但周围不同大小的圆圈导致人们产生了错觉。这与人们在做决策时的框架效应一样，在做决策时往往需要在很多关系中进行比较，然后决定是选 A 还是选 B。而在做决策时，人们所选择的参照点非常重要，即使是同样的选项，参照点的不同也会导致决策产生很大的差异。

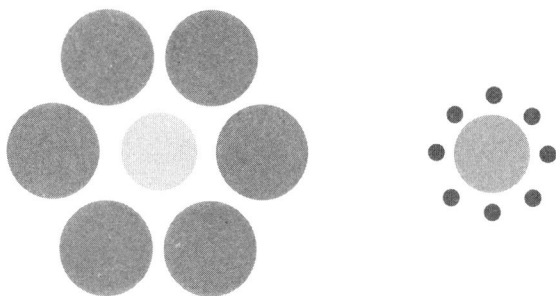

图 2-15　艾宾浩斯错觉图

再回到本节开头那个是否多走 20 分钟路买笔记本或计算机的例子，就能够理解为什么同样省出 10 元，在买笔记本和电脑时会存在区别。在买笔记本时，你的参照点是 15 元，所以省 10 元的笔记本会让人觉得很赚；但在买计算机时，参照点是 8000 元，所以人们会觉得节省 10 元去买计算机没有必要。

第三章

改变态度

态度能否决定行为

一、"剩女"① 的困境

来看一个案例。

小红是个高级白领，外表出色，能力一流，收入也不错。她已30多岁了却还没结婚，她的父母想起此事就着急上火，多次给她介绍相亲的对象，但小红在与他们接触后觉得这些男人都不合适。眼看小红就要成为大家口中的"剩女"，父母和周围其他的人经常在言语中流露出对她未来的担忧。最近父母给他介绍了一个对象——张三。

小红只是中国当代千千万万优秀女性的一个缩影，这群女性经常被调侃为"剩女"。是她们不想步入婚姻吗？不见得。在这个主题里，我们借助小红这个案例来探讨态度与行为之间的关系。

---

① 指高学历、高收入的大龄未婚女性。

人们经常会说：态度决定行为，态度决定一切！但态度真的能够决定行为吗？很多时候，想和做之间的关系并不像想象中那么简单。心理学家发现态度有时候的确能决定人们的行为，但有时候又无法完全决定人们的行为。而态度是否能决定行为取决于一个重要因素：态度所决定的是经过深思熟虑、有计划的行为，还是自发的、不假思索的行为。心理学家用两个不同的理论来解释这两种不同的态度与行为之间的关系。

1. 计划行为理论

生活中的很多行为需要经过深入的思考和严谨的计划，比如要不要和某人结婚或离婚、要不要生二胎、选择哪个大学、选择哪份工作等。这些行为对个人而言比较重要，做出这些行为前通常需要进行一定的筹划，这类行为可以被称为有意行为。当然，对不同的人来说，同一行为的重要性可能有所不同。

对于态度与这种有意行为之间的关系，心理学家伊塞克·艾奇森（Icek Ajzen）和他的同事提出了计划行为理论（Theory of Planned Behavior）。艾奇森认为决定行为的最重要的因素是行为意图（Behavior Intention），即我们想要采取某一特定行为的意愿，行为意图直接决定行为。

在本节开头的例子中，如果小红的父母给她介绍了老家的张三为相亲对象，小红是否会嫁给张三呢？这取决于小红嫁给张三的意愿强烈程度。

艾奇森认为个体的行为意图会受三方面因素的影响：指向行为的态度（Attitude toward the Behavior，AB）、主观规范（Subject Norm，SN）、知觉行为控制感（Perceived Behavior Control，PBC）（见图 3-1）。

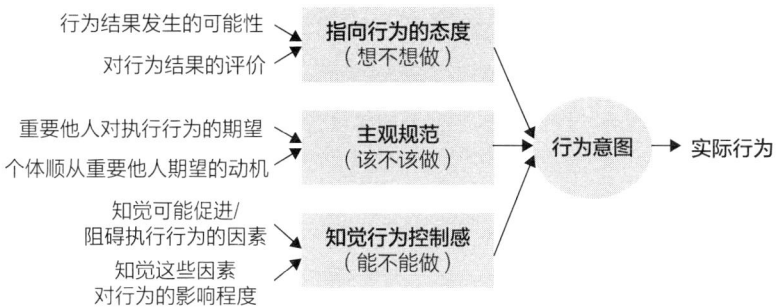

图 3-1　影响个体行为意图的三要素

指向行为的态度就是个体对将要执行的行为的看法和感受，可以是正向的，也可以是负向的，可以概括为"想不想做"。"想不想做"会受到两个方面的制约：第一个是做了这个行为会得到什么结果，第二个是怎么看待这些行为的结果。

在小红是否嫁给张三的案例中，指向行为的态度就是小红如何看待嫁给张三这件事，其中包括嫁给张三后她可能得到什么，是获得幸福的婚姻生活，还是陷入难以挣脱的围城。第二个是她怎么看待这些结果，如果她觉得这些结果对她不重要，那她对行为的态度就是负向态度；如果她认为这些结果很重要，那她对行为的态度就是正向态度。但这只是决定行为的因素之一，她不会因此立刻嫁给张三。

行为意图的第二个重要决定因素是主观规范，即那些对个人而言非常重要的人（如父母），他们会如何看待这个行为，也就是"该不该做"。该不该做也受两个方面的制约：重要他人是否期望我们做出这个行为，以及我们要不要顺从他们的期待。

在小红是否嫁给张三的例子中，主观规范就是对她来说非常重要的人，比如她的父母和好友是否期望她嫁给张三，以及她要不要顺从他们的期待。

决定行为意图的第三个因素是感知控制感，就是在做出某个行为前，感受自己对行为的控制（或掌握）的程度，也就是自己有没有能力或条件完成这个行为，这个行为对个人而言难不难，换言之就是"能不能做"。"能不能做"也包含了两个方面：第一，哪些因素可能促进或阻碍自己将要采取的行为；第二，这些因素对行为的影响程度。

在上述案例中，小红是否要嫁给张三的第三个因素，对小红来说，是嫁给张三有没有阻碍因素。比如张三要求小红婚后和他回老家，而不是留在目前的城市；或是小红期望婚后有自己的房子，但是张三不具备这样的条件。这些因素对行为的影响程度，取决于小红是否将回老家发展或者有无房子视为结婚这个行为的重要影响因素。

一个人如果认为某个行为是自己想做的、应该做的且能够做到的，那么可以说，他做出这个行为的意愿非常强烈，做出这个行为的可能性也比较大。所以，是否做出某个行为，喜不喜欢或想不想做只是其中的一个影响因素。也就是说，态度只是行为的决定因素之一。

这个理论可以解释很多生活中的行为决定，比如是否生二胎、是否买房子、是否出国或者选择某份工作，也可以解释现实生活中为什么会有与态度不一致的行为，比如你不喜欢某份工作，但还是继续坚持了下去，这可能是因为你的父母很期望你从事这份工作，主观规范促使你继续从事这一工作；又或者是重新找工作很难，你目前需要这份工作养家糊口，这就是知觉行为控制感决定了你选择继续坚持。

在小红是否嫁给张三这个例子中，小红想不想嫁只是决定因素之一，此外还存在主观规范和感知控制感等方面的因素。所以，幸福美满的爱情婚姻真的不是两情相悦就万事大吉。

一些现实生活中的一些所谓的"剩女"想结婚（对结婚的态度没有问题），她们的父母和朋友也期望她们结婚（主观规范也满足），但问题往往是这些优秀的女性难以找到与她们匹配的伴侣（缺少知觉行为控制感）。

2. 态度—行为加工过程

对于那些很重要或者需要慎重思考的行为，计划行为理论是成立的。但是生活中还有另外一类行为——自发行为，这类行为的特点是自动的或者没有经过过多思考。其原因可能是没有足够的时间，或者这个行为并不是特别重要。比如同事在饭后递来口香糖，问你要不要吃一颗，或者在超市买东西时两种矿泉水选择哪一种等。

对于这类无法用计划行为理论来解释的自发行为，心理学家法齐奥（Fazio）提出了态度—行为加工过程模型（Attitude-Behavior Process Model）的理论（见图 3-2）。这个模型认为，某些事件在发生之后，会激活态度。态度被激活后，会反过来影响人们对该事件的知觉。与此同时，人们对某一特定情境下什么行为是恰当的，即对各种社会规范的知识——在某一特定情境下主导行为的规则的认识也被激活了。态度与这些事先储存的信息共同形成了对事件的定义，并进而影响行为。

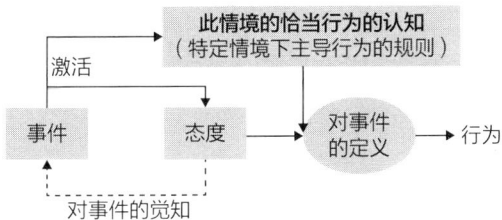

图 3-2　态度—行为加工过程模型

123

例如，同事问你要不要吃口香糖时，会激活你对吃口香糖这个行为的态度——你是否喜欢饭后吃口香糖、饭后吃口香糖有何利弊？同时，你知道当别人给你东西时，他人或社会期望你如何表现。这两个因素会影响你对这件事的决定，你可能会想到"饭后吃口香糖有助于口腔健康"或者"当别人递东西给你时，最好不要当面拒绝别人"。这些定义会决定随后的行为——接受同事的口香糖。

哪些态度会决定我们的行为？法齐奥认为其中一个很重要的因素是态度的可接近性（Attitude Accessibility），也就是说那些能够快速出现在头脑中的态度最有可能导致自发的行为。而关于行为对象的行为经验决定了哪种态度能快速出现在头脑中。一些来自直接经验的经验，比如对于口香糖的态度，就是由直接经验形成的。同时，也有一些态度是未经过多经验和积累形成的，比如心理治疗，我们可能只是通过读书或者听课获得间接经验。人们对行为对象的经验越直接，这种态度的可接近性就越高，自发行为与态度之间的一致性也就越高。所以，当同事递过来一颗口香糖，而你以前也吃过口香糖，你一般无须多思考就会接受。但如果同事问你要不要一起去参加一个心理咨询，尽管你可能会对此很好奇，但因为你对心理咨询没有直接的体验，对心理咨询的好奇态度也无法决定行为，你不会立刻做出去或不去的决定。

通过以上两个理论，可以看到态度与行为之间的关系远比想象中复杂得多。如果行为是重要的，或者有时间认真思考，人们会权衡各种因素并谨慎做出行为决定，这时候态度只是决定行为的影响因素之一。但如果行为不重要，或者没有足够的时间认真思考，第一时间进入头脑的态度就会影响对事物的感知并决定我们随后的行为。

小练习

在生活中，当需要做出非常重要的行为决定时，你可以利用计划行为理论对自己的决策因素进行分析。

思考

这两个关于态度与行为关系的理论对你理解人类行为的复杂性有什么启示？

★ 平衡理论 ★

二、"鱼"与"熊掌"左右为难

先来做一个测试。

你和你的伴侣一起去看了某部电影，你觉得这部电影内容无聊、逻辑混乱，演员毫无演技可言。而你的伴侣对这部电影评价极高，说这是他看过的最感人的电影，并希望你陪他再看一遍。这时你会怎样选择？

在现实生活，中我们不可避免地会遇到与伴侣、家人、朋友在某件事情上存在不同看法的情况。这些事情可以大到比如金钱观、养育孩子的理念、对父母赡养的看法等，也可以小到如对一部电影的评价、吃一顿什么风味的饭、几点钟睡觉等。当双方出现不一致的看法后，我们会面临一个两难的选择，听我的还是听他的，面对这种"鱼"与"熊掌"左右为难的困局，该怎么做？弗里茨·海德的平衡理论（Balanced Theory）专门解释了这个问题。

1. 海德的平衡理论

海德的平衡理论从人际关系的协调性角度解释了态度的改变。海德指出，人们生活在社会环境中，会与他人及其他事物紧密联系，所以人们所体验的情绪状态不可避免地会受到自身以外的各种因素及其关系状态的影响。

海德认为两种因素之间可能存在两种关系：单元关系（关联性）和情感关系。所谓的单元关系就是在特定情境中不同的因素被感知为一个整体，比如你和你的恋人容易被感知为情侣关系，你和父母或孩子容易被感知为亲子关系，这些都是单元关系。关系平衡的前提是存在单元关系。

在单元关系之上还有另外一种情感关系，即对事物的评价、态度存在喜欢与不喜欢两种关系。

所谓关系平衡的状态，是指在单元关系中，情感关系是和谐共存的。如果情感关系出现不一致，就会引起紧张，这种紧张会促使个体改变认知组织，调整态度，重新恢复平衡状态。在态度调整过程中，个体会遵循知觉上的最小付出方式。

假设张三和小红两个人是追求者与被追求者的单元关系。那他们两人之间的情感关系有四种可能模式：两人互相喜欢，两人互相讨厌，以及两人中分别有一人喜欢对方、一人不喜欢对方。在四种状态中，两人互相喜欢或者互相讨厌都是平衡状态，这时他们没有任何压力去改变这种关系模式。世上最痛苦的事情莫过于两人之间出现一人喜欢对方的同时另一人不喜欢对方的关系，这是不平衡状态。

假设张三喜欢小红，但是小红不喜欢张三，这个状态会让他们两人都感到痛苦。所以他们都要做出一些努力把这个状态从不平衡调整为平衡。

此时对于张三来说，他有两条路：第一条是改变自己对小红的态度，从喜欢变成不喜欢，这样他们的单元关系就平衡了；第二种是改变小红对自己的态度，让她喜欢上自己，这样也能平衡单元关系。

根据在调整过程中遵循心理上觉得代价最小的理论。这个情境对于张三来说，让小红喜欢上自己的代价更小。因为在这种选择下，他既能保持自己对小红原有的态度，同时还可能获得小红这个潜在的伴侣，这是双赢。这就是常说的"得不到的一方永远在骚动"，爱上不爱自己的人会采用各式各样的方式来打动对方的心。反之，这也可以验证你对对方是不是真正的喜欢，如果你选择立刻放弃，改变自己的态度，在这种情况下，在你的内心深处，往往也未将对方当作你的"真爱"。

但在这个情境中，小红同时也面临着两种调整，按照上述理论，小红的最优选择却是让对方不要喜欢自己。按照平衡理论，在这种情境中，不管喜欢的一方还是被喜欢的一方都在面临一样的痛苦，也就是说，有时被爱的也不一定就是"有恃无恐"。

2. P—O—X 模型

更麻烦的是两人之间的单元关系中还夹着第三方。在非常经典的P—O—X 模型中（见图3-3），P 和 O 分别代表关系双方，X 是与他们有关的事物或第三个人，他们之间形成了一个三角形的单元关系。图中用正负号来表示他们之间的情感关系，"+"代表喜欢，而"-"代表不喜欢，每一条边都有两种可能。

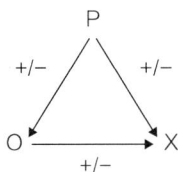

图 3-3　P—O—X 模型

需要说明的是，在这个图中 P 和 O 之间本该是双向箭头，分别代表一方对另一方的态度，而 P—X 和 O—X 之间是单向箭头，代表这两个人对 X 的态度。但在分析中，默认是从顶点 P 的角度出发，所以仅保留 P 对 O 的态度。

这个三角形 P—O—X 之间总共可能有 8 种状态（见图 3-4），分为平衡和不平衡两类，大家可以观察一下，尝试找出平衡和不平衡的规律。

四种平衡结构

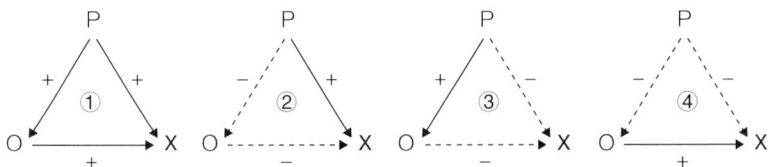

四种不平衡结构

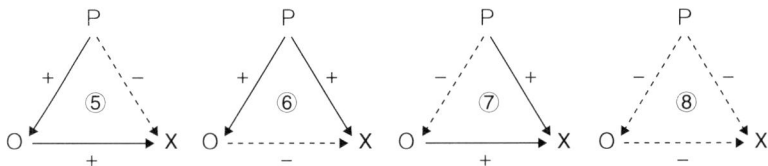

图 3-4　P—O—X 间的单元关系

其实判断平衡或不平衡很简单，如果所有边的乘积是正的，就是平衡，乘积为负则是不平衡。

假设 P 是你，O 是你的伴侣，X 是钱。

先来看四种平衡状态。第一种是你喜欢他，你们俩都喜欢钱，你们夫妻俩最幸福的事莫过于晚上一起躺在床上数今天赚了多少钱，那么生活会非常和谐。第二种是你不喜欢对方，对方视钱如粪土，而你嗜钱如命，这也是平衡的。第三种是你喜欢对方，你们双方都是视钱如粪土，这样的生活也很和谐。第四种是你不喜欢对方，也不爱钱，但是对方爱钱。在这四种关系中，无论哪一种，你们都没有调整这个模型的压力。

再来看 8 种单元关系中不平衡的状态。第五种是你喜欢他，你视钱如粪土，而对方嗜钱如命，可以预料你们未来的生活应该会有金钱观上的冲突。第六种是你喜欢他，你也爱钱，但是对方不爱钱，这种情况在本质上和第五种是一样的。第七种是你不喜欢他，但你嗜钱如命，他也如此，你可以理解为你和对方同时喜欢上同一个东西。第八种三个方向全都是负的，海德认为这种模式的结果是含糊的，把它排除在分析范围外。

本节开头关于看电影的案例其实就是第五种状态。P 是你，O 是你的伴侣，X 是电影。你喜欢对方，你不喜欢这部电影，对方喜欢这部电影。这时候你们之间的关系并不平衡，需要进行调整。而将不平衡状态调整到平衡状态，只需要改变其中一条边上的关系，把一个正的改为负的，或把一个负的改为正的就能恢复平衡。

也就是说，在看电影这个情境中，你总共有三个解决办法，第一个是改变对对方的感情，由喜欢变成不喜欢，生活中确实有些伴侣就是因为对一部电影的分歧等小问题而感情破裂，但当然一般人很少选择第一个改变方式。还有两个解决办法：改变自己对这部电影的看法，从不喜欢变成喜欢，或让对方不喜欢这部电影。而对你来说，让对方改变对这部电影的看法是最划算的。但是同样的道理，对于 O 来说，改变你对这部电影的看法才是最划算的。这可能会导致你们在电影院门口花上一段时间试图说服对方改变态度，而你们俩谁越看重彼此的关系，谁就越可能退让、放弃自己对 X 的立场。

如果你二话不说直接再买两张电影票陪对方进去再看一遍，表明你是真的很爱他，因为你连改变对方态度的工作都不尝试，就直接改变了自己对 X 的态度，这不是真爱还能是什么？

这个模型中的 X 可能是很多不同的东西，比如情侣双方的吃饭口味，一个无辣不欢，另一个一点辣都吃不了；也可以是生活习惯，一个喜欢早睡，另一个喜欢熬夜；也可以是育儿、赡养父母、工作选择等。这个理论可以帮助我们理解为什么有些开始很美好的爱情最后会走向破灭。很多时候不是不爱，而是两个人经常处在这个模型中的第五种或第六种状态。面对生活中鸡毛蒜皮的小事或人生中的重大抉择，如果你们之间存在很多的不一致，感情可能就会被这些三角形慢慢消磨殆尽。

在感情的初期一定要多留意出现的第五种或第六这两种不平衡状态的 X 是什么。如果第五种或第六种不平衡状态中的 X 很重要或者经常出现在生活中，又或者你们两人对 X 的态度差异特别大，那么你们未来的感情走势可能不容乐观。这也是为什么在长久而稳定的亲密关系中，伴侣双方的相似性，尤其是"三观"的相似性往往很高。

当然，海德的这一理论也存在一些不足，比如这一理论并未说明不平衡体验强度是否也会影响态度的改变。比如在看电影这个例子中，O 是你深爱的伴侣还是你第一次相亲的对象，你与不同的人对同一部电影的不一致的态度时，给你造成的不平衡的心理体验强度是不一样的，但海德的理论并未对这种不同如何影响你的态度调整做过多说明。

小练习

在生活中，你和伴侣、家人或者朋友容易产生矛盾或冲突的事件或情境是什么？

请你利用海德的平衡理论对你们的关系进行分析，看看你们属于哪一种三角形状态。同时请你思考，这些矛盾可以通过哪些途径进行解决或改善。

认知失调

三、小王子与玫瑰花

认知失调是社会心理学领域中最具代表性的主题之一，在很多领域都有体现。

什么是认知失调？心理学家为什么会研究认知失调？

先来看看童话故事《小王子》中的小王子与他的玫瑰。小王子居住的星球很小，一天星球上飘来一颗种子并长出了一朵玫瑰，这朵玫瑰告诉小王子，自己是宇宙中一朵独一无二的玫瑰，小王子对此深信不疑。后来小王子离开了他的星球去星际旅游。有一天他走进一个花园，看见花园里盛开着五千朵和他的星球上那朵花一样的玫瑰，小王子非常伤心。

如果小王子是一个理智的人，他可能会接受自己的玫瑰其实和这些玫瑰是一样的这个事实。但小王子并没有接受，他对花园里那些玫瑰说："你们一点都不像我的那朵玫瑰，你们是空虚的……我的那朵玫瑰和你们不一样，因为它是我灌溉的，是我照顾的，我为它除虫，倾听过它的怨艾和自诩……因为它就是我的玫瑰。"

小王子的这种想法来源于狐狸的话："你为你的玫瑰花费了时间，这使得你的玫瑰变得如此重要。"

狐狸这句话的表述隐含了一个因果逻辑：因为你为你的玫瑰花付出了这么多时间，所以你的玫瑰变得很重要。而正常来说，这句话的逻辑应该颠倒过来：正因为你的玫瑰如此重要，所以你为它花费了时间。

狐狸的原话体现的就是认知失调。

对一件事情投入很多的时间、精力，这件事情真的就会变得很重要吗？网络上有个流行词——仪式感。当你把一件很小的事当作非常重要的事，比如每天早上都要认真地拍照发朋友圈，并配上一段心灵鸡汤。反复做几次后，你会觉得这件事很有意义，自己都快要被自己的精神感动了。这也有可能只是认知失调而已。

认知失调的麻烦在于当事人往往意识不到自己认知失调。

一个上过我课的女孩告诉我这样一件事，她说她的闺蜜和男友已经恋爱近 8 年，但是男友迟迟不愿意结婚。闺蜜经常为此和男友吵架，却又始终不肯和男友分手。

可能你身边也有这样一个令人"恨其不争"的闺蜜，如果你劝她分手，她会擦擦眼泪告诉你："我们是真爱。"其实她自己也知道那个人不适合自己，但她就是放不下。

在这些感情例子中，如果放不下的一方就像"小王子"，那么不合适的一方就是"玫瑰"。

其实这些人的内心也会有纠结，他们也会自问："我为什么要在这种不值得的人身上花费如此多时间和资源呢？"但他们没办法回答，尤其是自尊心强的人。最后他们只能给自己洗脑："我对他是'真爱'。"他们没有意识到自己其实正在经历认知失调。

认知失调理论由美国心理学家利昂·费斯廷格（Leon Festinger）提出，其核心观点是，每个人对这个世界都有很多看法，但其看法与行为及其各种看法之间都可能会出现不一致。当自己觉察这种不一致时，内心会产生一种不舒服的紧张感，这种紧张感就是认知失调。比如，你今天早上本应该工作，却看了一早上的美剧，你内心的那种焦灼就是认知失调。

费斯廷格将认知失调理论解释为，让你对世界的看法与你的所感所为保持一致。人们普遍认为态度决定行为，而费斯廷格却说：你的行为反过来会改变你的态度。这也是认知失调的一个重要观点，与狐狸告诉小王子的话异曲同工。

认知失调在现实中有四种不同的表现形式：不恰当理由与认识失调、自由选择与认知失调、努力与认知失调、决策后认知失调。在接下来的几节中，我将结合生活中的例子，分别介绍这几种认知失调以及心理学家如何通过实验来验证这些失调。

小练习

请思考，在你的生活中，你是否经历或者见过认知失调的例子？你可以尝试分析可能是什么原因导致了这种认知失调。你也可以思考本节举例的那个女孩的闺蜜经历的感情问题，想想可以从哪些方面来帮助她解决这个问题。

四、一元钱的力量

我曾在一个职场经历分享的广播节目中听到一个这样的故事。一个男人说，他的第一份工作销售，当时他工作非常努力，在某个季度评比中，他拿到公司销售业绩的第一名，领导给了他一张类似公交卡的 IC 卡作为奖励，他查了这张 IC 卡的余额，发现里面只有 1 元。

但他不仅没有生气，反而很感谢他的领导。后来他离开了这家公司，但那张 IC 卡一直都放在他的钱包里，卡里的 1 元他也一直没舍得花。他觉得这 1 元比一大笔奖金更能让他明白工作的真正意义。

我听到这个故事时，心里忍不住在想：这人是严重的认知失调啊。

为什么在这个案例中 1 元会有这么大的"魔力"？

这就是这节要讲的第一种重要的认知失调的表现——不恰当理由与认知失调。这种失调是指如果一个人做出与自己的态度相违背的行为，但又找不到做这个行为的理由，他会改变自己对行为的态度，使其态度与行为保持一致来减少失调。

这是最为典型也是最难理解的一种认知失调表现，因为它是反直觉的。

1. 小奖励与大奖励

如果想让一个人喜欢上他的工作，是不是奖励越多越好？

按照行为主义心理学的观点，强化物（比如公司的奖金）会增加个体行为随后出现的频率。奖励越多，后续相关行为发生的频率相应会越高，这和人们的一般直觉是一致的——奖励越多，对员工就越有吸引力，那他们就应该越喜欢工作。但事实真的如此吗？费斯廷格的认知失调实验可以回答这个问题。

实验的第一步，被试者到达实验室并告知实验目的是验证完成该工作的绩效如何受他人预先对此工作评价的影响。

通俗地说，就是来到实验室后，研究者告诉被试者这个研究的目的是判断在一个人做某项工作之前，就有人告诉他这项工作好不好玩，会不会影响他随后的工作效率。事实上这不是这个实验的真实目的，研究者这么说是为了不让被试者知道实验的真正目的。

实验的第二步要求被试者完成两项无聊的任务。第一项任务是把一根线缠绕到一根棍子上，缠好后再解开，就这样反复缠绕、解开、缠绕、解开，持续做 30 分钟。第二项任务是用镊子把放在一块木板上的 48 颗钉子逐一夹起来，并将钉子旋转 1/4 圈后再安放回去，持续反复做 30 分钟。

实验的第三步，将被试者随机地分成三个组：第一组是控制组，被试者不需要经历其他实验操控，研究者把他们带到另一个房间里，直接接受实验访谈。另外两组的被试者被告知后面还有一个人也要来完成刚才这两项任务。研究者付给这两个组的被试者一定的报酬，请他们告诉后面来参加实验的那个人，他们刚才参加的任务很有趣。其中一组（被称为第二组）的报酬为每人 1 美元，另一组（被称为第三组）的报酬为每人 20 美元。

实验的第四步，研究者把被试者带到另一个房间里，由另外一个研究者对其进行实验后的访谈。访谈涉及两个核心问题：一是你觉得这个实验有趣吗？二是以后你是否愿意参加类似实验？

在这三个组中，第一组没有说谎也没有报酬，第二组说谎并得到1美元报酬，第三组说谎并得到20美元报酬。你觉得哪一组的人会觉得这个实验有趣，并且还愿意继续参加类似实验？在我的课堂上，大部分学生都会选择20美元那组。这一选择符合上述行为主义观点的预测但费斯廷格实验的结果和人们的直觉预测相反（见图3-5），没有拿到报酬的人和拿了20美元报酬的人都认为这个实验无趣也不愿意再参加类似实验，而只拿了1美元报酬的人却认为这个实验有趣并且还想继续参加。

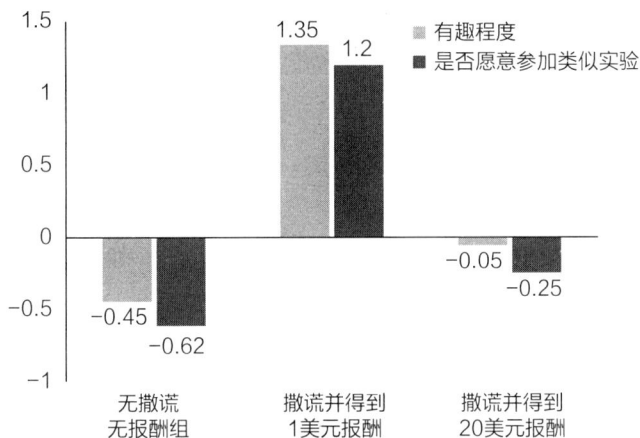

图3-5　不恰当理由与认知失调实验结果 [1]

怎样解释这个反直觉的结果？

接受报酬的被试者做了一项很无聊的工作，他们的态度是这项工作

---

[1]　图中的负值表示这个实验不好玩和不愿意继续参加，而正值表示好玩和愿意继续参加类似的实验。

很无聊，但是他们在随后的行为中却欺骗别人说这项工作有趣。这时他们的行为和态度无法保持一致，也就是产生了认知失调。在这种情况下，他们可能会采取不同的办法来平衡这种失调。

第一个办法是改变骗人这个行为，坦白告诉别人这项任务很无聊，这样行为和态度就是一致的，就不会再发生认知失调。但对于这个实验里已经骗人的被试者，这个方法不可行。那么第二个办法是找到一个理由来解释为什么自己会骗别人，即增加一个借口来解释自己的认知失调。第三个办法是直接改变原来的态度，把原来认为工作无聊的态度改成认为工作有趣，这样行为和态度也就一致了。

实验发现，20 美元组的对工作无趣的态度并没有改变，他们采用了增加借口的办法——说谎可以得到 20 美元。20 美元成为解决他们态度与行为不一致的理由。

1 美元组也同样面临着认知失调，但是他们采取的办法是改变态度来平衡认知失调。1 美元的价值太小，无法成为他们去骗人的理由，这使得从外部找理由来解决失调的办法行不通，所以他们只能改变自己原本对工作的态度。在事后的访谈中，1 美元组有被试者说："这项工作真的很有趣，我从中发现很多有关自己的有趣东西，比如……嗯……我旋转钉子旋转得很好。"

其实，这就是强行说服自己。

如果你还是觉得这个实验结果很难理解，这很正常，因为它是反直觉、反理性的，你不能用理性去对这件事进行理解。

回顾本节开头"魔力的 1 元奖金"的故事，就不难理解这 1 元钱的力量。这个员工非常努力工作，按照正常的逻辑他应该获得一大笔奖金，但最后他只获得了 1 元，这无法用正常的认知解释。如果老板给他 1 万元奖金，他就会把自己努力工作的动力解释成为了获得这笔奖金，也并不见得在后续会多喜欢这份工作。但是 1 元的奖金无法成为他这么努力工作的理由，所以他改变了对工作的看法，认为他真的喜欢这份工作，这份工作非常有意义。

从费斯廷格的认知失调实验可以知道，丰厚的奖金不一定会提高员工的工作热情。他们可能会把努力工作归因为想获得奖金，一旦没有奖金他们可能就不再努力工作了。

2. 小惩罚与大惩罚

上述实验发现，小奖励可以激发人们对不喜欢的工作的兴趣。另一方面，小惩罚也能促使人们放弃原来喜欢做的事情。

心理学家弗里德曼（Freedman）做过这样一个实验。研究者给参与实验的小朋友看一些玩具，然后指着小孩子最喜欢的一个玩具，告诉他不能再玩这个玩具。参与实验的小朋友们被随机地分成两组，一组是严重威胁组，这些小朋友被研究者警告，如果再玩这个玩具就会被重重惩罚；而另一组是轻微威胁组，研究者只是告诉他们，不希望他们玩这个玩具，如果继续玩这个玩具，研究者会对他们感到失望。几周后这些小朋友重新回到实验室，实验室里散落着与几周前相同的玩具。小朋友被单独留在房间里并被告知可以不受限制地随便玩任何他们喜欢的玩具。

实验者统计了玩了之前不允许他们玩的那个玩具的小朋友的人数比例。你觉得哪一组的小朋友更有可能不再去玩这个玩具？行为主义心理学的观点是，惩罚越重，人们后续发生该行为的次数越少。按照这个观点，受到严重威胁的那组小朋友更有可能不再去玩那个之前不被允许玩的玩具。

但研究者发现：受到严重威胁的那组小朋友中有 **77.8%** 还是会去玩那个玩具，而受到轻微威胁的那组只有 **33.3%** 的小朋友会去玩那个玩具。这个实验结果与用行为主义观点预测的恰恰相反，轻微惩罚的小朋友玩这个玩具的比例反而更少。

如何解释这个结果？

可以参照"小奖励与大奖励"中费斯廷格的实验解释来理解这个实验。首先这两组小朋友起初都喜欢这个玩具，这是其初始态度；但都没有玩这个玩具，这是其行为；这时小朋友对玩具的态度与行为是不一致的。他们会问自己，这么好玩的玩具我为什么不玩？受到严重威胁的那组小朋友找到一个外部借口：因为别人要惩罚我，所以我不敢玩。但是他本身依然想要玩这个玩具，所以在几周后，一有机会，他就会去玩这个玩具。而受到轻微威胁的那组小朋友也会问自己同样的问题，别人对他感到失望并不能成为他不玩这个玩具的充足理由，他们无法找到不玩的外部理由，就只能改变自己的态度，从原来认为这个玩具好玩改变为认为这个玩具不好玩。

那些喜欢用恐吓方式教育孩子的父母，这个实验是否能给你们带来启发？

要给孩子一个不构成大威胁的小惩罚，这样孩子就找不到理由不做自己喜欢做的事情，他就会改变态度，从喜欢变得不喜欢了。

以青春期孩子早恋为例，对比来看两个家长的不同处理效果。

第一个家长恐吓孩子说："如果我发现你谈恋爱了，我会打断你的腿。"著名的《罗密欧与朱丽叶》的故事已经告诉我们，越是禁止他们做某事，他们对某事的好奇心就越大，他也更有可能会偷偷背着你去做这件事。

第二个家长对孩子说："你现在长大了，已经懂得分辨是非，我也相信你会做出正确的选择，我不会反对你谈恋爱，但是如果谈恋爱影响了你的学习，我可能会有点失望。"这里用的是"有点失望"，而不是"非常失望"。如果你是孩子，听到父母对你说出这番话，你的内心有什么样的感受？你可能会想：我的父母这么开明、对我这么信任，如果我还背着他们去谈恋爱，内心会非常愧疚。结果是你会反过来否定谈恋爱这种事。

这是我自己的一次亲身体验，我曾参加一个组织的活动。但在正式加入这个组织之前，他们组织了一场团建活动，那个活动很简单，就是要求大家一起做一些简单的蹦蹦跳跳的动作，同时喊两句口号。我还没搞清情况就跟着大家一起做，几遍后大家的步调就非常整齐，整个现场的气氛也开始高涨起来，我突然有了一种非常奇妙的感觉，仿佛有一股很神奇的力量贯穿全身，整个人开始亢奋。

还好我立刻停了下来并开始思考，为什么我会有这种感觉。然后我恍然大悟，这不就是我经常和学生讲的认知失调嘛。我找不到要在这里和大家一起做这种幼稚的动作的理由。即使我是心理学的老师，也一直在给学生讲认知失调，但是身处其中时我也难逃认知失调的影响，而且这种失调感竟然变成一种如神附体的感觉。

思考

请大家思考以下问题：我们可以怎么做来避免产生找不到借口的失调？

★三类认知失调★

五、转变态度

这一节将介绍另外的三类认知失调：自由选择与认知失调、努力与认知失调和决策后认知失调。

1. 自由选择与认知失调

前文探讨海德平衡理论时，在看电影的例子中，假如你认真看完第二遍电影，也许会发现其实这部电影也还不错呢！

为什么当你看完第二遍，可能会改变对这部电影的看法，由原先的不喜欢变成喜欢？这种行为属于第二类认知失调的表现：自由选择与认知失调。这种认知失调指的是如果一个人自由选择做了某种违背自己信念的行为，他随后也会改变自己原有的看法。

心理学家达温·林德（Darwyn Linder）等人做了一个实验来验证这种自由选择与认知失调（见图3-6）。

当时学校所在州议会正在讨论推行的一项法案，学校里的大部分学生都表示反对，但研究者要求部分参与实验的学生写一篇支持这项法案的辩护短文，这与学生原来所持的态度是相违背的。

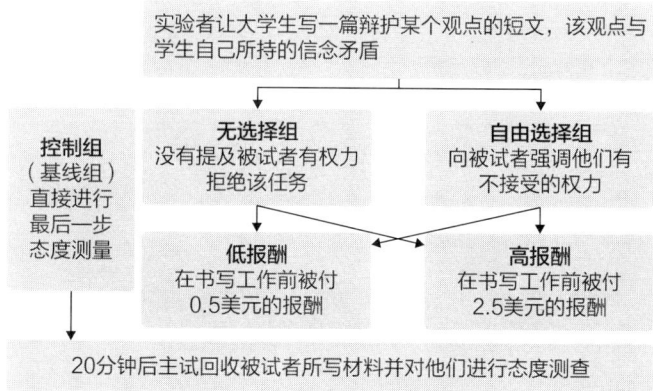

实验者让大学生写一篇辩护某个观点的短文，该观点与学生自己所持的信念矛盾

控制组
（基线组）
直接进行
最后一步
态度测量

无选择组
没有提及被试者有权力拒绝该任务

自由选择组
向被试者强调他们有不接受的权力

低报酬
在书写工作前被付
0.5美元的报酬

高报酬
在书写工作前被付
2.5美元的报酬

20分钟后主试回收被试者所写材料并对他们进行态度测查

图 3-6　林德的认知失调实验

在进行实验前，研究者把被试者随机地分成不同的组。第一个组是控制组，也被称为基线（Baseline）组，这个组的学生不需要完成短文写作，研究者会直接测量他们的原始态度，用来和其他组被试者的态度进行比较。

其他被试者被随机分到两个组中：无选择组和自由选择组。无选择组的被试者没有权利拒绝这项任务，也就是说，他们被强制要求写这篇与自己态度相违背的短文。而自由选择组的被试者则在事前被告知他们有权利不接受这项任务，即他们写这篇与自己原始态度相违背的短文是他们自由选择的结果。

后两组被试者同时还接受了另外一个实验条件操控：他们中的一些人在写短文之前被告知完成这项任务可以获得 0.5 美元的报酬，这是低报酬组，而另外一组则被告知可以获得 2.5 美元的报酬，这是高报酬组。所有人都是先拿到钱后才开始写文章。

20 分钟后研究者回收了他们写的短文，并测量他们对这项法案的态度。

　　控制组的被试者的态度代表着大学生对这项法案的原始态度，也就是基线，我们可以拿其他组的结果来和这个组做对比。研究者发现（见图 3-7）：在无选择的情况下，低报酬组的态度与控制组一致，也就是说，在没有选择和低报酬的条件下，被试者的态度并没有发生变化。

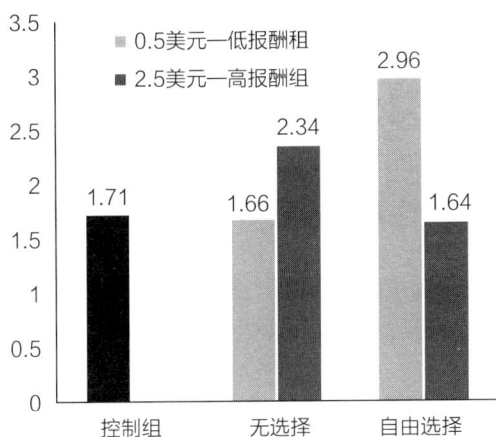

图 3-7　三组被试者对实验中法案的态度

　　但是在无选择的高报酬组中，他们的态度发生了改变，变得比原来更支持这项法案。无选择高报酬组的结果符合行为主义的观点，给的钱越多越喜欢。但是自由选择组的两组结果和无选择组刚好相反，高报酬组的被试者态度没有发生改变。反而是低报酬组的被试者态度发生了很大变化，他们变得更支持这项法案。这一结果同时也验证了上一节的不恰当理由与认知失调。

　　生活中也有很多这样的例子。比如你是一个不喜欢打扫卫生的人，今天爸妈也没有要求你打扫卫生，但你自己主动地把家里打扫干净，这种自由选择也不会让你获得什么好处。但当你打扫完成后，你可能会觉得把家里打扫得干干净净是一件很美妙的事情，这时候你其实就是发生了认知失调。你自己选择做了一件原本不喜欢的事情，然后你改变了对这件事情的看法，觉得这件事情还不错。

前文所讲的看电影的案例就是这种认知失调，你本来不喜欢这部电影，但是你仍然主动选择再看一遍，这时你就产生了认知失调。你可能会选择通过改变自己对这部电影的态度的方式来解决这个失调，认为这部电影也没有你想的那么差，并在看第二遍时找到支持你这种新看法的证据，比如发现某个主演的演技很细腻。但如果是你的伴侣逼迫你和他一起再看一遍，你就不会产生认知失调，因为你没有选择的权力，你就不会改变原有的态度。当然，即便你自愿进去看第二遍并产生了认知失调，你也可能不会改变原有的态度，你可能会尝试找其他借口为自己的行为辩解。比如你现在刚好无事可做，或因为你太爱自己的伴侣，你仅仅是为了陪他才又看了一遍，你还是不喜欢这部电影。

我可以教你几个小诀窍，在你下次带另一半去看他不喜欢的电影时，帮助他降低认知失调。你可以向他承诺满足他未被满足的某个需要，比如你答应下次陪他做他喜欢做的事情，或者看完电影后带他去吃好吃的。你也可以在电影开场前给他准备好饮料和超大桶的爆米花。为什么买这些东西？在他正处于认知失调中时，认知失调导致的不舒服会转变成满肚子的不满，他可能一进放映厅就开启抱怨模式"这个放映厅怎么这么破""这个椅子怎么这么不舒服""前面那个男的怎么长得这么丑"……为了保证你的观影感受，你提前买好的饮料和爆米花在这时就可以派上用场——堵住他的嘴。或者，你可以让他在电影院里睡觉，但千万不要强迫他和你一起认真看，除非你想看到你们俩在电影院里吵起来。

2. 努力与认知失调

第三类认知失调是努力与认知失调，即如果一个人花费很大力气完成一件毫无价值的事情，就可能倾向于提高自己对这件事情的喜爱程度来减少失调，也就是合理化努力（Justification of Effort）。

社会心理学家埃利奥特·阿伦森（Elliot Aronson）和他的同事设计了一个关于努力与认知失调的实验。他们招募了一些女大学生来参加一个小组，并告诉她们这个小组会定期组织讨论性心理学方面的内容。这对这些大学生来说充满了吸引力，但这些学生被告知，要进入这个小组需要经过筛选。

他们把学生随机地分为三组，让她们接受不同严苛程度的筛选。第一组人是未受苦组，她们不需要通过筛选，直接进入小组，也就是努力程度为零；第二组人是中等受苦组，筛选过程会有一定程度的不愉快，研究者要求这些被试者大声读 5 个和性有关但不是脏话的单词；第三组人是严重受苦组，她们经历的筛选过程非常尴尬、令人不适。这些女大学生被要求大声读出 12 个和性有关的脏话，不仅如此，这些人还要再朗读两段选自当代小说的有关性行为的生动描述的文字。当时是 20 世纪 50 年代末，做这种事情对女大学生来说还是挺为难的。

接着，这三组被试者都被允许试听她们将要进入的小组的其他组员的讨论内容。这些内容由研究者事前录好，内容非常空洞且无聊，与实验开始前被试者对这个小组活动的预期并不一致。最后，研究者请被试者评估她们对所试听的小组讨论内容的喜欢程度。

研究结果显示：只有严重受苦组的被试者表现出对这个小组讨论内容的喜欢程度较高。为什么会这样？因为这组人经历了非常尴尬的考验才获得了进入这个小组的资格，却发现这个小组讨论的东西并不像她们预想的那么有趣。这时候她们发生了认知失调，为了平衡这种失调，她们改变了对这个小组的看法，觉得讨论的内容还是很有趣的。

小王子与玫瑰的故事，与这个实验很像。小王子为他的玫瑰花了很多的时间和精力，即他付出很大的努力，最后却发现照顾的只不过是一朵普通的玫瑰。但是与其他玫瑰相比，他更喜欢自己的玫瑰，觉得它很重要，这就是努力与认识失调的体现。而那个爱上不合适的人并深陷其中的女孩子也是如此。在一段关系中，你付出的时间和资源越多，就会越看重这段关系，万一这段关系结束了，付出更多的那一方体验的痛苦感也会越强烈。

3.决策后认知失调

还有一种认知失调叫决策后认知失调，即如果一个人在两种选择中做出决策，他可能会通过高度肯定自己的选择，贬低自己放弃的选项来解决失调。

先来看心理学家布雷姆（Brehm）所做的一项实验。他们给女大学生呈现 8 种物品（烤面包机、便携收音机、自动咖啡机、台灯等），并请她们评价这些物品的吸引力和受欢迎程度。然后研究者拿出被试者评价价值非常接近的两件物品，并告诉她们可以带走其中任何一个。20 分钟后研究者再次邀请被试者重新评估这 8 件物品。

研究者发现，这些女大学生更喜欢自己选择的那个物品，并且贬低了自己没有选择的那一个，这证明了决策后认知失调的存在。

在日常生活中，人们也会经常有这种体验，比如你在网上买东西时，有两个东西供你选择，你都喜欢，但是你的钱包只允许你买一个。最后当你拿到自己选择的那个东西时，你会越看越满意。

不过，需要提醒大家的是，人们在实际生活中遇到的认知失调体验可能会不仅限于一种，而是会几种同时出现。在下一节中我会以实际例子讲解认知失调如何在生活中体现，以及怎样应用认知失调。

思考

回想在生活中你曾经历过哪种认知失调？是什么原因导致你产生这种失调？后来你解决这个失调了吗？如果解决了，你是怎么解决的？

★ 认知失调的应用 ★

六、"母夜叉"与"小白兔"

前面的几节中介绍了认知失调理论及其四种表现，这一节会用讲故事的方式介绍认知失调在生活中的不同体现和应用。

先来看一个案例。

小红和老公张三结婚几年，最近她发现张三出轨，但是张三还不知道小红已经知道这件事。小红非常痛苦，下面是她现在所面临的两种选择。

选择一：和张三大闹一场，并威胁张三如果不中断与第三者的关系，就搞臭张三和小三的名声，让他们不得安宁。

选择二：假装不知道这一切，对张三比之前更好，并对他进行道德刺激以让他浪子回头。

如果你是案例中的小红，直觉上你会做出哪种选择？为什么？

在这一节里，我会向大家介绍如何运用认知失调来处理伴侣出轨的事情，分析上述这两种不同的选择可能带来的不同效果。

1. "鬼"拿多少钱才愿意帮你推磨

生活中人们可能会需要找别人帮忙，有时候为了感谢对方会给对方一些回报。中国有一句俗话："有钱能使鬼推磨。"

那么需要给"鬼"多少钱，"鬼"才愿意推磨？我和我的学生针对这个问题做过一个实验。在实验前进行了两种推测：如果这个"鬼"乐于助人，那他应该会无私助人，不需要什么报酬；但是如果这个"鬼"像葛朗台，那就是钱越多越好。

我们邀请大学生来完成一项"手眼协调任务"，要求他们在 5 分钟内尽可能快地用鼠标把电脑屏幕左边的一个圆圈拖到右边的方框里（见图 3-8）。

图 3-8　手眼协调任务

在开始这项任务之前，被试者被随机地分成三个组：无报酬组——没有任何报酬；低报酬组——只能得到 0.5 元的报酬；高报酬组——可以得到 5 元的报酬。在他们开始这项任务时，电脑的后台程序会记录他们在 5 分钟内拖的圆圈个数。

根据推测，拖得最多的应当是无报酬组或高报酬组。但结果恰恰相

反（见图 3-9），低报酬组的平均完成次数远远超过其他两组，这个实验
结果让我的学生非常为难。

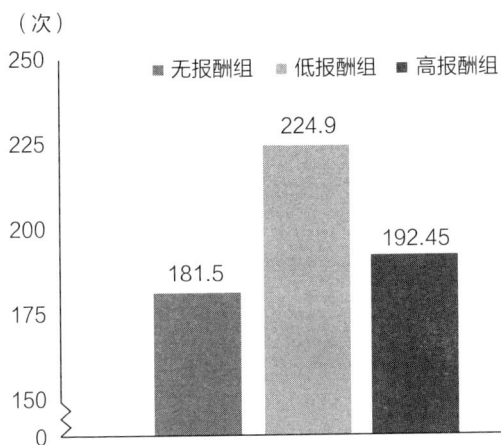

图 3-9　手眼协调任务实验第一阶段结果

　　问题出在哪里？我问了我的学生，那些被试者在拿到钱的时候是什
么反应。学生告诉我，高报酬组的大部分人都很爽快就拿了 5 元，但是
低报酬组有不少人看起来很尴尬，也有人明确表示不要这个钱，但是我
们要求他们必须拿下这 0.5 元。事实上，在拿钱的过程中，他们产生了
认知失调，就像费斯廷格的实验，0.5 元不能成为他们来帮助我们实验的
理由，所以他们更认可拖圆圈这项任务是好玩的，或者帮助我们做这件
事情是有意义的。而无报酬组参与实验是出于帮忙的心态，能帮多少算
多少；对高报酬组而言，这个实验更像是一份工作，那就是能干多"少"
干多"少"。

　　实验到这里还没结束，正当这些人准备离开的时候，我的学生叫住
他们说，下面还有一个实验，期望他们能留下来继续帮忙。还是和前面

一样拖圆圈，但是这次没有限定时间，而是在屏幕下方设置了一个停止的按键，如果他们不想做就随时按这个键停止。电脑同样在后台记录下他们这次拖圆圈的个数。

而这一次，三组人完成拖圆圈的个数与报酬同向递增（见图 3-10），无报酬组平均只完成了 10 余次，而上一阶段完成次数最多的低报酬组这次只完成了 130 多次，上一阶段的高报酬组这次完成了接近 300 次。

（次）

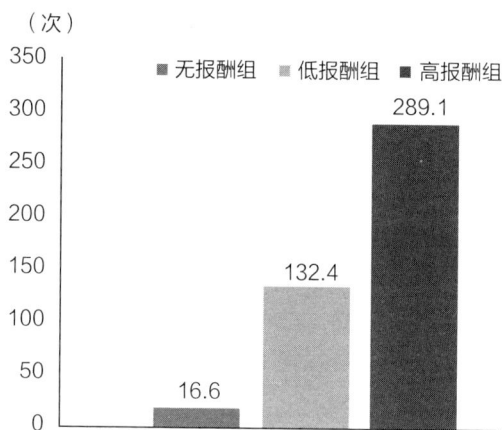

图 3-10　手眼协调任务实验第二阶段结果

这两个实验验证了认知失调理论和行为主义，第一阶段的结果印证了认知失调理论的观点——小回报会让别人更愿意帮助你；而第二阶段印证了行为主义的观点——如果还需要麻烦别人第二回，那就需要拿出真金白银了。

根据这个发现，怎样做更容易获得别人的帮助？首先，不给回报是不行的，但也并不是越多越好。如果你第一次请朋友帮忙就给他高额报酬，你可能不仅得不到他的帮助，还会失去你的朋友："我们的交情就值这些钱吗。"相反，如果你想让他帮忙，你可以给他一个不算回报的小回报，比如请他吃一顿便饭，这顿饭无法成为他帮你做事的理由，他反而可能会更尽力帮你。这也是为什么很多人创业初期的情谊，都是在睡大通铺、大排档吃夜宵以及便宜的啤酒杯中酝酿出来的。不过这个实验同时告诉我们，这种事情不要常做，如果你还有第二回，就要考虑付出一些实质性的回报。

2."母夜叉"与"小白兔"之战

现在我们回到本节开头张三出轨的案例，到底哪种选择会更有效呢？按照认知失调理论，装"小白兔"来刺激他的道德会更有效。为什么呢？这需要了解张三出轨的心路历程。

怎样看待出轨这个问题呢？首先，如果这个出轨者的三观存在严重问题，把出轨视为理所当然，不会产生认知失调，那么小红付出再多努力挽回都是白费。所以，探讨的解决办法必须满足一个前提，即这个出轨者至少是有廉耻心的。

假如出轨者是一个有良知的人，出轨后他会产生认知失调，这种失调会让他如坐针毡，他迫切地需要找到能够解释自己出轨的借口。如果这时你采用发飙撒泼的策略对待他，他就可以从你身上找到自己出轨的理由——因为你蛮不讲理，他没办法才投入小三的怀抱。

相反，如果你假装不知道，对他更好，但是时不时又对他进行一些道德刺激。比如你给他做一顿美味的饭菜，吃完后叫他陪你看几部讲述因出轨而付出沉重代价的电影。看完后你可以假装随意地发表评论："这世上的男人除了你以外没有一个是好东西，你才不会做这种天打雷劈的事情。对吗？"你一方面对他这么好，然后又有意无意提醒他出轨的严重后果，这时候你就加剧了他的认知失调程度。这时假如小三受到了刺激来折腾这个男人，出轨者就更有可能认为导致他出轨的理由是受到了小三的"勾引"。

这就是出轨对应的"母夜叉"和"小白兔"，如果你对他们粗暴攻击，你可能就会化身"母夜叉"，成为他出轨的理由。

我的学生针对这个主题做过一项很有趣的研究。他们给参与实验的男性发放了一份材料，材料中有如下描述。

你有一个和你谈了 5 年恋爱的女朋友 A，虽然偶有吵架，但感情尚可。另外一个女孩 B 一直很喜欢你，最近你在一次聚会醉酒后与 B 发生了关系，并且 B 发现自己怀孕了。这件事被 A 知道，她和你大闹了一场，以死相逼要你彻底和 B 断绝关系。但是 B 找到你并对你说了如下一番话："我是真心爱你的，真爱你的女人是不会为难她的男人的，为了你的幸福，我愿意退出这段关系，好好抚养我们的孩子，你答应我，你和她一定要幸福哦……"

在读完材料后他们被问到，如果你是这个材料中的男性，你会选择 A 还是 B？大部分男的都选择了 B。可见，这种精于认知失调之道的"圣母级小三"才是婚姻里真正恐怖的"杀手"。

当然，我只是用感情中出现第三者作为例子来解释认知失调，在现实生活中如果你们两人的感情或婚姻出现问题，一定要找专业的婚姻心理治疗师进行治疗，这种事情不是简单的原谅和回归家庭的问题，严重的伤口需要在专业人士的帮助下妥善包扎。

思考

最近几年，网络上盛行一种叫 PUA[①] 的思想控制术。请你结合认知失调理论内容分析这种思想控制术是如何对被害者进行洗脑的，你觉得有什么方法可以抵制这种思想控制？

认知失调的局限性

七、谁更容易进传销组织

先来看一个真实的案例。

几年前我给心理学专业的学生讲社会心理学这门课，在讲完认知失调理论后，一个来旁听的同学找我咨询，他怀疑自己的一个朋友最近进了一个关于成功学的诈骗组织。

国庆期间，他的朋友坐飞机买了一张机票去三亚参加了一个所谓成功学大师的课程。在课程中，大师表示自己已经很多年没有再收弟子，但看他的朋友骨骼清奇，是可造之才，特别想收其做关门弟子，不过学费很贵，要好几十万元。介绍他去参加这个课程的老板说，这么多年我们想做大师的弟子，大师都没开过金口，今天大师主动要收你，我帮你出一半的学费。但即使这个老板都忙出了一半的学费，这个学生依然无

———————
① Pick-up Artist 的缩写，原意是指"搭讪艺术家"，泛指很会吸引异性、让异性着迷的人及其相关行为。

法承担剩下的部分，也就错过了成为大师关门弟子的机会。

那位旁听生说，他的这个朋友当天晚上自己一个人哭着走到机场，觉得上天很不公平，为什么自己会出生在这样的家庭，为什么父母没有能力给自己提供这笔学费。很多人都可以看出来这其实是一个骗局，但为什么他会信以为真了？

现实生活中有不少这样的例子，明明很容易识破的网络金融诈骗、保健品宣传，却总是有人上当受骗。经过前面几节的学习，我们知道陷入这种骗局可能是因为产生了认知失调。

1. 在什么情况下会产生认知失调

先来看一个例子：张三最近出轨了，他就一定会产生认知失调吗？不一定。

前文说过如果张三这个人没有道德良知，出轨这种事情对他来说是家常便饭，在这种情况下，他不会有认知失调。假如张三是一个有良知的人，他确实有可能会产生认知失调，但他未必会通过改变态度并认可出轨来平衡认知失调，也可能从其他多种途径来解释这种态度与行为的不一致，比如他只是"犯了天底下所有男人都会犯的错误"，降低自己出轨行为的严重性，这时他可能就不会产生认知失调。他也有可能这样解释，"一个男人出一次轨没什么大不了的"，通过这种方式降低对伴侣保持忠诚态度的重要性，这也可以避免产生认知失调。或者他也有可能通过承诺未来行为来避免失调，比如发誓从今往后一辈子只对伴侣好，不再出轨，这也能解决认知失调。张三还有可能这样解释，他之所以出轨，都是因为那一夜的夜色太美或第三者主动勾引，他虽然出轨了，但内心还是一个好男人。他减少了他在出轨行为中的选择自由性，也解决了认知失调。

通过张三出轨这个例子可以看到，个体在做出与态度不一致的行为后，有时会产生认知失调，有时不会产生认知失调。即使个体产生认知失调，也不一定会直接改变态度。

那么人们在什么情况会产生认知失调并改变态度？

心理学家达里尔·贝姆（Daryl Bem）认为当人们的态度与行为不一致时，会先从外部找行为的原因，在没有这样的原因时，才把它归于态度上。这一过程由理性决定，并不一定有认知失调产生。在前文中，基本归因错误主题曾分析过插队事件的归因。当你插队时，你会做出与态度不一致的行为，把自己的插队行为解释为有急事，这就是从外部寻找行为的原因。

在什么情况下人们会在认知失调时从外部寻找理由？

心理学家阿伦森认为，当一个人自由选择的行为与自我概念中的核心内容不一致时，用认知失调理论去预测更准确；但是当问题与自我关系不大，或者态度与行为之间的差距较小时，贝姆的理论预测更准确。可以看到，认知失调的产生有两个重要的前提：第一，行为是行为者主动选择做出的；第二，这个行为必须与行为者的核心自我概念产生不一致。但是如果这个行为和他的核心自我概念关系不大或者行为与态度的距离比较小，他就更有可能从外部寻找行为的借口，就不一定会产生认知失调。

从这个角度来分析张三出轨的案例，只有张三认为对伴侣保持忠诚是他的核心自我概念，并且他的出轨行为是自己的选择而没有其他因素逼迫，他才会产生认知失调。或者即使他认为对伴侣保持忠诚很重要，但是他只是和对方打情骂俏，没有发生实质行为，他也不会产生认知失调，因为行为与态度之间的距离比较小。当然，张三的伴侣不一定这么认为。这也就是为什么有些男性在与伴侣以外的异性发生暧昧时，他自己觉得没什么大不了，但是他的伴侣对此无法接受，这与两人核心自我概念中有关忠诚的定义不同有关。

和另一个人确定正式的恋人关系前，建议大家完成一项重要的工作，核对彼此对关系忠诚的看法。建立亲密关系的一个前提条件——"伴侣的三观"——就是一个人的核心自我观念，如果这个人三观不正，未来他做出任何对不起你的不道德行为，都可能不大会有内疚感。

2. 哪些人更容易被洗脑

同样参加所谓的成功学课程或者传销组织，哪些人容易被洗脑？

根据阿伦森的观点，有两个关键因素：第一，是否是自愿选择；第二，这种组织所传递的信息是不是与参与者的自我概念密切相关。如果是，参与者则容易被洗脑；如果不是，则被洗脑的可能性会小。

在学生参加大师成功学课程的案例中，这个学生是自己主动参加这个课程的，这符合自愿选择的因素。而核心自我概念如何体现呢？

根据我多年的教学经验，有少数学生可能会错误地把成功等同于有钱，在这类人的心目中，有钱就是重要的核心自我概念，所以，可以快速致富的方法对他们来说极具诱惑力。

那些容易把我们洗脑的信息，往往都和个人内心的核心自我概念非常重视的东西有关。比如，如果你对自己的容貌很在意，就可能比较容易陷入医美相关的骗局；如果你对自己的健康很在意，就可能比较容易陷入保健品的骗局，这也是为什么老年人更容易陷入保健品骗局，因为他们最看重的就是健康。如果你现在经济困顿，那你一定要小心那些告诉你可以很快赚大钱的人或组织，这也是为什么在经济不景气的情况下，金融诈骗发生率反而会更高。

3. 如何避免认知失调

我认为认知失调产生的一个更为核心的原因是人们往往很难接受一个事实：只要是人，就有可能犯错，会做愚蠢的决定。自尊心越强的人，越难接受这件事。有时候人们为了"要面子"，宁愿选择自我洗脑，也不愿意去面对自己的错误和愚蠢。

认知失调第一节中讲到的那个陷入不值得的关系里的女孩，为什么会选择和一个不合适的人一起生活那么长时间，并认为这就是真爱？其实这和那个男孩是不是她的真爱没有太大关系，而是她无法接受自己错看了人，假如她能接受这个事实，再重新看这个人的时候，她原来那种所谓"真爱"的感觉就会烟消云散。能够勇敢直视自己的内心，承认自己的愚蠢并真正接纳自己的不完美的人，才是真正内心强大的人，他们能及时止损，从认知失调中脱身。

保持对自己的内心觉察，是预防人们进入思维怪圈的第一道关卡。在做任何事情之前，一定要先问自己：我为什么要做这件事情。在你不清楚做这件事情的原因之前，不要贸然投入过多的精力或时间，否则当你完成之后发现结果不是你想要的，你可能就会产生认知失调。

后来，那个来旁听的学生在第二年继续来旁听我的课程。当我再一次讲到认知失调这个主题时，我邀请这位学生上台给其他同学分享了去年他朋友的例子。这个学生讲完后，请求我再给他几分钟，他讲了后来发生在他自己身上的事。

在他听了我的劝告与这个朋友保持距离后，有一次这个朋友找到他说，他们现在正在学校做一个实践项目，机会难得，推荐这个旁听学生去参加。刚好这个学生当时有空闲时间，没有多想就投了简历。对方回复说投简历的学生太多，他们挑选了十几个人参加面试，要求这个学生自己坐几个小时的公交车到一个非常偏僻的地方参加面试。不久后这个学生收到了面试通过的消息，不过他被告知还需要参加培训，那个培训就在学校的教室里，每天都要参与一些团建的活动，几乎每次都要到了宿舍快关门的时候才会放他们回去。这个学生说后来自己也觉得参加这个项目特别充实，每天都像打了鸡血一样忙这个项目。他想邀请他的另一位朋友也来一起参加，但是那个朋友怀疑这个项目的真实性，于是他们给其中一个名义上的主办方打电话确认，才发现这是一个骗局。

我这个学生这时恍然大悟，原来自己也陷入了认知失调之中。因为这个学生热爱学习，所以这种学习和提升自己的骗局容易让他受骗，即使他已经学习过认知失调的知识。

很多人都想知道有什么方法可以把已经进入传销组织的人拉出来。这非常困难，因为一旦洗脑成功，再进行反洗脑非常困难。不过，也并非无计可施。

我的一个学生曾和我分享过他的家人参加过传销组织后自己回来的故事。故事的主角不顾身边人的劝阻一意孤行地要加入传销组织，后来，他的家人告诉他，去可以，但是不能用自己的钱来做这件事。他的家人拿出一笔钱给他作为投资，并告诉他即使钱亏光了也没有关系，只要他能安全回来就可以，后来他带着这笔钱加入了传销组织，不久后钱花完，他就自己脱离了组织。

可以设想，如果这个人主动参加了这个组织，并把自己的积蓄全部投进去，最后还血本无归，他肯定会产生严重的认知失调。但是这笔钱是别人送给他的，而且还告诉他即使亏光了也没有关系。这样，在他亏掉所有的钱之后，也不会产生严重的认知失调。别人送的这笔钱为他增加了一个外部借口，预防他出现认知失调。也许这个故事对你预防自己的父母进入保健品骗局会带来一些新的启示。

小练习

请你分析，这一节中，我的学生陷入培训骗局体现了上文所述的哪些认知失调。

说服者的影响

八、说服父母为什么那么难

前文介绍了平衡理论和认知失调理论如何解释人们态度的改变，本节开始，将关注在具体改变态度的过程中有哪些因素会影响说服效果。

说服的过程就是 A 用了某些方式向 B 传递了某些信息。所以，影响说服效果的因素总结起来就有四个：谁说（说服者），说了什么（说服信息），怎么说的（说服方式）以及如何才能抵制别人的说服（被说服者）。

1. 看起来像个专家

什么样的人容易说服他人？

如果儿童心理学家和你说："很多孩子成长中出现的问题，多半都是因为父母的教养方式不当。"你家正处于青春期的 13 岁孩子也对你说："很多孩子成长中出现的问题，多半都是因为父母的教养方式不当。"你会愿意相信谁的话？

绝大部分人会选择相信心理学家的话。这就是传递同样的信息，说服者在说服中的重要性。这个例子中，心理学家会让你觉得很专业、权威，所以你更容易被他说服。

前言里曾讲过在新冠肺炎疫情期间我说服爸妈戴口罩的故事。作为一个大学心理学老师，我花了 7 天都无法说服我的父母不戴口罩不要出门，但当村头的大喇叭广播提示他们时，他们就立刻乖乖照做。你可能会好奇，你不是心理学老师吗？应该挺权威挺专业的呀！在心理学领域，我是专业人士没有错，但在传染病领域，我不是专家或医生。且即使我是医生，我的爸妈也未必会听我的，因为我在他们眼中不管职称多高、别人认为我多专业，我也只是他们的孩子而已，所以在他们眼中，我的话还不如村头大喇叭的广播更权威。

这也是为什么你很难说服父母不要去买那些毫无作用的保健品，也很难改变他们的不良生活习惯。因为你在他们眼里只是孩子，而他们相信的是那些"专家"。那有没有办法说服他们？当然有，你可以请他们相信真正的专家，比如请正规医院里的医生来帮你说服他们。对此我深有体会，我母亲在体检时被发现血糖偏高，我劝说她要定期吃药，注意饮食，她对我的话置若罔闻。我选择带她去看医生，医生对她说了同样的话，果然她立刻乖乖执行了医嘱。所以，专业的事还是让专业的人来做。

值得注意的是，这里的专家或权威不一定是真正的专家或权威，而是听者认为的专业或权威，这也就是为什么老人容易上伪科学的当，因为他们并没有核实这些所谓的专家的身份或资质，仅仅是自己觉得他们是专家就够了。

某些书、课程或讲座开始之前，都会花费很大力气来介绍老师或主讲人的身份，这就是为了增强说服者的权威性，这种现象也导致有些人对专家、教授这种名头特别热衷，因为这是一种重要的说服资源。

2. 看起来挺可靠的

除了专家性之外，如果说服者让你觉得他挺可靠，你也会容易被他说服。什么样的人会让你觉得挺可靠？

首先，他没有表现出要说服你的企图。如果你无法做到像专家一样说服父母，你可以尝试变成让他们觉得可靠的人，也就是在说服他们时不要让他们觉得你是在说服他们。你可以这么说："反正我知道我说了也没有用，不过作为你们的孩子，我很关心你们的健康，我们是否可以……"你这样的说话方式会先卸下他们的防御，这个方法同样可以运用在说服孩子上。

除了表示没有说服对方的意图外，如果你站在自己利益的对立面来进行说服，对方也会觉得你比较可靠。

我曾做过毕业班的指导就业工作，学生们往往非常反感老师总是给他们打电话问他们的工作情况。但我在第一次给学生开会时就告诉他们："我觉得学校要求老师每周都打电话问学生就业情况很不合理，工作又不是你想找就能找得到，我知道你们找工作已经很辛苦，为了不给你们增加负担，我每周会给你们发送一条短信，你们收到后回复我就可以。"在后续的沟通过程中，我负责的那组学生都非常配合我的工作。为什么？假如我是站在学校的利益角度，就会天天打电话催他们；但当我站在他们的角度来做工作，他们就不觉得我是在说服他们了。他们会觉得我是在对他们好。

让我们觉得权威或专业的人，或者觉得可靠的人都会让我们觉得他们比较可信，容易被他们说服。

3. 受欢迎的人更有说服力

除了可信之外，受欢迎程度也是一个重要因素，主要指两个方面：长相有吸引力和相似性。

长相有吸引力的人会更有说服力，心理学家柴肯（Chaiken）让长相漂亮的人和长相一般的人分别去说服大学生参加同一个请愿活动。漂亮的人的成功率是43%，而长相一般的人成功的概率只有32%。这就是为什么很多广告都倾向于使用当下最红的明星作为代言人，因为他们是最有吸引力的人。

受欢迎程度的另一个方面是相似性。你如果知道另外一个人和你是老乡或者校友，可能就会提升对他的好感度并更愿意相信他的说的话。

心理学家登布罗斯基（Dembroski）等人给一些非洲的中学生看了一段倡议牙齿护理的录像。第二天，当牙医检查学生的牙齿清洁程度时，发现如果前一天看的录像由非洲的牙医录制，这些学生的牙齿则更为清洁。很多儿童和青少年产品的广告都会使用他们群体中的人为代言人，这就是在利用相似性更具有说服力这个因素。这也可以解释为什么某些游戏或电子产品会在青少年群体中流行，因为周围同伴都是他们的相似说服者。

所以，如果要说服青春期的孩子，找他的朋友帮忙比你亲自上场可能效果更佳。如果要说服你的父母，找你的长辈来做这件事可能效果也会更好。新冠肺炎疫情期间，当我劝说爸妈不成功时，我联系的第一个人是和我爸妈感情最亲密的舅舅，请他来帮我劝说他们。

这也带来了一个问题，和你很像的人可能并不具有权威性，那在说服中，到底是专家性更重要，还是相似性更重要呢？

心理学家的研究发现：这取决于你要说服的主题是客观事实还是主观偏好。客观事实是判断对错，比如某人有没有心理问题、戴口罩能不能防病毒、吃某一类食物对身体健康有没有益处、读什么专业更有前途等，这些都是客观判断，对于这类主题，权威的专家可能更可信。因为他会让听者觉得这是一个独立的判断。但对于如穿什么衣服有品位、什么样的发型最流行、追什么样的明星、什么样的生活更有意义等主观偏好或者主观判断的主题，则相似性的说服者影响力更强。

很多父母会发现很难在着装、发型和生活方式上说服青春期的孩子做出改变。一方面，这个阶段刚好处于他们开始进行形式思考的阶段，他们会对一切抱有质疑的态度。另一方面，这些说服都是主观偏好，父母和他们不具相似性，所以说服力不强。当孩子小的时候，父母的权威或许可以镇得住他，但如果孩子进入青春期后，父母还是继续扮演权威的角色，那么可能很快就会尝到苦头。父母也要跟着孩子一起成长，等他们进入青春期后，努力成为他们的朋友。如果父母对他们感兴趣的东西也感兴趣，甚至比他们更了解，他们会很愿意听从父母的建议。

小练习

在生活中观察自己是如何说服父母、伴侣或者孩子的，思考你常用的说服方法是否成功。如果不成功，你觉得自己的哪些因素在影响你的说服力，可以通过什么方法来帮助你提高自己的说服影响力？

九、什么"话"最动听

在几年前的一场互联网公司的设计体验大型行业会议上，国内某知名互联网公司的一位高管在现场报告上使用粗糙的 PPT 和自以为风趣但实际上粗俗的内容展示了自己的"迷之自信"，导致公司形象受损，自己的工作也受到了影响。这个例子形象地展示了一句老话：饭可以乱吃，话不能乱讲。这节的主题是说服信息的哪些方面会影响说服效果，这也可以帮助我们理解为什么这位高管会弄巧成拙。

1. 理智对情感

先来假设一个情境：你正在策划一个为某山区贫困失学儿童捐款的献爱心活动。现在你有两种信息可以选择展示：一种是该地区的儿童的失学率、师生比、教育经费缺口等一系列数值统计报告；另一种是当地儿童上学困难的生动图片。

你觉得哪一种形式的信息更容易说服人们参与这场献爱心的活动？为什么？其实，这两种信息都有效，但取决于面向的听众是什么人。两种信息中前者属于理智信息，采用摆事实和证据的方式说服听众，后者属于情感信息，更多的是向听众传递情感。

心理学家发现，如果说服的主题对于被说服者来说非常重要，或者他们对此非常感兴趣，这时候呈现证据和事实的理智信息的说服效果会更好。比如，在大学专业说明会上，如果只是向学生展示该专业的学生的笑容有多灿烂、班级组织活动氛围有多热烈诸如此类的照片，这并不足以让他们决定选择该专业。这时应该直接向他们展示类似学生毕业率、就业率、就业去向、毕业后的收入情况以及专业的师资质量、课程内容介绍等统计数据。因为选择专业对一个学生来说可能是影响终身的重要决策，需要收集各种有效信息才能做出选择，而理智信息正是他们所需要的。这个情况同样适用于工作选择、房产投资、大宗投资等需要慎重考虑的情境。

因此本节初的案例中，那位高管在演讲中失败的原因也就不难理解了，他忽视了参会听众都是业内人士。他们是主动参与这个会议的并对会议内容充满兴趣，所以他们对相关行业的动态、数据等理智信息更感兴趣，但是这位高管却呈现了煽情的情感信息，导致听众产生了被欺骗的感觉。但假如他向对这个行业不感兴趣的圈外人讲这番话，也许他的风格就能引起听众的兴趣。

如果说服信息对被说服者来说不重要或者被说服者对此不感兴趣，那么可以先以情感信息吸引他们的注意力，进而产生说服的效果。

情感信息一般可以分为正向和负向两种，正向的情感信息是让人开心愉悦的信息，而负向的情感信息是让人不舒服的信息，简单来说，情感信息分为"爽点"和"痛点"。

下面分别来看这两类信息在说服效果方面的差异。

心理学家发现，信息与好心情联系在一起时，会具有更强的说服力，他们把这种现象称为"好心情效应"。

先来看一个很有趣的实验。心理学家欧文·詹尼斯（Irving Janis）和他的同事先测量了一些大学生对四个主题的态度：癌症治疗、削减美国军队规模、环月球之旅和立体电影。参与实验的大学生被随机分为两组，并被要求阅读有关这些主题的说服材料。在阅读材料的过程中，研究者给其中一组大学生提供花生和饮料等零食，而另外一组大学生则只是阅读材料。随后研究人员测量了他们对这四个主题的态度改变。他们发现：相比无零食的那组大学生，有零食的学生更容易被说服成功（见图 3-11）。

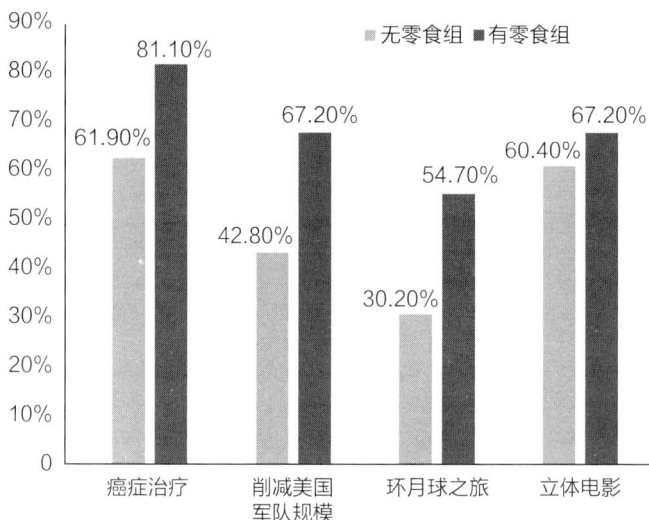

图 3-11 好心情与说服效果实验结果

众所周知，餐桌往往是重要的谈判场地，历史上的不少重大事件都和吃喝有关，比如鸿门宴、煮酒论英雄、杯酒释兵权。你也可能有过这样的经历，爸妈准备好你最喜欢的菜，然后边吃饭边做你的思想工作。

心理学家认为，心情愉悦时的人们就像戴上了一副玫瑰色的眼镜，看什么都顺眼。在说服的过程中，如果论据不够有力，你就可以给说服对象制造一个轻松愉悦的氛围，让他们有一个好心情，然后才有可能不对你所传递的信息吹毛求疵。

与好心情效应相反的是另一种信息效应——"唤起恐惧效应"。

人们在生活中经常会体验唤起恐惧效应，比如有关环境保护的广告经常告诉人们如果不减少塑料的使用就会被塑料包围。安全驾驶的宣传、戒烟的宣传等也往往会采用这类信息。父母和老师在成长过程中也经常使用唤起恐惧效应的恐吓信息："如果你还打游戏，信不信我把你的电脑砸了""如果你现在不把作业做完，小心我打断你的腿""如果你敢谈恋爱，我把你扫地出门"。

心理学家认为负面信息要比正面信息更容易让人们遵守行为规范。对于吸烟的人来说，给他们呈现吸烟容易导致肺癌的信息，比告诉他们戒烟有利身体健康更容易让他们意识到戒烟的重要性。

班克斯（Banks）等人给一些没有做过乳房 X 光检查的 40 ～ 66 岁女性观看了一段有关乳房 X 光检查的录像。有一半的人接受的是积极信息传递，比如乳房 X 光检查有助于尽早发现疾病并提高生存机会，而另一半的人接受的是唤起恐惧的信息，比如不做 X 光检查可能无法及时发现疾病且可能会因此丧命，结果追踪了这些女性在随后半年内和一年内进行 X 光乳房检查的情况，结果发现，接受唤起恐惧的信息的女性比接受积极信息的女性更愿意进行 X 光乳房检查（见图 3-12）。

值得注意的是，使用唤起恐惧的信息进行说服时，你不能只是一味地吓唬被说服者，如果唤起恐惧的信息过于强大并且人们不知道应该如何避免这种危险，人们就会产生否认的信息。如果要使用唤起恐惧的信息，一定要让人们在意识到威胁的严重性的同时，告诉他们一个解决方法，那么唤起恐惧心理的信息就会更加有效。

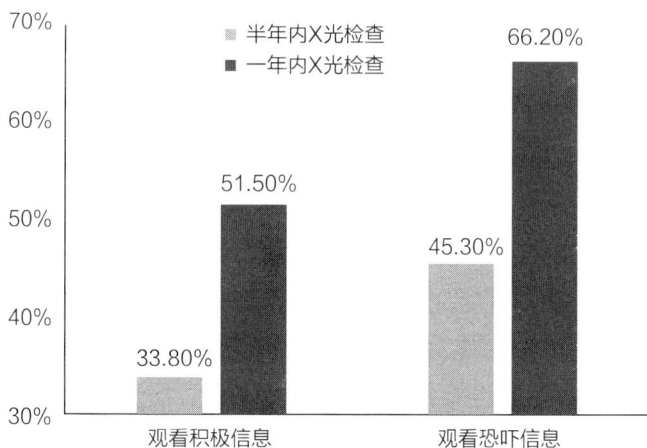

图 3-12　参与实验的女性在未来半年、一年内进行 X 光检查的比例

　　心理学家勒旺塔尔（Leventhal）曾给一些大学生观看有关吸烟的含有唤起恐惧信息的电影，其中一组人只观看电影，另外一组人在观看后收到了研究者分发给他们的有关戒烟指导的小册子，还有一组大学生作为控制组，既不观看电影又不接受指导。随后，研究者追踪了这些大学生在实验后三个月里的吸烟情况。他们发现（见图 3-13），观看电影的两组学生都要比控制组的学生吸更少的烟，收到戒烟指导的小册子组学生的吸烟数量会减少得更明显。

　　在孩子的教育中也可以应用这一理论。如果你是喜欢以恐惧效应教育孩子的家长，可能在吓唬孩子后你还需要提供给他解决办法，其效果可能会比单纯的恐惧效果更好。

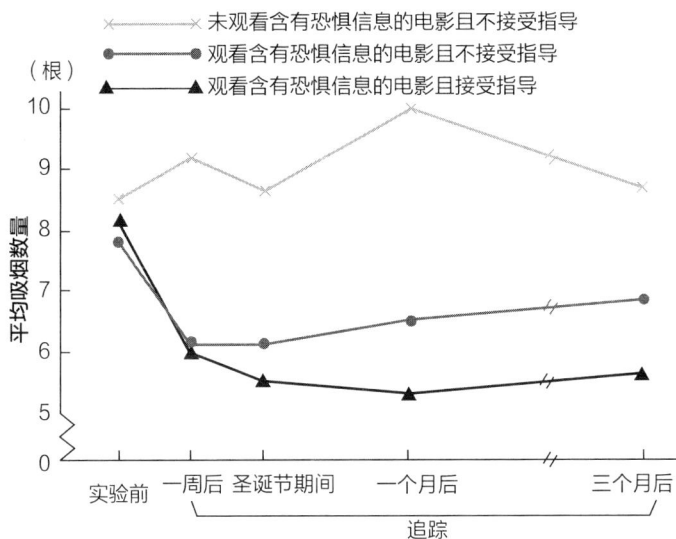

图 3-13　恐惧及指导对学生戒烟的影响 [①]

2. 单面信息 vs 双面信息

影响说服效果的另外一个因素是正面信息与反面信息。正面信息就是支持观点的信息，而反面信息则是不支持观点的信息。只呈现支持观点的正面信息，叫作单面说服。同时把支持和不支持观点的正反面信息都呈现给被说服者，就是双面说服。

这两种说服哪种效果更好？

可能直觉上会认为单面说服更为有效，但心理学家的研究发现，同时呈现正反面信息会让被说服者觉得说服者更加客观公正，降低被说服者的戒备。此外，选择单面说服还是双面说服还要取决于被说服者的固

---

① 图中双斜框表示省略过程数据。——编者注

有观点。如果被说服者已经对观点持赞成的看法，那么单面说服更有效。但是如果对方对观点存疑或已经了解反面观点，那么双面的说服信息会更有效。

心理学家卡尔·霍夫兰（Carl Hovland）和他的团队在第二次世界大战结束后，向美国士兵呈现了一个论证"日本很强大，太平洋战争还需要持续至少两年以上"的论断。其中一个论证版本只提供了单面支持这个观点的信息，另外一个版本则同时提供了的正反两方面信息。

他们发现（见图 3-14），对于最初支持日本很强大的美国士兵，单方面的说服效果最好，但是对于最初反对这个论断的美国士兵，双面信息的说服效果可能更好。也就是说，给已经支持论断的士兵呈现双面信息，会降低说服的效果。同样，对于持怀疑态度的士兵，提供单面信息也会降低说服的效果。

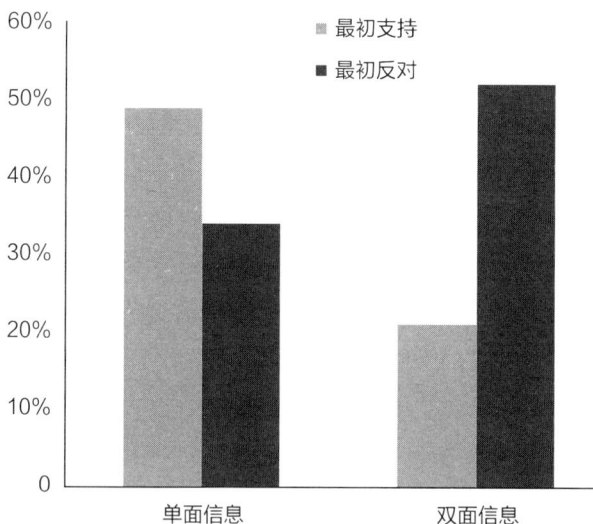

图 3-14　两组士兵对太平洋战争仍要持续两年论断的说服效果

这项研究对如何使用说服信息给予了启示。以婚前见父母为例，假设你要把自己的对象介绍给父母。一味地介绍他的优点，或者既介绍他的优点又介绍缺点，你认为哪种方式更有可能让你的父母接纳你的对象？这取决于你的对象是否符合父母的期望，如果他比较符合父母的期望，你就可以只介绍他的优点。但是如果他不大符合父母的期望，你预计父母可能会反对你的选择，这时你就不能一味介绍他的优点，否则父母会认为你被蒙蔽了双眼。如果你一边介绍他的优点，一边介绍一些他的不足，父母会认为你不愧是他们教育出来的孩子，看人还是很准的。

小练习

请在生活中尝试使用本节介绍的说服信息的影响因素对他人进行说服，检验说服信息的效果。

主 / 被动说服与压制说服

十、如何说服熊孩子

先来看两个案例。

案例一

有一次，我给一个成人班上社会心理学课，恰逢中小学春季即将开学。我走进教室时，听到两个妈妈在下面嘀咕。

其中一个妈妈问另一个妈妈："你家孩子的寒假作业做完了吗？"

另一个妈妈说："别提了，整个寒假不做作业一直在玩，昨天晚上做到 12 点呢。"

发问的妈妈用很羡慕的语气说："你家孩子还能做到 12 点，我家那个到现在一页都没动。"

然后两人都叹了一口气。

辅导过孩子做作业的家长可能都遇到过这种情况，你好说歹说甚至威逼利诱，孩子就是不拖到最后不写作业。那么，有什么好方法能让孩子主动地做作业？

案例二

小李是两个孩子的妈妈，两个孩子之间经常上演抢夺战。放假期间，两个孩子在平板电脑的使用上发生了严重的争执，经常吵架甚至动手。小李尝试过很多方法让两个孩子和平相处，包括讲道理、规定各自使用平板电脑的时间，但就是没什么效果。如果你是小李，你有什么方法来解决孩子之间的争执？

在这一节的说服主题里，可以学习如何运用说服的策略解决上述两个案例中的问题。本节将介绍说服的方式或渠道如何影响说服效果，也就是解决"话要怎么说"的问题。

1. 被动说服与主动说服

说服的方式可以分为被动说服和主动说服。被动说服指的是说服者向被说服者直接传递信息，被说服者只是被动接受信息。而主动说服则是让被说服者参与说服的过程。

社会心理学家库尔特·勒温（Kurt Lewin）曾进行过一个经典的关于主被动说服的实验。在第二次世界大战期间，由于食品短缺，美国政府号召家庭主妇用当时美国人并不喜欢的动物内脏做菜。

　　勒温把一些家庭主妇随机分成被动说服组和主动说服组。被动说服组的主妇们只是听演讲者介绍了猪、牛等内脏的营养价值、烹调方法、口味等，要求大家改变对动物内脏的态度，把动物内脏作为日常食品，并且赠送每人一份烹调内脏的食谱。而主动说服组则要求主妇们开展讨论，共同议论动物内脏做菜的营养价值、烹调方法和口味等，并且分析使用动物内脏做菜可能遇到的困难，例如丈夫不喜欢吃、如何清洁等问题，最后由营养学家指导每个人亲自试验烹调。

　　结果，被动说服组的主妇只有 3% 的人开始采用动物内脏做菜，而主动说服组的主妇有 32% 的人开始采用动物内脏做菜。心理学家认为，在主动说服的过程中，主妇们主动参与说服活动，她们在讨论中自己提出某些难题，又亲自解决这些难题，因而态度的改变非常明显，速度也比较快。而被动说服组的主妇们由于在说服过程中处于被动，很少把演讲的内容与自己联系起来，因而，其态度也就难以改变。

　　心理学家还发现，随着对观点的熟悉程度和问题本身的重要性的增加，被动说服的效果逐渐变差。在选择什么牌子的矿泉水等小问题上，可能被动说服的广告会有效，但在人们熟悉并且重要的事情上，比如在选择配偶的问题上，被动说服就难以改变人的态度。

　　回到本节初的两个案例，几位妈妈失败的主要原因就是她们都采用了被动说服，直接自己告诉孩子应该怎么做，比如什么时候写作业、如何分派平板电脑的使用时间等。要解决她们的问题，可以尝试主动说服。

　　我教给了第一个案例中的两位妈妈一个方法：不要直接给孩子制订假期学习方案，而是要他们自己制订作业完成的方案。她们反驳称，她们已经做了，可是孩子并不执行。我告诉她们，制订行动方案只是主动说服的第一步，在制订方案后，你还需要要求他们自己提出，如果没有按照方案执行，哪些权利会被取消，这都要他们自己考虑决定，你只要尊重他们的决定就可以。最后一步，讨论决定后，让他们把这个承诺手写出来，签名按手印，并贴在家中显眼的地方。一旦他们没有遵守这个约定，你就可以取消规定中的权利，如果他们对你的处罚不满，就提醒他们自己去看之前写的承诺书。

让孩子自己主动"挖坑"比你给他们"挖坑"的说服效果要更好。以前我的小外甥和我一起出去时，在超市里总是看到什么都想买。最初我只是粗鲁地拒绝他的要求，但是他会通过各种方式逼迫我让步。后来我觉得不能再这样下去了，于是，我和他讨论后商定，每次去超市，他可以自己决定买某一样商品，并且每周总计不超过 15 元。在这个范围内我来买单，但是如果超出 15 元，多出来的部分就需要从他自己的压岁钱里扣除。现在我们出去已经很少需要我提醒，他会自己主动比较哪个玩具的价格更合算，当他决定买哪个玩具后，也不会再提出购买其他玩具的要求。如果他某一次买了超过 15 元的东西，还会自己主动提出从下周的费用里扣除，我们在买东西这件事上后来再也没有发生过冲突。

很多家长为了省事包办了孩子的很多事情，并且经常单纯地采用警告、恐吓等手段逼迫孩子就范，这些都是被动说服。采取这种做法，父母在受累的同时，也无法培养孩子的自主性和自我负责感。如果从孩子小的时候就有意识地让孩子参与说服的过程，尊重孩子的看法，共同协商解决办法，慢慢地你会发现，孩子的主动性被培养起来，并且拥有了自己独立思考和判断的能力。如果你还在为孩子做作业而烦恼，可以考虑尝试这种主动的说服方式。

2. 越生动的说服方式效果越好?

除了主被动说服方式外，还可以使用不同的说服形式，现场体验、观看影视作品、听广播或阅读文字信息。你觉得哪种说服形式的效果会更好? 很多人的第一直觉是越生动形象的形式说服效果越好。

美国心理学家柴肯和他的同事做过一个实验。他们给一些大学生提供了两种信息：一种是简单的信息，另一种是复杂难解的信息，并将这两种信息同时用三种不同的方式呈现：录像、录音和文字。

他们发现，对于简单信息，录像的说服效果最佳，录音次之，而文字的说服效果最差，但是对于复杂信息，文字的说服效果反而是最好的（见图 3-15）。也就是说，对于简单信息越生动的说服方式效果越好，但是对于复杂信息，文字信息反而比生动的说服方式更有效。为什么? 因为对于复杂信息，被说服者可以根据自己的理解程度决定阅读的速度，而生动的方式可能会让他们的注意力不自觉地转移到信息以外的方面，比如说服者的身上，而不再聚焦于对信息的加工。

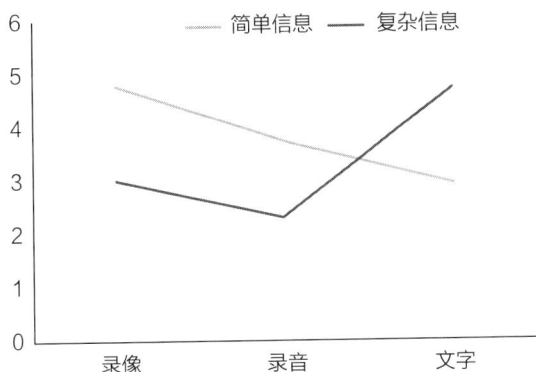

图 3-15　以不同形式展示的信息的说服效果

3. 压制说服

心理学家罗索诺（Russano）和他的同事做过一个很巧妙的实验。他们将实验者的助手与真正参加研究的被试者两两配对，并要求他们独立完成一些逻辑题。在其中一半的配对组里，实验者的助手问被试者问题的答案，被试者一般都会提供帮助，这时就发生了作弊行为。在另外一半的配对里，助手并没有寻求帮助，所以没有发生作弊行为。

在两组都完成作答后，实验者进入房间，说明提供帮助属于作弊行为，并谴责作弊的被试者。其中有一些人接受的是无压制性说服，实验者只是指责并要求其承认错误；而另一些人接受的则是压制性说服，实验者威胁说，要把犯错误的学生的名字报告给教授，他们将会因为学业作弊被严肃处理。在进行说服后，实验者提出，如果学生签写坦白书，就可以很快地解决这个问题。

他们发现：在无压制性说服条件下，有 46% 的作弊学生签写了坦白书，但是在压制性说服条件下，作弊的学生签写坦白书的比例上升到 87%，尤其值得注意的是，在压制性说服条件下有 43% 的无辜学生也签写了坦白书（见图 3-16）。这个实验说明，压制性说服技术虽然能使更多有罪的人认罪，但是同样也会使无辜的人"屈打成招"。

在日常生活中，家长或老师以为孩子在学校里受到欺负或做了坏事时，如果对孩子采取压制性说服，就有可能使孩子承认他们没有经历或没有干过的事。年纪越小的孩子，这么做的可能性越大。

最后，这个实验还有一个很有趣的发现，就是没有作弊的学生里，在无压制性说服的情况下，还有 6% 的人也认罪了。心理学家对此很纳闷，你如果感兴趣的话，可以思考为什么这些人也会认罪。

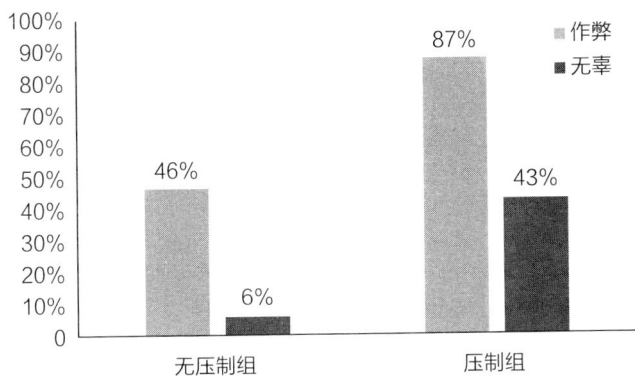

图 3-16　不同说服技术下签写坦白书的学生比例

小练习

在生活中尝试使用主动说服的方式来说服孩子或者伴侣做出某些改变。

预警效应与接种效应

十一、提高说服"免疫力"

先来回顾前几年在网络和朋友圈盛传的一则谣言。

2017 年，一个"注虾胶"的视频在网上热传，播者一边从每只皮皮虾的背部拆出一条比较硬的、红棕色的东西，一边控诉给虾"注胶"的"黑心商人"：

"这个大的（皮皮虾）里面，多长一条（胶），这是要把人吃死吗？"

随后各大官方媒体进行辟谣：视频中所谓的"注胶"其实是皮皮虾身体内未成熟的虾黄，恰恰真正有籽的皮皮虾才是品质最好的，价格也会相对高些。皮皮虾一旦注胶就会死亡，而死虾在市场上很便宜，所以不会存在这种作假行为。

同类的谣言屡见不鲜。有些谣言即使是官方媒体进行辟谣，仍然有不少人选择坚信黑心商家会干这种事。

这真的印证了"造谣一张嘴，辟谣跑断腿"。

本节所关注的问题就是，为什么在听信谣言之后，即使有更权威的媒体辟谣，人们还是会对可靠证据视而不见而继续相信谣言？哪些方法可以帮助我们抵制别人的说服？

1. "打草惊蛇"：预警效应

假设今天上午一个同事偷偷告诉你，今天的例会上领导会宣布一个消息：这个月的周末都要加班。提前知道和未提前知道这个信息，你对领导随后发布的加班要求的反对程度，哪一个会更强烈？

心理学家发现：当我们知道有人将要说服我们，尤其是他要传递的观点和我们本身的态度不一致时，就会引起我们的警觉并启动抵制，降低说服的效果。心理学家称其为"预警效应"（Forewarning Effect），这就是俗话说的"打草惊蛇"。

心理学家弗里德曼和其同事进行过一个反对"青少年开车"的实验。

他们先测试了高中生对青少年开车的态度：大部分高中生都支持青少年开车。几周后他们让这些学生听了一场关于强烈反对青少年开车的演讲。参与实验的学生被随机分为 5 组，其中一些学生在这个演讲开始前 10 分钟被告知他们将听到一个反对青少年开车的演讲，而另外一些学生没有接受这个预警。同时，有一半学生被告知要留意演讲的内容，而另外一半学生被告知要留意演讲者本人。还有一个组的学生在演讲开始前 2 分钟才接受预警。

研究者发现，在关注说服内容的情况下，接受 10 分钟预警的学生态度转变最小，即这场演讲对他们的态度的改变效果最差（见图 3-17）。在没有预警的学生里，67% 的学生在听完演讲后转向支持演讲的观点，而接受 10 分钟预警的学生只有 52% 出现转变。研究者认为预警时间越长，听众越有充足的时间去回忆和组织反驳将要被用于说服的论据，进行反驳的练习，因此说服的效果会比预警时间短的情况更差。这项研究还发现，如果听众关注的是演讲者本人而非演讲内容，预警效应就没有那么明显了。

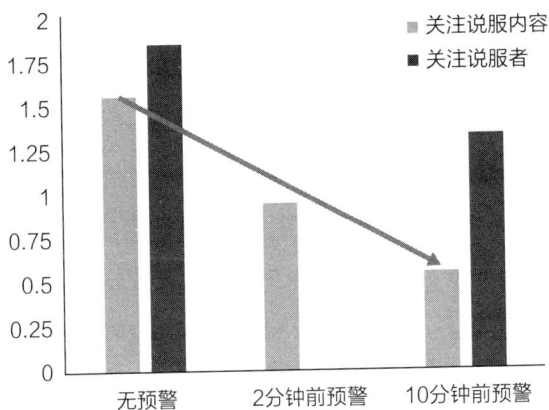

图 3-17　预警效应与态度转变

重新回到周末加班的案例，你的原始态度反对加班，当你知道接下来领导要告诉你加班的信息，这会让你提前警觉起来并试图抵制，而且越早知道这个信息，你的预警就会越强烈。作为领导，你如果正计划推出某项员工可能反对的政策，最好不到最后一刻不要走漏任何风声，要不然推行起来可能会比较困难。

不过，预警效应成立的前提是你的原始态度和将要接受的说服信息不一致。如果你已经支持这个说服信息，那预警效应就不成立。当你知道别人要说服你，而且说服信息支持你原有的态度，你可能会更加支持这个说服，说服效果更好。

还是以领导在例会上宣布信息为例，同事偷偷提前告诉你，今天的例会上领导会宣布这个月要涨工资。如果提前知道了这个信息，你对领导的说服会更加支持。也就是说，作为领导，如果你正推出一项员工会给予支持的政策，早点大肆宣传可能比你遮遮掩掩想给他们一个惊喜的说服效果更好。

2."态度免疫"：说服的接种效应

除了预警效应有助于抵制他人的说服外，接种说服的"疫苗"也可以抵制说服。

免疫学认为个体受到外来的病毒入侵时，可以采取两种应对方式：一种是提供支持性的治疗，比如通过补充营养、运动和休息来恢复健康；另一种是提前接受小剂量的病毒感染来获得对病毒的免疫力。心理学家威廉·J.麦奎尔（William J. Mcguire）借用这种免疫学的接种原理提出了抵制说服的态度的预防免疫（Attitude Inoculation），也就是接种效应（Inoculating Effect）：如果人们在说服之前先接受"小剂量"的反对其原有观点的论据，那他们会对随后尝试改变他们态度的说服信息产生免疫。

接种说服的"疫苗"信息一方面可以增强人们对说服信息的脆弱性的感知，以激励人们启动对说服的防御；另一方面可以给我们提供反驳说服信息的练习，从而增强抵抗未来信息的能力。如果人们在没有先接受疫苗的情况下直接接触强有力的说服信息，由于没有时间对信息做更多的思考和反驳，很有可能就会成功地被有力的信息说服。

麦奎尔进行了一系列的说服预防免疫的研究。他先收集了一些大家比较熟悉的常识，比如"每餐之后刷牙是明智之举"。

如果人们随后接受大量对此信条具有一定可信度的信息攻击，比如一位声望很高的权威人士说，频繁刷牙不好，会破坏牙龈，他们就会比较容易改变自己的态度，接受这个有力信息的说服。但是，如果在人们被强有力的信息进行攻击之前，先让他们接受对于该信念的一个小小的挑战作为"预防针"，比如让他们思考频繁刷牙可能会有哪些坏处，随后再呈现强有力的说服信息，他们就会比较难被有力信息说服。

说服的接种效应非常具有现实意义。如果希望孩子能够拒绝危险行为，可以尝试先给他们"打"一些"预防针"，此后在有人怂恿他们去做这些事情时，他们更有可能会拒绝。泰尔克（Telch）和同事对此进行了一项研究，他们给中学生"注射"了一个同伴吸烟压力的"疫苗"，并教会他们，如果有人向他们传递"不会吸烟的人都是弱鸡"这样的信息，学生可以这么反驳："如果吸烟只是为了给你留下什么印象的话，我宁愿做一只'弱鸡'。"接受过几次这种"疫苗"信息后，研究者对比了这些学生和未接受"疫苗"接种的学生在随后 33 个月中的吸烟数量。他们发现，接种"疫苗"的学生在随后 33 个月内的吸烟数量要明显少于未接种的学生，在实验后的 33 个月中，接受疫苗的学生的吸烟数量只是未接受疫苗的学生吸烟数量的 1/3（见图 3-18）。

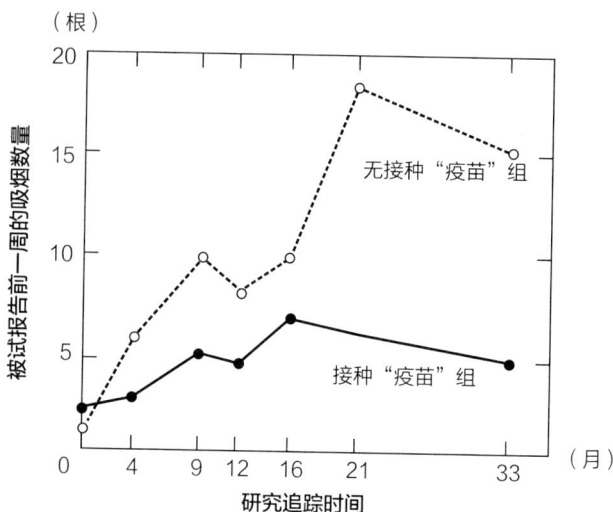

图 3-18　说服"疫苗"中学生的吸烟数量变化

最后，重新回到本节初的案例，为什么"谣言一张嘴，辟谣跑断腿"？其原因就在于之前的谣言起到了接种疫苗的作用，对那些认知能力不太好的人来说尤其如此，当他们听信谣言拒绝了某些事实后，随后即使面对专家更有力的说服也容易产生抵制情绪。

不管是认知失调，还是说服，这些理论和技术本身并没有好坏之分，而是取决于使用这些理论和技术的人的目的。人们可以用这些理论和技术来劝人从善造福社会，当然也有不良之徒会利用这些理论和技术诱导他人。学习心理学的我们一方面要学会善用这些知识来做一些对社会有利的事情，另一方面也要学会抵制对这些知识的恶意滥用。

如果你想了解自己在说服中是更加关注证据，还是更关注说服证据以外的信息，比如说服者的长相，你可以尝试完成以下认知需求量表。

小测验

认知需求量表

1. 比起简单的问题，我更喜欢复杂的问题。

   ①非常不符合　②有些不符合　③不确定　④有些符合　⑤非常符合

2. 我喜欢处理一些需要耗费很多脑力的情况。

   ①非常不符合　②有些不符合　③不确定　④有些符合　⑤非常符合

3. 我不觉得思考是一件有趣的事。

   ⑤非常不符合　④有些不符合　③不确定　②有些符合　①非常符合

4. 我更愿意处理一些基本不需要思考的事情，而不愿意尝试会挑战我的思维能力的事情。

   ⑤非常不符合　④有些不符合　③不确定　②有些符合　①非常符合

5. 经过思考，我会回避处理一些可能要对某些事物进行深入探究的问题。

   ⑤非常不符合　④有些不符合　③不确定　②有些符合　①非常符合

6. 我能从长时间艰难的思考中获得满足感。

   ①非常不符合　②有些不符合　③不确定　④有些符合　⑤非常符合

7. 我不做无谓的思考。

   ⑤非常不符合　④有些不符合　③不确定　②有些符合　①非常符合

8. 我更愿意思考一些小的、日常的规划，而不愿意思考长期的规划。

   ⑤非常不符合　④有些不符合　③不确定　②有些符合　①非常符合

9. 我喜欢完成那些一旦我学会了就不再需要思考的任务。

   ⑤非常不符合　④有些不符合　③不确定　②有些符合　①非常符合

10. "思考能让人登峰造极"这一想法很吸引我。

    ①非常不符合　②有些不符合　③不确定　④有些符合　⑤非常符合

11. 我非常享受完成一项会引入新方法来解决问题的任务。

    ①非常不符合　②有些不符合　③不确定　④有些符合　⑤非常符合

12. 学习从新的角度来思考问题并不能使我感到兴奋。

⑤非常不符合　④有些不符合　③不确定　②有些符合　①非常符合

13. 我希望我的人生充满了我无法解决的谜题。

①非常不符合　②有些不符合　③不确定　④有些符合　⑤非常符合

14. 抽象思考这一概念非常吸引我。

①非常不符合　②有些不符合　③不确定　④有些符合　⑤非常符合

15. 比起那些有一定重要性但不需要太多思考的任务，我更喜欢需要动脑的、困难的、重要的任务。

①非常不符合　②有些不符合　③不确定　④有些符合　⑤非常符合

16. 在完成一项需要耗费很多脑力的任务之后，我有一种解脱感而非满足感。

⑤非常不符合　④有些不符合　③不确定　②有些符合　①非常符合

17. 我只需要知道什么东西能做什么事情就够了，不在乎怎么做以及为什么能做到。

⑤非常不符合　④有些不符合　③不确定　②有些符合　①非常符合

18. 我经常深入思考一些对我个人没有影响的事情。

①非常不符合　②有些不符合　③不确定　④有些符合　⑤非常符合

　　量表说明及评分标准：将每道题所选选项前的数值求和就是你的认知需求得分，分数越高说明你越关注说服的相关证据是否合理，分数越低则代表你在说服过程中越关注证据以外的信息，比如说服者是否长得好看等。

第四章

破解情感

★ 外表吸引力

一、好看的"皮囊"千篇一律

　　这节来讨论外表吸引力这个话题。沉鱼落雁、貌若潘安经常被用来形容容貌极美，那么你有想象过沉鱼落雁和貌若潘安的容貌到底长什么样子？书上是这么描述西施之美的：貌若天仙，增半分嫌腴，减半分则瘦……西施常浣纱于水上，鱼为之沉，故有沉鱼之说。而对于潘安，史书上则描述为：安仁至美，每行，老妪以果掷之满车。就是说潘安出行的时候，老奶奶们扔给他的水果都可以装一车。

　　近几年还流行一句话"好看的皮囊，千篇一律；有趣的灵魂，万里挑一"，好看的皮囊真的是"千篇一律"吗？关于这个主题，来看看科学研究是如何回答上述这两个问题的。

1. 美丽是一张好用的"通行证"

有句俗话说"空有一副好皮囊",好看的皮囊真的没有什么用吗?

弗里兹·海德等人进行过一项研究,他们请人用 1 ~ 5 分对 737 名美国 MBA 毕业生的长相进行评价(1 分表示非常没有吸引力,5 分表示非常有吸引力)并跟踪收集这些毕业生的起步工资和年收入。结果发现:长得好看的男性的起步工资更高,但女性几乎不存在这种情况。如果男性在长相上增加一个单位,他们的年收入可以增加 2600 美元,而女性如果在长相上增加一个单位,她们的年收入可以增加 150 美元。

还有研究表明,漂亮的小孩更有可能被认为是更加聪明、可爱,更容易得到老师的偏爱,更可能被委任为学生干部,做错事之后更少受到惩罚。好看的成年人则会被认为拥有更多良好的品质,更善于社交、更加亲和;在工作方面,长得好看的人也常常给人感觉更有竞争力,更加专业。因此,他们更容易获得工作机会,拥有更高的薪水,也更容易获得提升。

美国人杰里米·米克斯(Jeremy Meeks)曾轰动一时,被称为最帅的囚犯,他的照片刚一出现在网络上,就引起了网民的骚动,甚至有人要替他募款请律师。他还没有刑满释放时就已有专业的模特公司找他签约,甚至在释放后与亿万富翁的继承人交往。

奈飞公司在 2020 年年初推出了一档综艺节目——《百人社会实验》(100 Humans),其中有一个实验探讨了人们会不会以貌取人。在这个现场实验里,他们给百人团提供了三组照片,每组照片各两张,其中一张照片上的人的长相比较有吸引力,另一张则更为普通。他们都犯了完全相同的罪行,请百人团判断他们需要监禁多少年。

第一组的两个人的罪行都是毒品制造交易和携带枪支。长相好看的那个人获得的量刑要比长相不好看的那个少了 5 年。不仅如此，百人团对两人的行为的解释也有很大的不同，对于长相不好看的人，观众更认为他的行为是他自己本人造成的，而对于长相好看的那个，他们更倾向于帮他从外部寻找原因进行开脱。

第二组的两个人都犯下了入室抢劫罪。长相好看的人要比不好看的所获建议监禁的时间少了一半。

最后一组的两个人则是被卷入严重过失导致自己的孩子死亡的案件。百人团对长得不好看的那个人平均建议监禁时长为 33 年，而长得好看的那个只有 17 年。

亚里士多德曾说过：美貌胜过任何的推荐信。不仅如此，有时候，美貌还可能是一块"免死金牌"。

2. 好看的"皮囊"长什么样

既然好看的皮囊这么有用，那好看的皮囊到底长什么样？人们常说"好看的皮囊千篇一律"，但又有俗语称"情人眼里出西施"。那么好看到底有没有统一的标准呢？

可能很多人会认为美丽是非常主观的判断，但科学研究却发现，长得好看的人都具有一些共同的特征。好看"皮囊"的第一个特征：更接近人群的长相平均值，也称长相平均化假设（the Averageness Hypothesis）。

朗格卢瓦（Langlois）和她的同事利用计算将不同男女的照片进行合成，所合成照片的原始照片从 2 张到 32 张不等，然后他们让大学生评价这些原始照片和不同的合成照片的吸引力。她们发现，随着往合成的照片里添加的照片数量越多（越接近平均值），大学生会认为这张照片的吸引力越大（见图 4-1）。

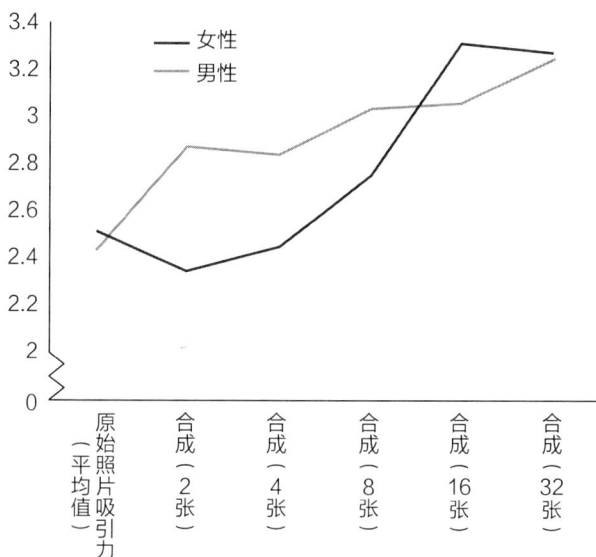

图 4-1　大学生对不同的合成照片的吸引力评价

为什么越接近平均状态的照片越会被认为有吸引力？

研究者认为，越接近平均状态的照片越少地出现面部不对称或面部比例失调问题，且在多张面孔合成后，面部皮肤的皱纹等皮肤瑕疵也消失了，这使得他们的皮肤看起来年轻、光滑。这些都传递了他们可能更健康并且具有更强的繁殖能力的信息。

然而，越是接近平均脸的长相就越容易泯然众人，所以合成后的照片虽然让人第一眼觉得很好看，但没有什么特色，而且很难被记住。就像是曾经轰动一时的 2013 年韩国小姐前 20 强，这 20 个佳丽每个单独看都很漂亮，但是放在一起之后，有网友调侃说变成玩消消乐，大家都"脸盲"了。因为这些佳丽可能改善过自己的长相，这使得她们的长相更加接近平均脸，也导致她们虽然都挺漂亮，但是人们看多了就会记不住，也分不清。"网红脸"[①]之所以缺乏识别度也是出于这个原因。

好看"皮囊"的第二个特征：脸部更对称（Symmetry）。在一项研究里，研究者给被试者分别展示了高对称和低对称的面孔，并要求被试者对此人的吸引程度、健康、社交、聪明程度、自信以及焦虑等方面进行评价。他们发现人们往往认为高对称面孔的人拥有更好的积极品质，比如更健康、更有力、更聪明、更自信、更平衡等（见图4-2）。而在消极品质方面，比如焦虑方面，他们会认为高对称面孔的人，会低于低对称面孔的人。

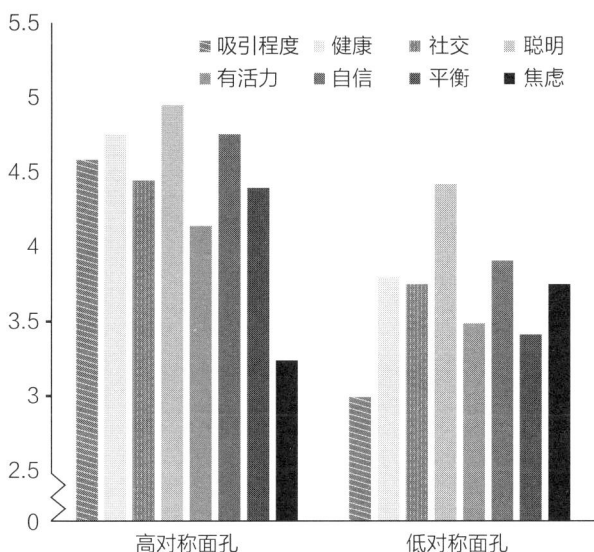

图 4-2　被试者对不同对称度面孔的评价

---

① 网络流行词，长相雷同，具备大多数网红相貌特征的脸型。

在另外一项研究中，研究者分别给男性被试者和女性被试者呈现不同对称程度的异性面孔图片，并让他们判断图片中异性的吸引力和想选择这个人成为自己配偶的可能性。结果发现，不管是男性面孔还是女性面孔，面孔的对称性越高，其吸引力就越高，且男性更喜欢面孔对称的女性，女性在选择配偶时对男性的面孔对称性没有明显的偏好（见图 4-3 ）。

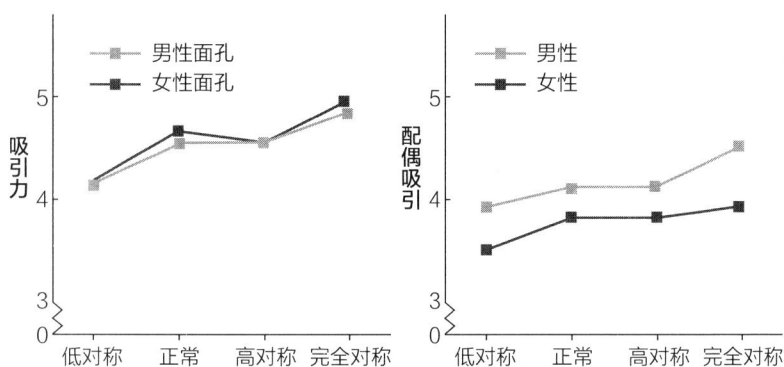

图 4-3　不同对称程度面孔对异性的吸引力

好看"皮囊"的第三个特征：男的"阳刚"，女的"清秀"，也称为典型的性别二态性（Sexual Dimorphism）。有的研究者认为男性和女性在青春期开始出现的第二性别特征可以作为优良基因的可靠信号，所以表现出相对应的性别特征的个体可能会更受异性的青睐，在择偶中也更具竞争力。

但是同时也有一些研究发现，有些女性对表现出女性化的男性面孔也有偏好。到底是阳刚男性的形象最有吸引力还是花美男更具吸引力，目前科学界并没有统一的意见。

3. "完美"的面孔——马夸特面具

那么到底有没有完美的面孔？美国整形医生斯蒂芬·马夸特（Stephen Marquardt）根据黄金比例制作出人类面孔的黄金比例图"马夸特面具"（Marquardt Beauty Mask），这个面具就是人类美丽面孔的极致表现。

马夸特发现，很多被大家公认的美丽的面孔，不管是艺术品的面孔还是被公认好看的名人，基本上都能和这个面具匹配。虽然他们有些并没有百分之百匹配，但和这个面具的匹配度非常高。

虽然网络上有关这个面具的讨论主要集中于对明星的面孔匹配情况及面部整形方面，但马夸特提出这个面具的初衷是为一些面部存在功能性缺陷的人进行面部调整做参考。

4. 爱美之心，人"早"有之

人们对美丽的偏好是天生的，还是受社会文化影响形成的？有研究者给刚出生的 2 个月及 2 个月以上的婴儿同时看有吸引力的面孔和没有吸引力的面孔的照片，他们更喜欢看有吸引力的面孔，且这种偏好在不同种族、性别和其他年龄段的婴儿上都是一致的。还有研究者发现，甚至刚出生 2 ~ 3 天的新生儿就已经表现出对有吸引力面孔的偏好。由于新生儿并未受到社会文化的影响，研究者由此推断，"看脸"这种倾向是与生俱来的，也就是"爱美之心，人早有之"。

5. "我太美，我有罪！"——为美貌所累

美貌真的所向披靡、百利而无一害吗？不一定。有时长得"太美"也是"罪"。来看一项研究，萨科（Sacco）和他的同事给被试者分别展

示了高吸引力、中吸引力和低吸引力的面孔照片，要求被试者评估这些人的助人能力、助人意愿，并估计他们的实际助人行为和应该助人程度。

他们发现（见图4-4），个体的面孔吸引力和别人认为他是否会做出助人行为呈倒U形关系虽然大家都认为高吸引力和中等吸引力的人在应该助人程度上没有差别，但相比中等吸引力的人，长相好看和长相难看的人被认为更不可能做出助人行为，而且长相好看的助人可能性最低。

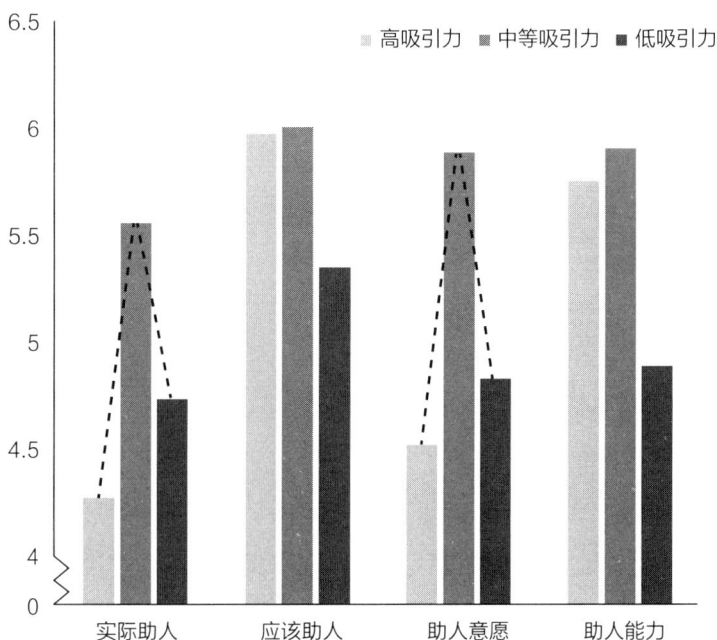

图 4-4　不同等级吸引力的人应该助人程度和实际助人行为

进一步的分析显示，人们对好看和难看的人的不助人行为有不同的解释。他们认为好看的人之所以不助人不是他们没有能力，而是他们以自我为中心而不愿意提供帮助，高吸引力的人在助人能力上与中等吸引力的人无差异，但是在助人意愿上被评估为最低。而对于低吸引力的人不助人的行为，人们往往将其归咎为他们既没有能力帮助他人，又不存在帮助他人的意愿。由此可见，人们对长得好看的人并不是一直都很友好，但往往对长得不好看的人更残忍。

回到本节初的两个问题，沉鱼落雁、貌若潘安的容貌到底长什么样？心理学家的回答是，更接近平均化、更对称、更符合黄金分割标准的面孔。好看的皮囊真的千篇一律吗？心理学的研究发现，确实是千篇一律。当然，这只是心理学的研究发现，对于美丽的话题的讨论永远都不会停止，而且长相也只是众多吸引力的因素之一。接下来我们还会继续思考人际吸引或者选择对象的时候，还有哪些影响因素。

影视推荐

[1] BBC 纪录片《五官奥妙》（*The Human Face*）（2001）

[2] Netflix《百人社会实验》（*100 humans: Life's Question Answered*）(2020)
第一季第一集 什么让我们有吸引力？

★ 人际吸引因素

二、我好像在哪里见过你

曾经有一个大一的男孩在入学不久后就找我倾诉，他觉得大学生活特别苦闷，不仅和室友合不来，在班上也没有什么朋友。他很怀念高中的生活，甚至觉得自己有点抑郁。很多人在刚刚换了新环境后都产生过这个男生的感受，那么你会怎样开导这个男生？

张爱玲在《半生缘》里说道："在这个世界上总有一个人是等着你的，不管在什么时候，不管在什么地方，反正你知道，总有这么个人。"但是我们为什么总是遇不到这个合适的人？

本节来讨论有哪些环境因素会影响我们的人际吸引，这些内容也许可以回答上面的两个问题。

1. 物以类聚——相似性

"物以类聚，人以群分""夫妻相"等说法在心理学领域被称为人际吸引的因素之一——相似性（Similarity）。人们在择偶或者选择朋友的时候，倾向于选择与自己比较相似的人，这种相似可以体现在长相和态度等多个方面。比如明星或者名人的伴侣，他们在长相和社会地位等方面都与明星或者名人比较接近。

心理学家芬奇（Finch）和他的同事进行过一项叫"拉斯普丁"的实验。他们先给一些大学生看有关俄国末代宫廷的一代"妖僧"拉斯普丁（Rasputin）的文字描述，该文字生动描述了拉斯普丁肆无忌惮、玩弄权术和贪得无厌的行为。其中有一部分大学生拿到的材料封面上印着拉斯普丁的名字和生日。但是拉斯普丁的生日被研究者做了手脚，被改成与这个大学生同月同日生，另外一部分大学生拿到的材料上则没有拉斯普丁的生日。在学生阅读完拉普斯丁的材料后，研究者要求他们从愉快到不愉快、好人到坏人、强到弱等方面对拉斯普丁进行评价，数值越低代表越积极，数值越高代表越消极。

他们发现，仅是同月同日生的细微信息就足以让被试者把拉斯普丁

评价为更积极、正面（见图 4-5）。这也是星座成为交友场合永不衰退的
话题的原因，因为当你知道另一个人和你是同星座甚至只是同象系星座，
这将是打开相似性的一个便捷通道，你不需多做努力，你们之间的好感
度就会开始上升。

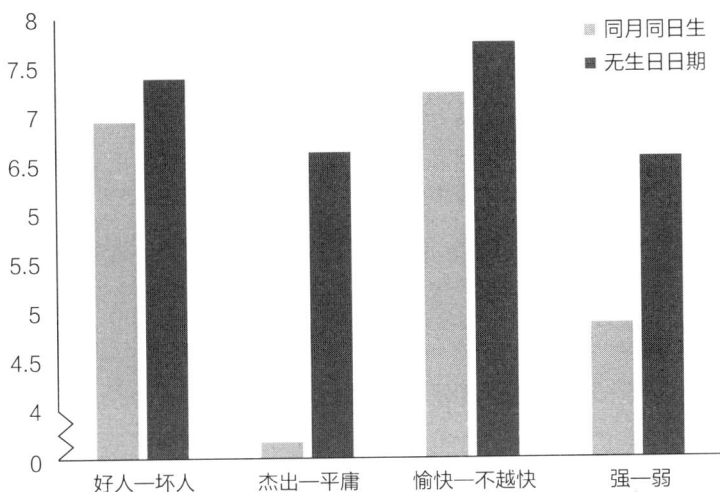

图 4-5　对"妖僧"拉斯普丁的不同评价

注：分数越高表示评价越消极。

　　心理学的研究还发现，一些无意识的动作模仿也能提高人际吸引力。
当我们和一个陌生人聊天时，我们可能会摸自己的鼻子或者抖脚，对方
如果喜欢我们，他们就可能会无意识重复我们做的这些行为。根据这项
研究，你可以在一定程度上判断约会对象是否对你有意思。你可以观察
他的无意识动作是不是和你同步，比如你可以假装拿起水杯开始喝水，
他随后也重复了你喝水的动作；或是你无意间摸了自己的鼻子、耳朵，
他也跟着做了同样的动作，这说明他很有可能喜欢你。

你也可以反向应用这个理论。如果你想增加对方对你的好感度，投其所好、心慕手随是一个不错的办法。荷兰心理学家里克·范·巴伦（Rick van Baaren）在实验中，让餐馆里的同一个女服务生对一些顾客点单进行正常的回应，比如当顾客点单时，她只是回答"好的""一会就上"。而对另外一些顾客，这个女服务员会重复顾客点单所说的话。结果发现，在有模仿的情况下，服务生获得小费次数的比例是85%，没有模仿的情况下只有61%。且在有模仿的情况下，她得到的小费要多于没有模仿的情况。

值得注意的是，以上相似性模仿的实验都是在无意间进行的，被模仿者并没有察觉自己被模仿。如果你想利用模仿来提高人际吸引力，一定要尽量做到自然不着痕迹才能取得效果。否则过分刻意的模仿，可能会适得其反，对方可能会觉得你是在取笑他，并引发对方厌恶。

2. 我好像在哪里见过你——熟悉性

第二个影响人际吸引力的因素是熟悉性（Familiarity），俗话说的"他乡遇故知"就是指这个因素。心理学家罗伯特·扎荣茨（Robert Zajonc）提出了"曝光效应"（Mere Exposure Effect）理论，即只要某个刺激在人们面前曝光的频率越高，人们对其评价就越高。

心理学家理查德·莫兰德（Richard Moreland）和比奇（Beach）进行过一项经典的曝光效应实验。他们将四个陌生的女性安插在一门大学课程的教室里，这四个女性在整个学期中不与教室里的大学生有任何互动，他们设定了这四个女性在课堂出现的频率，从0～15次。在学期末他们邀请大学生对四个女性进行吸引力评价。他们发现，随着女性在教室里出现的次数增加，大学生对她们的吸引力的评价也随之上升（见图4-6）。

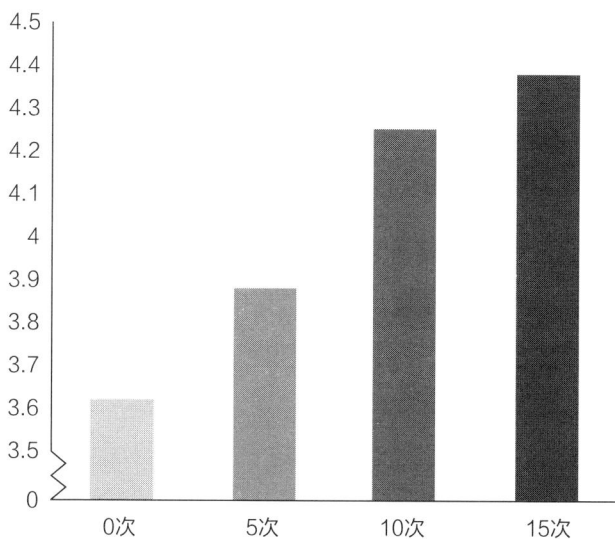

图 4-6　出现不同次数的女性在大学生心中的吸引力

研究者还发现，这种曝光效应对一些非人的刺激也是成立的。扎荣茨给大学生看了一些他们不认识的字或者无意义的人造词，并设计这些刺激材料的曝光频率，然后让大学生评价这些字或者无意义词的"美好"（Goodness）程度。同样，随着刺激的曝光频率的增加，大学生对这些字或词的积极评价也随之上升（见图 4-7）。

这种曝光效应甚至还影响着我们对自己长相的展示方式的偏好。心理学家米塔（Mita）给一些女性看她们在镜子里的照片（也被称为镜像，和真实的长相左右相反，也就是我们经常从镜子里看到的自己的面孔），以及她们真实的面部照片（照相机照的照片，即别人看到的我们的面孔）。他们同时也把这两类照片呈现给这些女性的密友或者伴侣。结果发现：这些女性中超过 78% 人更喜欢自己熟悉的镜像照片。相反，61% 的朋友和 68% 的伴侣都更喜欢她们的真实照片。

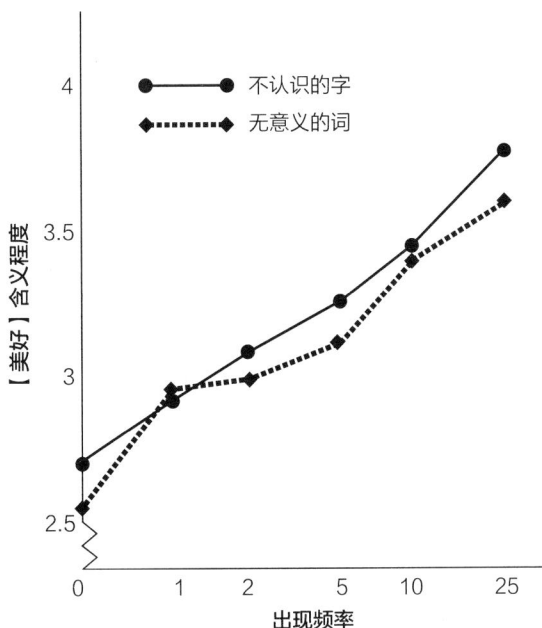

图 4-7　曝光频率对字或词的美好程度的影响

新冠肺炎疫情期间，我们学校将课程全部改为网络教学，当我第一次打开电脑的直播摄像头，被自己的样子吓了一跳，为什么我在摄像头里的脸看起来那么奇怪，这其实就是因为我已经习惯了镜子中的自己。随着上课的次数增多，曝光频率增加后，我慢慢习惯了自己在电脑视频中的样子。这也解释了不经常拍照的人，会觉得照片里的自己不像自己的原因（自拍除外，很多手机的前置摄像头和镜子成像一样是反过来的）。

为什么熟悉性会让我们产生好感？心理学认为，在人类漫长的进化过程中，熟悉的东西可以给我们带来安全感，而不熟悉的东西可能意味着不安，对熟悉的事物的偏好对我们具有保护意义。所以，如果你喜欢某人，想增加他对你的好感度，不妨多制造不经意的邂逅，在他面前多出现几次，说不定能提高你的成功率。有时，人们在搭讪时使用的开场白是这样的："我好像在哪里见过你""虽然今天是我第一次认识你，但我总觉得我们好像已经认识了很久"。其实无非是我们想给对方制造熟悉性来降低对方的防御心理。

熟悉性不仅能引发好感，还能促进相似性，这就是为什么那些长期生活在一起的伴侣后来开始出现的夫妻相。

3. 远亲不如近邻——接近性

心理学家认为影响人际吸引的第三个因素是接近性（Proximity），在时间或空间上接近我们的他人更具有吸引力。我们俗话说的"远亲不如近邻""近水楼台先得月"指的就是人际吸引的接近性。

在茫茫的人海里总有一些人是非常符合你的择友或择偶条件，但是你为什么就没有遇到他们呢？因为他们有可能和你在时空上离得太远了。回想你的好朋友或者恋人，当初的相识是不是都发生在你的生活圈内？

提出认知失调的心理学家费斯廷格和他的同事曾经进行过一项研究，他们调查了一些麻省理学院学住宿生的友谊形成情况。当时这些住宿生住的宿舍楼有两层，上下各有 5 间宿舍，入住时大家都互不认识。心理学家要求这些学生列出入住宿舍一段时间后他们在整个社区中最好的三位朋友。

研究结果发现，他们列出的朋友中 65% 都住在同一栋楼里，此外，虽然同一层楼两端的两户之间的距离才 27 米，但是 41% 的人和隔壁邻居成了好朋友，22% 的人和隔两三间的邻居成为朋友，只有 10% 的人和同一层楼的另一端的邻居成为朋友。不仅如此，他们还发现功能距离也很重要，比如住在楼梯口和邮箱旁边的人比同层的其他人更有可能认识其他楼层的朋友。所以，小区正门的保安应该是你们小区的百事通，因为那里是小区的人员集散地，想找人，问他们肯定没错。

德国心理学家巴克（Back）和他的同事对心理学专业大一学生入学第一天的座位进行随机安排，然后让这些学生对班里其他同学的吸引力进行评价，并在一年后邀请他们评价自己与班里同学的友谊强度。

他们发现，开学第一天坐在隔壁的同学更容易被评为最有吸引力的人，并且一年之后，他们与同班同学成为朋友的可能性从高到低依次是，开学坐在隔壁的同学、坐同一行的同学、其他同学（见图4-8）。再想想你和单位的哪些同事更有可能关系更好？是不是很有可能是和你同时入职甚至刚好入职培训就坐在你旁边的那个？

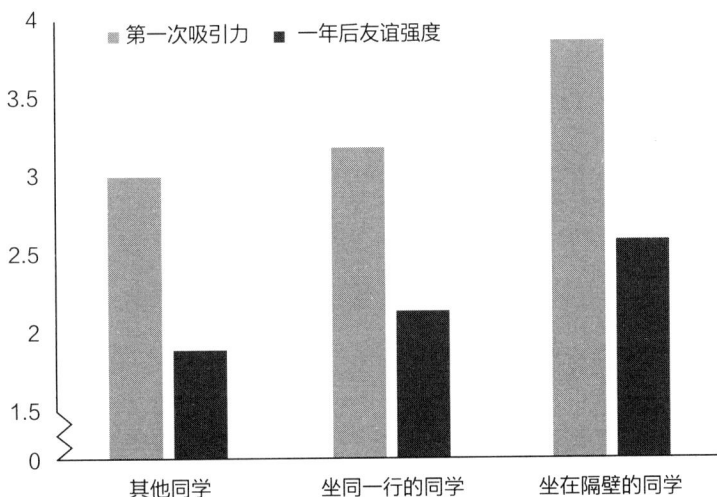

图4-8　学生对不同座位的同学的吸引力的评价

心理学家认为接近性和相似性有关，也就是说，越相似的人可能会越偏好同样的情境，比如，和你选择同一个小区的邻居，很有可能你们之间对环境的偏好比较接近。不仅如此，接近性也给我们提供了更多的机会去了解对方，所以，接近性也能提升熟悉性。

现在回到那个苦闷的大一学生的案例，他上了大学后脱离了之前的人际圈子，急需重建新的人际圈，那么他在哪里才能找到知己呢？我向他建议，不要强迫自己和合不来的室友或者同班同学成为朋友，而可以先思考自己有什么兴趣爱好，然后根据自己的兴趣爱好加入相应的学生社团，也许他的好朋友已经在那里等他了，这就利用了人际吸引的接近性和相似性原则。

为什么遇不到张爱玲说的那个合适的人呢？很有可能是因为彼此刚好在错误的时间和错误的地点等待彼此。

4. 孑然一身——社会排斥

生活中还有一种与人际吸引相反的现象——社会排斥（Social Exclusion）。人是社会性动物，与他人建立人际关系是重要的生存基础，被他人排斥可能会诱发一系列问题。

心理学家鲍迈斯特和他的团队进行过一系列的社会排斥实验，发现被排斥的人会更不愿意帮助别人，比如捐更少的钱、更不愿意提供志愿服务、更不愿意合作等。社会排斥不仅对行为产生了负面影响，被排斥的个体在一般智力测验和 GRE 测验上的成功率也要比拥有良好关系的人差很多（见图 4-9）。

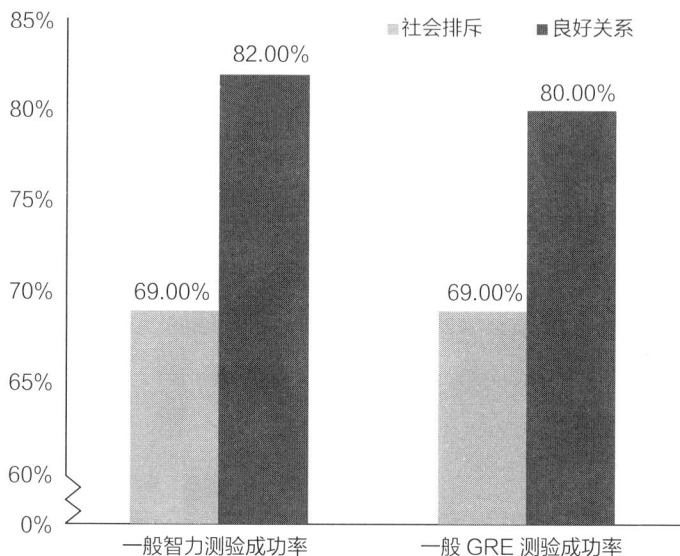

图 4-9　不同社会关系的人的智力、GRE 测试表现

艾森·贝格尔（Eisen Berger）等人用功能核磁共振成像（fMRI）技术扫描被他人排斥的大学生的大脑活动发现，当被他人排斥时，大脑的前扣带回皮质和右腹前额叶皮层的活动都会增强，而当身体体验疼痛的时候，这两个区域的活动也会增强，也就是说，在社会排斥中体验的痛苦和肉体的痛苦是一样的。

如果你对人际吸引感兴趣，可以完成文末的人际吸引量表，并利用这个量表大致判断一个你接触过的人在哪方面吸引你。

小测验

人际吸引量表 [1]

　　题目中的他／她是不是你很熟悉的一个朋友、同事、同学，你们见过面或者曾共事过，请你根据自己的感受选择描述下的相应选项。

1. 我觉得他／她很有魅力。

　　①非常不同意　②不同意　③比较不同意　④不确定　⑤比较同意

　　⑥同意　　　⑦非常同意

2. 我认为他／她可以成为我的朋友。

　　①非常不同意　②不同意　③比较不同意　④不确定　⑤比较同意

　　⑥同意　　　⑦非常同意

3. 他／她长得不好看。

　　⑦非常不同意　⑥不同意　⑤比较不同意　④不确定　③比较同意

　　②同意　　　①非常同意

4. 如果我想把事情搞定，我可以依靠他／她。

　　①非常不同意　②不同意　③比较不同意　④不确定　⑤比较同意

　　⑥同意　　　⑦非常同意

5. 我不喜欢他／她的长相。

　　⑦非常不同意　⑥不同意　⑤比较不同意　④不确定　③比较同意

　　②同意　　　①非常同意

6. 和他／她交流会比较困难。

　　⑦非常不同意　⑥不同意　⑤比较不同意　④不确定　③比较同意

　　②同意　　　①非常同意

---

[1]　该量表目前没有中文版，这里提供的量表是陈晓老师根据英文原版翻译的，不能作为任何诊断或研究标准使用。

7. 他 / 她着装整洁。

①非常不同意　②不同意　③比较不同意　④不确定　⑤比较同意

⑥同意　　⑦非常同意

8. 他 / 她解决问题的能力很差。

⑦非常不同意　⑥不同意　⑤比较不同意　④不确定　③比较同意

②同意　　①非常同意

9. 他 / 她无法融入我的朋友圈。

⑦非常不同意　⑥不同意　⑤比较不同意　④不确定　③比较同意

②同意　　①非常同意

10. 我觉得他 / 她非常好看。

①非常不同意　②不同意　③比较不同意　④不确定　⑤比较同意

⑥同意　　⑦非常同意

11. 他 / 她看起来很性感。

①非常不同意　②不同意　③比较不同意　④不确定　⑤比较同意

⑥同意　　⑦非常同意

12. 他 / 她不胜任指派给他 / 她的工作。

⑦非常不同意　⑥不同意　⑤比较不同意　④不确定　③比较同意

②同意　　①非常同意

13. 他 / 她的衣着不合身。

⑦非常不同意　⑥不同意　⑤比较不同意　④不确定　③比较同意

②同意　　①非常同意

14. 我对他 / 她完成工作的能力有信心。

①非常不同意　②不同意　③比较不同意　④不确定　⑤比较同意

⑥同意　　⑦非常同意

15. 他 / 她有点丑。

①非常不同意　⑥不同意　⑤比较不同意　④不确定　③比较同意

②同意　　　①非常同意

16. 我想和他（她）友好地聊一聊。

①非常不同意　②不同意　③比较不同意　④不确定　⑤比较同意

⑥同意　　　⑦非常同意

17. 我无法与他 / 她一起完成任何事情。

⑦非常不同意　⑥不同意　⑤比较不同意　④不确定　③比较同意

②同意　　　①非常同意

18. 我们永远无法成为朋友。

⑦非常不同意　⑥不同意　⑤比较不同意　④不确定　③比较同意

②同意　　　①非常同意

　　量表说明及计分方式：把每一道题选项前面的数值填在下面表格相应的题号下，并求平均分。

社交吸引	2	6	9	16	18				平均分
外表吸引	1	3	5	7	10	11	13	15	平均分
工作吸引	4	8	12	14	17				平均分

　　你可以根据平均分高低大致判断对方对你的吸引力主要在哪方面。

三、"完美"男人

在开始这个主题之前，我想请大家思考一个看起来脑洞大开的问题：如果想娶到童话故事里美丽又善良的公主，需要具备什么条件？

其实童话故事早已告诉我们娶到公主的秘密了。

《白雪公主》中娶到了公主的是王子。

《睡美人》中娶到了公主的还是王子。

《灰姑娘》呢？《美女与野兽》呢？《天鹅湖》呢？

王子！王子！还是王子！！

这个主题来聊一聊女性在选择对象的时候喜欢的"完美"男人到底长什么样？

接下来的这三个主题内容均基于心理学的一个新的分支——进化心理学的观点，从宏观角度解释人类的择偶特点，不代表每一个人的择偶都会按照这些套路来。所以，切忌把这些内容直接套用到某个特定的人身上。

1. 择偶偏好机制形成

进化心理学关注的是人类的心理机制如何在漫长的进化中形成，理解进化心理学理论观点最好的办法就是想象自己回到原始社会时期。在那种情况下，面对复杂而又危险的自然环境，哪些心理机制和应对模式有助于提高人类祖先的生存和繁衍的概率？

在理解女性的择偶偏好之前，需要先回顾男女在长期进化过程中繁衍后代时所面临的不同代价。进化心理学家认为男女在繁衍后代的投入上存在以下三点差异。

第一是生殖细胞差异。男人的精子以每小时 1200 万个的速度进行补充，但女人的卵子数量在一生之中是固定不变的，大概是 400 多个，而且无法补充。因此，对女人来说生殖资源更加珍贵，她们不会随便浪费。

第二是生育的风险和代价。人类的受孕和怀孕都发生在女性的体内，在生育过程中，男性只需要很少的投资，而女性却要付出长达九个月的怀胎时间。也就是说在生育后代上，男性可能只需几秒钟到几分钟的时间，在此之后他又可以开始下一次生育行为，但女性在随后的九个月中无法再与其他男性生育后代。还有，即使是医疗技术发达的今天，怀孕和分娩对女性来说也存在着极大的风险，更何况原始社会。

第三是抚养后代的差异。由于人类的幼儿十分晚熟，而女性要承担孩子的哺乳和大部分的抚养、保护工作。在原始社会中养活自己都很困难，更不要说还带着一个嗷嗷待哺的孩子。

进化心理学家罗伯特·特里弗斯（Robert Trivers）认为，由于在后代繁衍方面付出的代价和投资更多，女性在择偶时会更挑剔，而投资比较少的男性则在争夺异性时会更具竞争性。从其他物种里也可以看到这种模式，只要是有性繁殖的生物，在繁衍后代上承担比较多的一方在择偶时都比较挑剔。比如园丁鸟，这种鸟只有雌鸟负责养育后代，雄鸟并不参与抚养。在交配期，雄鸟会搭建一个非常复杂且漂亮的亭子来吸引雌鸟，雌鸟会仔细检查这个亭子，稍有不满意立刻飞走。而为了获取雌鸟的芳心，雄鸟之间还会经常互相拆台。

那么对挑剔的人类女性来说，怎样的男人才能入她的"法眼"呢？

2. "好男人"标准一：控制或有能力获取资源

在回答上面这个问题之前我先介绍一个例子，请你判断一下自己的选择。

想象你现在是穿越回原始社会的女性，外面的世界充满了危险，而且寻找食物非常困难，现在有两个男人向你求婚：张三是族群里的老大，他有一个特别大且牢固的山洞，山洞分成两层，一层存储了能吃好几年的食物，另一层用于居住，竟然还分了起居室、餐厅、育婴室，甚至还有厕所。而李四只是族群里普通的一员，他居无定所，吃了上顿可能就没有下顿，但他想带你一起去浪迹天涯。

如果你是原始社会的女性，你会选择哪一个男人：张三还是李四？张三符合人类女性祖先择偶的第一个标准：控制或有能力获取资源的男性。

大量的进化心理学研究都显示，在择偶过程中，受访女性确实要比男性更看重对方的经济实力和社会地位。道格拉斯·肯里克（Douglas Kenrick）和他的同事对两性在择偶条件的调查显示，相比男性，不管是对选择约会对象、性伴侣还是步入婚姻的对象，受访女性对对方赚钱能力的重视程度都要高于男性。在选择结婚对象时，受访女性期望自己的伴侣要比 70% 的男性更能赚钱。

进化心理学家戴维·巴斯（David Buss）对全球不同文化下的男女择偶条件进行的大型调查显示：在所有文化中，受访女性对对方的经济资源的重视程度都高于男性，而且也更看重对方的社会地位。

对两性的征婚广告的研究也显示：女性对另外一半的经济水平的要求要远远高于男性，而男性也更有可能在征婚广告中炫耀自己的经济实力。

　　进化心理学家认为在原始社会中，男性的年龄是他们的狩猎能力和经验的重要影响因素，与没什么狩猎经验的毛头小伙相比，成熟的大叔已经积累了丰富的狩猎经验，更能为女性提供食物，这导致女性在进化过程中更偏好年长的男性。巴斯的调查显示，不同文化下的女性都偏好比自己年长的男性，平均来说，她们喜欢比自己大约年长 3 岁的男性。

　　在征婚广告中，不同年龄段的女性大都偏好比自己大 5 ~ 10 岁的男性，但是她们能接受的比自己小的年龄差距一直限制在 5 岁以内。

　　那是不是越老的男人越"值钱"？不一定，这与女性的自身年龄有关。维德曼（Wiederman）对两性的征婚广告研究发现：20 多岁的女性接受年长男性的年龄上限约为 10 岁，但是随着女性自身年龄的增长，她们对年长男性的年龄差预期相应在缩小，最后稳定在 5 岁左右。

　　为什么很多女性不接受比自己大特别多的男性呢？进化心理学家认为，因为随着男性的年龄增长，他们的死亡风险也在增长，一旦他们死亡，就无法为女性和子女提供资源与保护。另外，两性的年龄差距过大也容易导致伴侣冲突，增加婚姻破灭的可能性。因此，女性更愿意选择稍微年长但是有发展潜力的男性为伴侣。

3. "好男人"标准二：人品可靠且情绪稳定

　　依然回到伴侣挑选的问题，张三和李四在经济能力与年龄长相方面都很不错，但是张三经常会干一些违背道德的事情，而且动不动就发飙和动手打人，李四则诚实、性情温和、和颜悦色。作为女人，你会选哪一个？这就涉及女性择偶的第二标准：人品可靠，情绪稳定。

　　巴斯等人在 1990 年完成了另外一项对全球 37 种文化下的男女择偶标准的调查，结果显示，排在女性择偶考虑的前四个因素中，除了第一名爱之外，其他三个分别是可靠的品质、成熟稳定的情绪、讨人喜欢的性格。在所调查的文化中，女性普遍比男性更看重对方的可靠品质和情绪稳定性。

为什么女性喜欢人品可靠和情绪稳定的男性？巴斯认为，缺乏信任和情绪不稳定的男性对于女性来说可能会有潜在危险，比如他们反复无常的情绪会给女性带来情绪负担。情绪不稳定的男性可能更倾向于垄断资源，可能更容易嫉妒，要求伴侣满足他们的要求，当看到伴侣与其他异性互动时更有可能攻击伴侣。这意味着女性无法从这种男人身上获得稳定的资源，并且还有可能耗费女性自身的时间和资源。

4. "好男人"标准三：愿意为配偶和子女投入资源

如果你是女性，和相亲对象张三第一次约会，他身家不菲，却带你去吃快餐，还要求你跟他 AA 制分摊饭钱。他还告诉你，婚后你不仅无法分得他的财产，而且还需要负责孩子的生活费，他的钱只有他自己能花。对于这样的男性，你会选择和他交往并为他生儿育女吗？这里展示女性选择另外一半的第三个标准：愿意为配偶和子女投入资源。

心理学家拉·切拉（La Cerra）做了一个非常有趣的实验，她给 240 名女性呈现同一个男性在 5 种不同情境下的照片：第一种是这个男人独自站着；第二种是这个男人在与一个 18 个月大的孩子互动，对孩子微笑、进行眼神交流和身体接触；第三种是这个男人对哭泣的孩子视而不见；第四种是这个男人和孩子面对面无任何互动；第五种是这个男性用吸尘器打扫客厅。然后要求这些女性对这个男性作为婚配对象的吸引力程度进行打分。

他们发现，对于受访女性来说，与孩子互动的男人最有魅力，而对孩子视而不见的男人被评为最没有魅力。也就是说，女性倾向于选择愿意为孩子投入的男性作为婚配对象（见图4-10）。

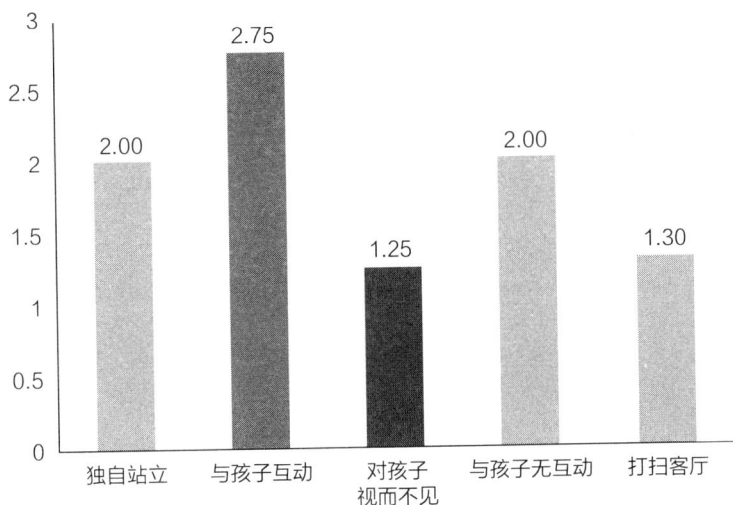

图 4-10　同一个男性在不同情境下的不同程度的吸引力

这项研究还有一个很有趣的发现，打扫卫生的男人对女人来说并没有什么特别的吸引力。

塞拉还把照片里的男性换成女性，然后对男人进行同样的实验，结果却发现不管是在哪种条件下，男人对这个女性的魅力评价都是一样的，也就是说男人在乎的是这个女人本身而不是这个女人在干什么。

5. "好男人"标准四：身强体壮样貌好

既然已有了关于情绪控制、投入资源等多个方面的标准，可能有一些人会疑惑，女人是不是真的不看脸？

其实女人不仅看脸还看身体。进化心理学家认为，男性的外貌和身体是展示他们的基因质量以及所能给女性提供保护的最有效的线索之一，这些身体线索包括个子比较高、身体健康强壮、运动能力强等。

什么样的男性长相在女性择偶时更受欢迎？如前文关于美的标准中所提及的内容，进化心理学家认为，面部对称性和典型的性别特征是个体健康和良好基因的线索。上一个主题中我们已经看到男女两性对面部对称个体的偏好，现在我们来进一步了解进化心理学家关于女性在择偶过程中对呈现典型男性特征的长相选择的研究。

约翰斯顿（Johnston）和他的同事利用计算机生成一系列男性的照片，这些照片从完全男性化的面孔，逐渐过渡到双性化的面孔（同时具备男性和女性面部特征），再到完全女性化的面孔，然后，研究者截取了男性化到双性化部分的照片让女性进行评价。他们发现典型男性化的面孔在爱人这个维度的得分最高，但随着面孔越往中性方向变化，性吸引力逐渐下降。另外，随着面孔从男性化往中性化变化，女人对男性所表现出的敌意评估也随之下降，认为成为朋友的可能却出现相反的增长趋势（见图4-11）。

心理学家安东尼·利特尔（Anthony Little）和他的同事还发现，女性处于不同的月经周期时，喜欢的男性长相有所区别。当处在排卵前的受孕期，她们会觉得不修边幅、具有男子气概的男性面孔更有吸引力，但在其他时间，则更为偏好青春型、具有孩子气特征的男性面孔。

总结来看进化心理学家提出的女性择偶标准以及在女性眼里"完美"的男人往往需要具备以下条件：多金、有权、成熟、上进、健康、有男人味，还要人品靠谱、情绪稳定、体贴顾家。

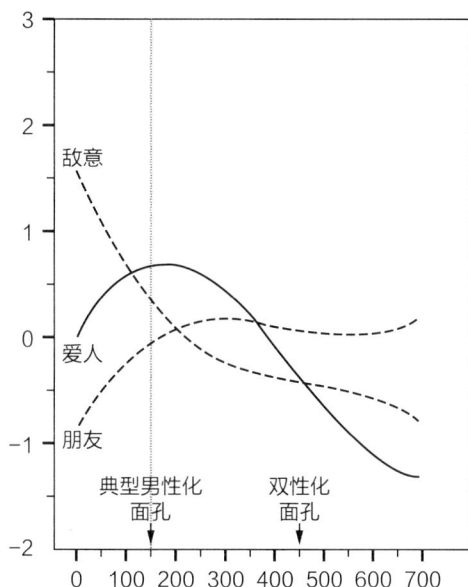

图 4-11 不同男性化程度的照片对女性的吸引力

注：敌意（Enemy）包括威胁、不稳定、控制欲、操控、强势、自私、专制、冲动；朋友（Friend）包括乐于助人、乐于合作、可信任的、好父亲、富足和聪明；爱人（Lover）包括外表吸引、性兴奋、男性化、健康的、有安全感的。

数字越小代表男性化特征越明显。

思考

进化心理学对女性的择偶解释是基于女性获取男性的资源和保护，但是现代社会的发展，让女性在经济上越来越独立，这些成功的女性在选择配偶的过程中，是否还会遵循几十万年前原始女性祖先的择偶标准？为什么？

四、"完美"女人

在上一节中大家了解了进化心理学家如何解释女性的择偶机制，这一节将关注男性的择偶机制。那么男人心目中的"完美"女人到底是什么样的？网络上曾流行过一组《不同年龄男女对异性需求》的漫画，漫画调侃了不同年龄段的男性和女性对另一半的要求。漫画中，女性对异性的需求一直都在变化，而男性从小到老却只有一条：年轻漂亮！尽管是调侃，但该漫画也透露了男性在择偶中的两个重要标准。

1. 男人为什么会"择一人终老"

在介绍男性的择偶机制之前，需要回答一个进化难题，就是男人为什么要选择只与一个女人"终老"？上一节中曾提及男女两性在繁衍后代上的投入与代价不同，男性是一次性投资且可以反复投资。因此对男人来说，为了使他的基因得到最大化的繁衍传播，最优的策略是与越多的女人交往越好，但为什么男性没有选择这条路呢？

进化心理学家认为男人择一人而终老有以下三个方面的原因。

第一，花花公子没有"未来"。繁衍后代是两个人的事，就像跳双人舞，需要考虑对方的需要。因为女性在繁衍后代上的付出更多，所以她们在繁衍后代上具有更大的决定权，在选择配偶的时候表现得更为挑剔。那些处处留情的"花花公子"会被打上不愿为配偶和孩子投资的标签，从长远角度考虑，这种男性更容易被淘汰出配偶市场。相反，愿意对关系做出承诺是男人成为可靠伴侣的重要标志，他们会更容易获得配偶。所以，进化心理学家认为，男人之所以会选择只与一个女人结婚是为了满足女性的择偶心理而进化出来的。

第二，"段王爷"的困局。选择只守着一个伴侣对男性来说还有一个好处，就是可以增加亲子确定性（Parental Certainty），虽然他牺牲了与其他女性的繁衍机会，却能在最大可能性上确定自己的基因得到传播。如果一个男人只和一个女人结婚，那他的妻子所生的孩子是他的孩子的确定性要比他随处留情的确定性更高。就如金庸《天龙八部》里的段王爷，看似人生赢家，其实不然，不仅儿子不是自己的，也不能确定哪些女儿是他亲生的。

第三，男女"搭配"，育儿不累。男性选择只与一个女性结婚的另外一个好处是可以提高子女的存活率。在原始社会，孩子要存活到成年是非常困难的。从猩猩身上就可以看到，当一个族群的领袖被杀死后，新的领袖会把前首领所生的子女也杀掉。父亲的存在可以提高子女的存活率，并且可以教给他们生存的本领。从长远来看，这也保障了父亲自身的基因得到繁衍。因此，选择和伴侣联合养育孩子比始乱终弃对男性祖先来说更合算。

那男性的择偶机制有什么特点？

就是找可以成功繁衍后代的女性。能生、最好能生很多孩子的女性可能对男性祖先来说比较具有吸引力。由于男性还需要面对亲子不确定性的风险，所以他们更重视另一半的贞操问题，即名声好。

2. 男性的择偶标准一：年轻

俄罗斯画家普基廖夫的名作《不相称的婚姻》，描绘了一个"十八新娘八十郎，苍苍白发对红妆"的故事。如果将这幅画中的两个人物的性别进行对调，变成"十八新郎八十娘"，哪一种会让你心里的不舒服感更强烈？为什么我们社会对"老妻少夫"的揶揄永远要甚于"老夫少妻"？

由于男性的精子会不断更新，年龄对男性生育能力的限制远低于女性，所以女性在一定程度上更不会在意男性年纪比较大。女性的生育能力和她们的年龄有更高的关联性，成年早期的女性的生育能力处于一生的顶峰，随着年龄的增长，其生育能力逐步下降，过了50岁，基本上就很难再生育。所以男性择偶的第一个标准——年轻的女性，实际上是为了贴合女性的生育特点。

肯里克等人通过对男性征婚广告中对对方的年龄要求的研究发现，男性在20岁之后都倾向于选择比自己小的女性。随着年龄增长，他们期望伴侣的年龄与自己的差距就越大，30岁左右的男性会选择小5～10岁的女性，但是40～50岁的男性更倾向于选择小15～20岁的女性。不仅如此，对一些多次结婚的美国男性的研究发现，在年龄上他们平均比第一任妻子大概大了3岁，比第二任大了5岁，而比第三任妻子则大了8岁。

巴斯的跨文化研究显示，不同文化的男性都偏好比自己年轻的女性。研究发现，在一夫多妻的文化中这种年龄差距更大，某些地位高的男性甚至要比妻子大二三十岁。这也可以解释为什么在现代社会中，医美和抗衰老产品的消费主力是女性，因为看起来年轻是女性吸引配偶的重要资源。

3. 男性的择偶标准二：好看

上一节介绍女人在挑选配偶时会有看脸的情况，其实男人在择偶时更看脸，甚至除了看脸还看身材。

先来看一项来自大脑神经的研究。大脑神经科学家伊茨哈克·阿哈伦（Itzhak Aharon）等人在电脑上给年轻的异性恋男性看四组不同吸引力的面孔图片：好看的女性、普通女性、好看的男性、普通男性，电脑会记录他们看这些图片的按键时间。结果发现这些男性在漂亮的女性面孔图片上的停留时间要远远长于其他三类图片（见图4-12）。

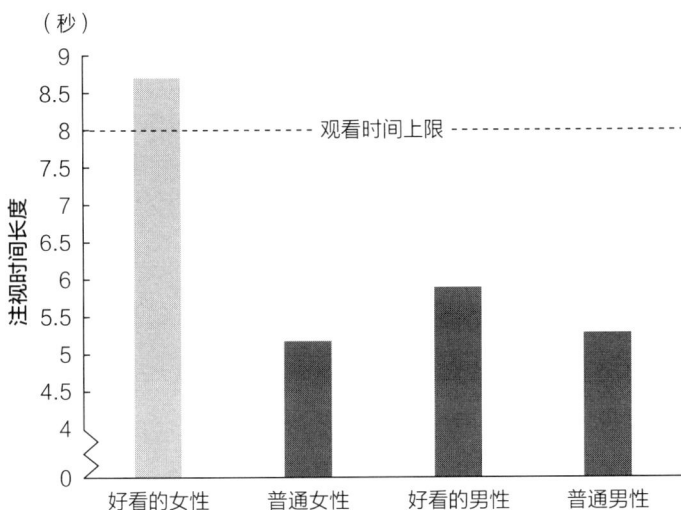

图4-12 异性恋男性对四组不同吸引力的面孔图片停留时间

在这项研究中，研究者还利用功能核磁共振技术扫描他们观看这四类照片时大脑的活动情况。结果发现，在看漂亮的女性面孔图片时，这些男性的大脑的伏隔核区域（Nucleus Accumbens Area）会变得非常活跃。这个区域是大脑的犒赏中枢回路，当人们感到快乐或愉悦时，比如吃到美味的食物、获得金钱时，这个区域就会被激活。值得关注的是，当他们看其他三组照片时，这个区域并没有被激活。这项研究说明，漂亮的女性面孔对男性来说会令其心"神"愉悦。

除面孔外，进化心理学家认为女性体形也能为其繁殖能力提供重要的信号。

有些人可能会认为不同文化或不同时代男性对女性的胖瘦偏好有所不同，但进化心理学家发现，男性对女性体型偏好有一个非常稳定的指标——腰臀比（Waist-to-Hip Ratio, WHR）。在青春期之前，男女两性身体的腰臀比相差不大，但进入青春期之后，女性由于雌性激素的分泌，臀部和大腿比男性更容易存储脂肪，女性的脂肪存储特点使得女性在青春期之后的腰臀比要比男性明显更低，一般健康男性的腰臀比在 0.85 ~ 0.95 之间，而有繁殖能力的女性的腰臀比接近 0.7。因此，进化心理学家猜测腰臀比接近 0.7 的女性的身材对男性最有吸引力。

在一项经典研究中，进化心理学家塞恩给年轻的欧洲裔男性展示了不同身材的女性图片，并要求他们对这些图片中女性身材的吸引力进行评价。

塞恩发现，女性的腰臀比越大，就越没吸引力（见图 4-13）。

他还邀请了这些男性对不同体重和腰臀比的女性的性感程度、健康程度、年轻程度和生育能力进行评价。研究结果显示，标准体型的女性比超重体型和偏瘦体型的女性在这些方面得分都要高。在标准体型的女性里面，腰臀比为 0.7 的女性在性感程度、健康、年轻和生育能力上的评分都是最高。随着腰臀比的增加，各项评分呈逐渐下降的趋势。

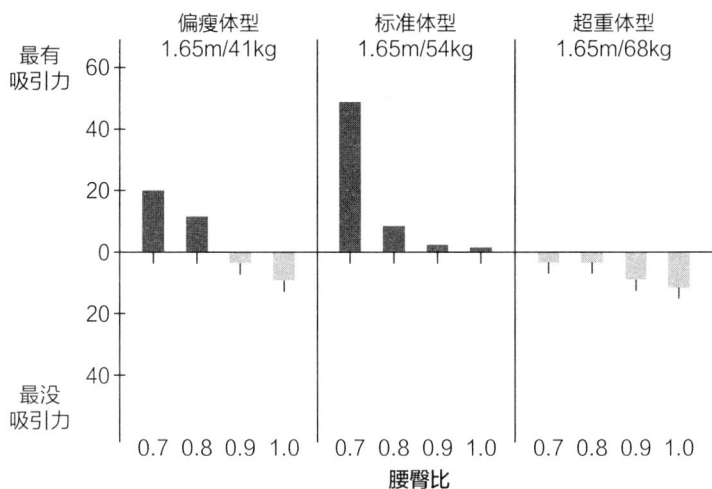

图 4-13   不同腰臀比的女性对欧洲裔男性的吸引力

他在另一项实验中，邀请了一些介于 18 ～ 85 岁的不同年龄的欧洲裔男性来参与评价。结果显示，不同年龄段的男性在体型和腰臀比的评价上的偏好出奇一致，标准体型最有吸引力，腰臀比 0.7 的得分最高，随着腰臀比增加，吸引力逐渐下降。

也许这项研究对于正在致力于把体重减到两位数的女性朋友来说有一定的启示作用，如果你拼命减肥的目的是想提高自己的吸引力，按照进化心理学的研究结果，最佳体型并不是越瘦越好，而是在保持标准体重的情况下，让腰臀比接近 0.7，这才是男性觉得非常有吸引力的身材。

4. 男性的择偶标准三：贞操

进化心理学家认为，由于男性在繁衍后代上的亲子不确定性的风险高于女性，相比女性，男性更看重伴侣的贞操。

进化心理学家认为，男性会看重配偶两个方面的贞操：婚前的贞洁和婚后的忠贞。巴斯发现在大部分文化中，男性都要比女性更重视配偶婚前的贞洁，且集体主义文化的男性比个人主义文化的男性表现得更重视配偶的婚前贞洁。

此外，针对不同时代的男性的调查还显示，男性对配偶婚前贞洁的重视程度随着时代的发展逐渐下降。进化心理学家猜测，对女性婚前贞洁的重视程度下降可能是由于随着社会发展，女性经济愈发独立，以及一个重要因素——婚前贞洁不容易被直接观测。

相比婚前的贞洁，婚后的忠贞是确保亲子确定性的重要因素。巴斯让男性对长期关系（伴侣关系）和短期关系中对方的忠诚与性忠诚等方面的重视程度进行评价，结果发现在长期关系中男性都非常看重对方的忠诚，尤其是性忠诚（几乎接近满分3分），但在短期关系中，他们对忠贞就没有那么重视了（见图4-14）。

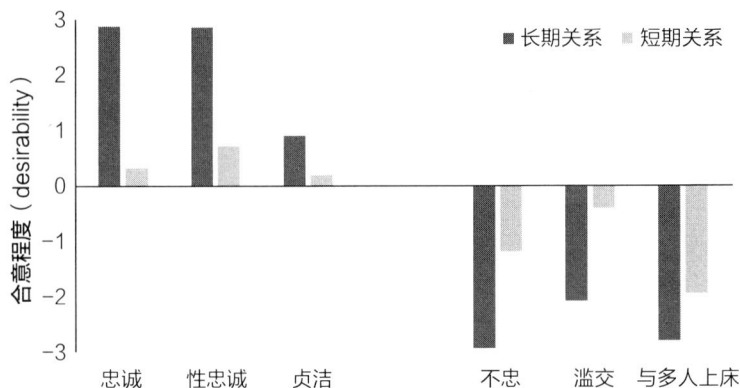

图4-14　男性对不同关系中伴侣忠诚的重视程度

思考

这个主题介绍了进化心理学有关两性的择偶观点，但这是否意味着遵循进化心理学的机制去做就能获得幸福的爱情和婚姻？你觉得他们的理论和研究在解释两性关系问题上忽略了什么？

★ 两性冲突

五、"贞操"之战

了解了两性的择偶机制后，来探讨两性在择偶上的冲突。自古至今，不同的社会文化里都更加重视女性的忠贞，却很少要求男性遵从三从四德。为什么会出现这种情况？一起来看看进化心理学家如何解释这个问题。这个主题将先介绍男女在性信号的知觉上存在的差异，也就是男人是否更加容易自作多情。

1. 男人是不是容易自作多情

想象一下，单身的你正在一家餐馆吃饭，坐在你对面的那个异性长得还不错，他／她看了看你，还对你微笑。你觉得他／她在多大程度上对你有意思？请用 0 ～ 100 分来评估，分数越高代表他／她对你越有意思。

你觉得男人和女人在这个打分上，谁的分数会更高一些？

在生活中，有些男性喜欢不分场合地和女性开一些带颜色的笑话，他不仅不觉得这种行为不合时宜，甚至还觉得自己挺幽默。也有一些男性将女性出于友好的言行，看作"她对我有意思"。更有甚者，在看到女性被侵犯的新闻后信口开河："肯定是她穿得太暴露了""她如果不勾引人家，人家怎么会对她做这样的事情"。着装是每一个人的自由和权利，无论如何都不能成为被侵犯的理由。但为什么有些男人会有这样的心理？

到底男人是不是比女人更容易自作多情呢？他们是不是满脑子只有性？心理学家阿比（Abbey）及其同事给大学生看一些照片，照片中两个长相不错的男女大学生在教室里上课，他们面对面坐着。其中部分照片中的女性着装稍微暴露，还有部分照片中的女性着装不暴露。同样，照片中男性的着装也分为暴露和不暴露两种。然后研究者要求大学生对照片中的目标女大学生或男大学生的性暗示信息进行评估（见图 4-15）。

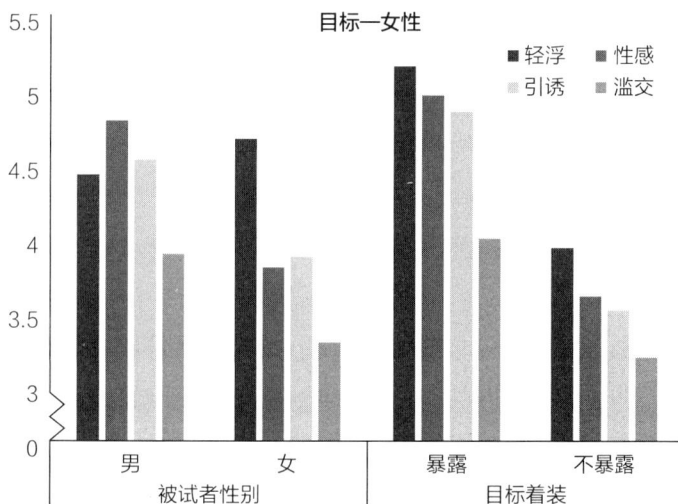

图 4-15 大学生对女性目标性暗示信息评估结果

　　他们发现，当评价目标是女大学生时，除了在轻浮的评价上男女大学生差异不明显外，男性被试者对图片中女性在性感、引诱及滥交程度方面的评价都要明显高于女性被试者；如果这个女性着装比较暴露，她在性挑逗的各项指标上都要高于不暴露的女性。而对于照片中的男性，其着装是否暴露并不影响被试者对这个男性的性挑逗的评价。研究者还进一步比较了被试者对图片中的男性和女性的性信号的评价，结果发现，图片中的男性在各项性挑逗指标上的得分都要显著低于女性（见图 4-16）。

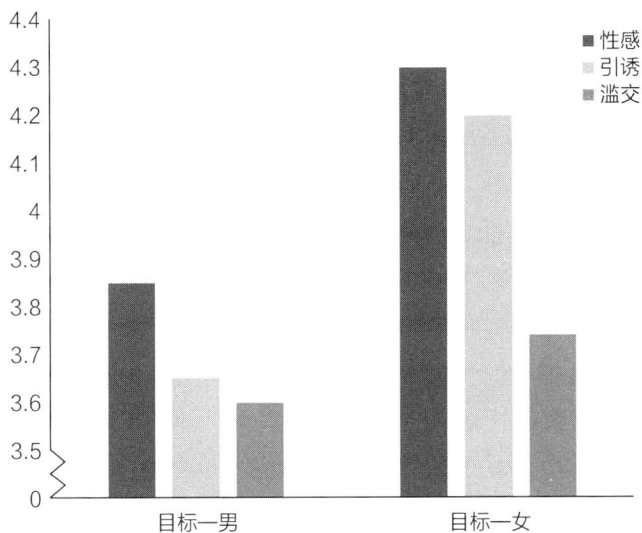

图 4-16　两性在各项性暗示信息评估中的得分

　　不少同类研究都发现了相同的趋势：男性更容易自作多情，误解异性的信号。为什么会这样？进化心理学家认为因为男性在繁衍后代上的代价较小，只要有机会他们就会利用，这也导致了他们宁愿信其有也不信其无。两性对性暗示信息的传递和解读不同，可能会造成男女两性在性亲密上的冲突，即女人认为自己对对方没有特别的意思，而男人却认为对方有意思。

2. 痴男与怨女"痛点"大不同

两性关系中有时会面临一个严重的危机：出轨。假设在原始社会，一个男性在面临伴侣可能出轨时有两种情境判断（见图 4-17）：第一种是他的老婆确实没有出轨，在此基础上，有两种可能，即一种可能是他相信老婆没有出轨，另一种可能是他以为老婆出轨了；第二种是他老婆确实出轨了，他也有两种判断，即一种是他知道老婆出轨了，还有一种是他不知道老婆出轨了。

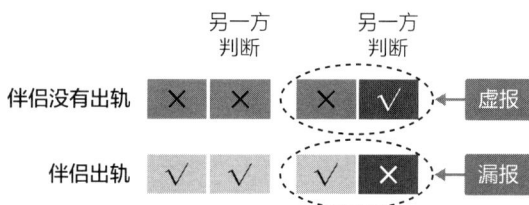

图 4-17　原始社会男性在面对女性出轨时的判断

这两个情境中分别出现了一个错误判断：一个是老婆没出轨，但是老公认为出轨了，也就是"宁可信其有"的心理（虚报）；另一个是老婆确实出轨了，但是老公没有发现，也就是"宁可信其无"的心理（漏报）。

这两种错误的判断都会给男性带来一定程度的损失，但是哪个的错误判断对男性来说损失更严重？毫无悬念是第二个。

事实上，女性一般不存在亲子确定问题，她生的孩子肯定是她的，但男性不同，他的老婆生的孩子是不是他的，那就不一定了。由于男性存在亲子不确定性这个问题，如果一个男人的老婆出轨了但他没有发现，这可能会导致他把自己的宝贵资源用于养育其他男性的后代。不仅如此，他还牺牲了寻找其他配偶的机会，并且可能受到群体的嘲笑，导致他的社会地位降低，这对他来说无疑将是一场灾难。因此，男性对伴侣出轨的敏感度要高于女性，更容易捕风捉影。这会导致男性更容易高估自己伴侣出轨的可能。

进化心理学家戈茨（Goetz）及其同事邀请男女学生对自己伴侣未来的性不忠可能性进行判断，结果显示：男性确实比女性更有可能认为自己的伴侣在未来会出现性不忠（见图4-18）。

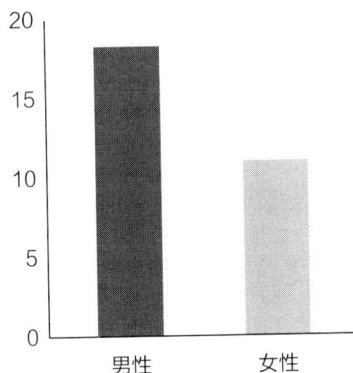

图 4-18　**对未来伴侣对自己性不忠的可能性判断**

但女性真的不在乎伴侣出轨吗？实际上女性也在乎。

假设一个男性发现自己的伴侣出轨了，下面两个问题中，你觉得这个男性更纠结哪一个？

（1）这个女人还爱不爱我？

（2）这个女人到底有没有跟那个人发生性关系？

同样，假设一个女性发现自己的伴侣出轨了，还是刚才那两个问题，你觉得女性会更纠结哪一个？

（1）这个男人还爱不爱我？

（2）这个男人到底有没有跟她发生性关系？

我在课堂上问过学生，大部分人都认为男性更在乎自己的伴侣有没有和别人发生性关系，而女性则更在乎伴侣是不是移情别恋。进化心理学家认为，两性对配偶的出轨都会感到痛苦，但男女的痛点不同。由于亲子不确定性，男性对可能导致亲子不确定的实质性行为更为敏感，也就是更在乎对方是否和别人发生性关系。但是由于女性不存在亲子不确定性，她们更在乎的是对方是否会把资源投入在自己和孩子身上，一旦一个男性出现移情别恋，就意味着他有可能把资源转移到其他女性和这个女性的孩子身上，这对于原始女性祖先来说是一个严重问题。所以，进化心理学家认为男性对性的出轨（Sexual Infidelity）更敏感，而女性对情感出轨（Emotional Infidelity）更敏感。

巴斯曾对男女两性对于伴侣出轨的看法问题做过一项研究，他们在一项研究中分别让男女大学生想象以下两种情境，并从中选择一种更让他们苦恼和不安的情境。

（1）伴侣与他人发生深深的情感连接（情感背叛）。

（2）伴侣和他人发生性行为（性背叛）。

他们发现，男性对伴侣的性背叛更加无法容忍，相反，女性对伴侣的情感背叛更加无法容忍（见图4-19）。他们还进一步发现，谈过恋爱的男性有55%的人更加无法容忍伴侣的性出轨，而没有谈过恋爱的男性，只有29%的人更加无法容忍伴侣的性出轨。但女性不管有没有过恋爱经验都更加无法容忍伴侣的情感出轨。研究结果显示，当处于关系中，男性对另一半的性出轨的敏感程度会更高，但是无论是否处在关系中，女性对情感出轨的敏感度都是一样的。这也印证了进化心理学的观点，处于关系中的男性对亲子不确定性的担忧要比单身的男性更大，所以他们对伴侣的性出轨更加在意。但是女性在择偶过程中，男性的承诺是她们择偶的重要决定因素，不管谈不谈恋爱，感情的背叛都会被视为不可靠的因素。

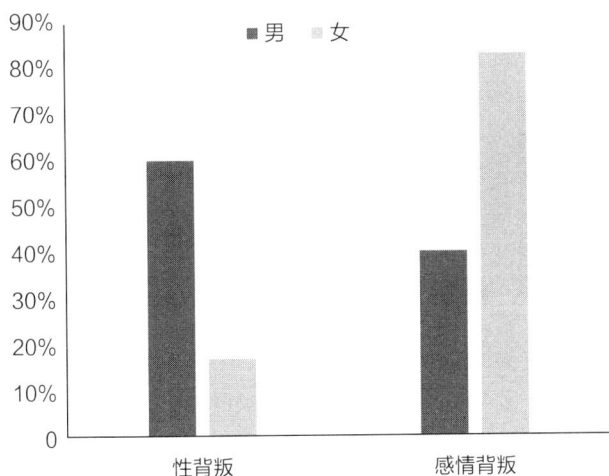

图 4-19　两性对于伴侣两种背叛的接受程度

　　不仅如此，研究者在男女两性想象自己的另一半性出轨或情感出轨时，用生理测量仪器测量他们的生理反应，包括皮肤电活动（Electrodermai Activity，EDA）、脉搏（Ptilse Rate，PR）和皱眉肌活动（Electromyographic Activity，EMG）（见图 4 20）[①]。他们发现，男性在想

---

① 当人们处于不愉悦的情绪中，这些生理指标值会更高。

象伴侣性出轨时，各项生理指标值都要高于想象伴侣情感出轨时，但是女性刚好相反，她们在想象伴侣情感出轨时的生理活动指标要高于想象伴侣性出轨时。不过，后续也有研究发现，女性对男性的性出轨同样也会感到愤怒。

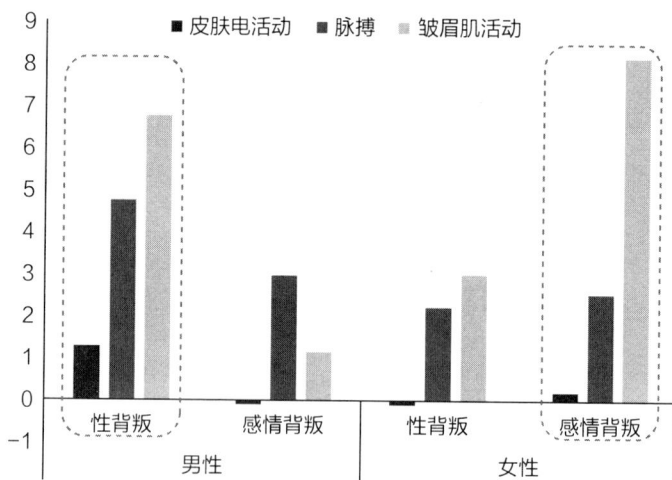

图 4-20　两性在想象伴侣出轨时的生理表现

　　进化心理学家在不同文化背景下都进行过同样的研究，他们发现不同文化下的男女两性对两类出轨的反应出奇一致。

　　不仅如此，日本的研究者高桥秀彦及其同事还发现，面对不忠，男女两性的大脑活动区域不同。他们让男女大学生看一些描述性不忠或情感不忠的句子，并利用功能核磁共振技术扫描他们的大脑活动。结果发现，当面对性不忠时，男性大脑里的杏仁核（Amygdala）和下丘脑（Hypothalamus）活动要比女性更明显，这两个区域的活动与性和攻击行为有关。相反，当面对情感不忠时，女性大脑中后颞上沟（Posterior

Superior Temporal Sulcus, PSTS）的活动要比男性更加明显，而这个区域和我们识别他人的意图、欺骗和对他人的信任等心理活动有关。

在另一个研究中，研究者让父母设想他们子女的伴侣出轨情境，并且发现父亲和母亲都认为儿媳的性出轨更令人担忧，而女婿的感情出轨更令人苦恼。

3. 如何处理背叛

此处再就背叛这个问题来探讨一些非进化心理学的内容，众所周知，背叛对感情极具杀伤力，很多感情一旦涉及背叛问题，就很难恢复如初。那么怎样才能修复背叛所带来的伤害呢？

背叛后的感情修复是一个非常艰难的过程，不是背叛者的简单道歉和被背叛者的原谅就可以解决的。在感情遭遇背叛后需要修复的既包括被背叛者受到的伤害，还包括背叛者的内疚、对彼此的信任感等方面，这是一个非常耗费精力和时间并且还可能会反复发作的过程。在没有专业心理咨询师的帮助下，假装无视无法解决根本问题，就好比伤口就在那里，如果你只是把它掩盖起来假装看不见，那么极有可能会给感情埋下一颗随时可能会爆炸的炸弹，时间久了，没有得到妥善包扎的感情伤口可能会恶化，甚至有可能完全无法修复。

可以说，感情背叛后的自我修复是非常困难的事情。如果你正在遭遇背叛或者还生活在曾经背叛的伤痛之中，我建议双方一定要寻找婚姻治疗师获取专业的帮助。

我建议那些正在受到背叛问题困扰的读者，重视背叛所带来的内心委屈感。由于被伤害的一方早期可能会感到极端的愤怒和不公平，这种情绪可能会转化成为内心强烈的委屈感。受伤害方可能会因为这种委屈感引发惩罚对方的情绪，认为只有狠狠惩罚对方才能泄心头之恨，但是这种惩罚的快感很容易让人上瘾，时间久了，作为受伤害方的你在后面的关系中却慢慢变成了那个歇斯底里的人。从另一个角度来看，对方因为自己做了对不起受伤害方的事情在早期可能会心甘情愿接受惩罚，但是如果这种事情一直没完没了，他可能也会逐渐开始觉得委屈，"我都已经做到这样，你为什么就是放不下"。双方可能会被困在这种歇斯底里的恶性循环里，关系冲突会越来越严重。这种冲突中如果还夹着孩子，那么还会多增加一个无辜的受害者。

我想告诉大家，只要是人就会有脆弱的地方，就会犯错，就会受伤，这才是人为什么是人。如果我们正生活在痛苦或纠结之中，没有必要自己一个人强撑着，适时放弃"我能够拯救自己"这种想法，尝试向外寻求专业的帮助不是一种脆弱或懦弱的表现，开始接纳自己的不完美，才是一种成长的标志。专业的心理咨询和治疗是一门心灵修复的艺术。

最后，我想送给正处于甜蜜关系之中的各位朋友一句话：世间感情来之不易，且行且珍惜。千万不要在作死的边缘试探！

爱情三元论

六、爱情的"配方"

人世间很多的爱情总是情起于心动，或轰轰烈烈，或平静如水，有的能携手走到人生尽头，有的却不得不中途下车，甚至有的会走向悲剧。

爱情到底是什么，竟会让人如此着迷，如此痴狂？在这个主题里，一起来看看心理学家是怎么理解爱情的。

1. 问情为何物

心理学家罗伯特·J.斯滕伯格（Robert J. Sternberg）提出的爱情三元论是有关爱情的经典理论，这个理论关注爱情的两个方面：成分和类型。

斯滕伯格认为爱情的体验有三个成分：亲密（Intimacy）、激情（Passion）和承诺（Commitment），这三个成分组成了一个爱情三角形。

亲密是指在爱情中体验到的那种彼此依附、亲近的温暖感觉，表现为表露自我、沟通彼此内心的感受以及为彼此提供各种支持等。斯滕伯格认为亲密是我们心理上的喜欢的感觉，是我们对关系的情感投入。换句话说，亲密就是那种"爱和温暖"的感觉，亲密是爱情"暖"的成分。

爱情的第二个成分是激情，以生理吸引为特质，包括对性的唤起或者是从伴侣身上得到满足的强烈情感需要。斯滕伯格认为激情是情绪上的着迷，是爱情中的驱动力。通俗地说，激情就是那种"来电的感觉"，激情是爱情"热"的成分。

最后一个成分是承诺有两种形式，短期来说就是爱某一个人的决定，而长期来说，则是维持爱情所做的持久性承诺，包括日常誓言、订婚、结婚和共渡难关等。斯滕伯格认为承诺是我们在理性上对关系的认知和决策，是爱情"冷"的成分。

爱情的这三个成分的属性也各不相同。比如，在稳定性上，激情最不稳定，而亲密和承诺是中等稳定的。在可控性上，激情也是最不可控的，而承诺属于高度可控。在体验度上，激情在关系中最容易被体验到；在短期的浪漫关系中，激情的体验度比较高，但承诺几乎没有；而在长期关系中，亲密和承诺的体验度相对比较高，激情处于中等水平并且随着时间会逐渐消退。

2. 爱情会随时间而消失还是历久弥坚

因为关系一直处于发展之中，所以斯滕伯格认为爱情的三个成分在感情的发展中会呈现不同的模式，这可以帮助人们窥探爱情的真实面目和未来走势。

先来看亲密这个成分的变化（见图 4-21），斯滕伯格认为，在成功的关系和失败的关系中，亲密的变化既有相同的地方也有不同的地方，这就是为什么有时候连自己都搞不清楚到底爱还是不爱对方。

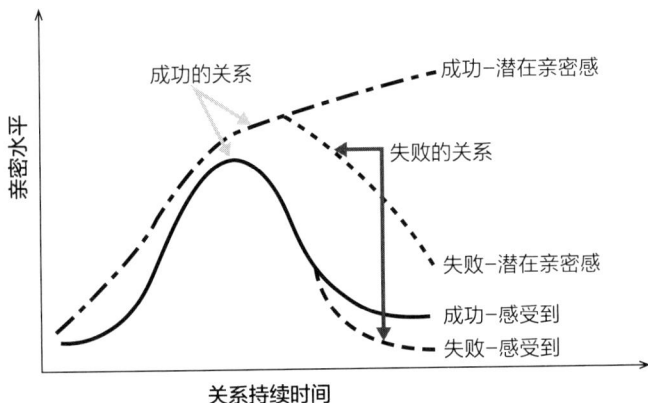

图 4-21　爱情关系中的亲密变化过程

首先，不管是成功还是失败的关系，对亲密的感受在一开始都会随着时间的推移逐渐上升，但是到了一定阶段，这种感觉就会开始下降，这时候，人们就会开始对这段关系产生怀疑。

虽然成功和失败的关系到一定时间对爱的感受都会下降，但真正的不同体现在潜在亲密感，即"真爱"上，这是你无法觉察的爱的水平。如果是成功的关系，潜在亲密感会随着时间的推移越发深厚，但如果是失败的关系，潜在亲密感和体验的亲密感则会出现急剧下降。

所以，判断关系是否成功并不取决于你体验的爱的水平，而取决于你没有意识到的潜在亲密感的水平。真正的"爱"是很难被觉察的，那有没有办法区分这两种关系？

斯滕伯格认为可以故意制造一些关系的中断，比如短暂的分开就能让我们体验潜在亲密关系，这就是为什么有的伴侣是"小别胜新婚"，而有的伴侣却是"人走茶凉"。对于前者，分离更能让他们体验对对方的亲近需要，而后者由于已经不爱了，即使分离也无法体验高程度的亲密。除了短暂的分离，改变既定的生活习惯，如一起度假也是检验亲密状态的不错选择。而最极端的方式是结束关系，包括关系破灭或者一方去世，有些伴侣在关系中可能吵得死去活来，但如果一方离开，另外一方可能非常痛苦，这就是因为他在此之前并没有觉察真正的亲密水平。

如果你计划盛装打扮去参加前任的婚礼，准备让他后悔，很有可能是因为你对他还余情未了。如果你已经放下这段感情，对方过得怎么样又与你何干呢？你在分手时感到痛不欲生恰好说明在这段关系中你投入了真感情；如果分手后你依然活蹦乱跳、欣喜若狂，那可能在这段关系中你并没有自己想象的那么爱。

对于激情这个成分，最初只有正向的冲动或者欲望，而且这种正向的冲动发展得非常迅速，这在关系早期非常明显地表现为恨不得每一刻都要和对方待在一起。但是当正向冲动达到顶峰时，和它相反的负向欲望就开始出现。这时候，正负向欲望重叠之后就是你实际体验的激情程度，你所感受的激情会逐渐消退（见图 4-22）。这就是为什么在关系早期对方在我们眼中总是闪闪发亮、非常完美，但是随着关系的发展，我们发现这个光环开始慢慢消退，然后就看到很多我们不喜欢的品质，那种来电的感觉就越来越不明显。

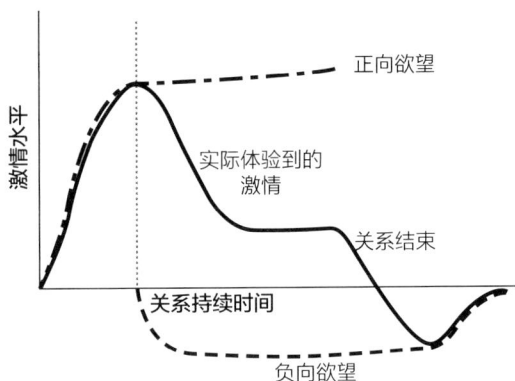

图 4-22　爱情关系中的激情的变化过程

　　至此，可能有人会感觉有些绝望，这是不是意味着感情最终都会走向坟墓？

　　我个人认为，人们需要分别对待这两种激情。在建立关系后，可以努力让正向的欲望保持上升的趋势。对于负向的欲望，我们需要对其进行区分，到底是对方的哪些方面让你对他不来电，如果是严重的人格或者道德问题，那你需要考虑还要不要继续维持这段关系。如果只是一些生活细节或者行为问题，那你可能需要进行一定的自我调整，因为世界上从来就没有百分之百完美的恋人。

　　这里有一个很有趣的时间节点问题（图 4-22 中竖向虚线所标识的位置），在正向欲望达到顶峰之后，负向的欲望就开始出现。那么在你们的关系中，这个时间节点出现在什么时候？

　　我个人猜测这可能出现在你们住到一起之后，因为不住在一起，对方在你面前可以总是风度翩翩或是靓丽迷人，一旦住到一起，双方之间的小毛病或者你不喜欢的生活习惯会不可避免地暴露出来，这时你甚至可能会开始怀疑，这还是我之前认识的那个人吗？

　　最后一个是承诺水平的变化，斯滕伯格认为，在感情的初期，承诺会迅速发展，热恋期的花前月下的山盟海誓都是承诺的表现。但是承诺随着关系持续时间的延长会逐渐变得平缓（见图 4-23）。这个在结婚后尤其明显，有些女性会抱怨自己的伴侣在婚前嘴巴甜得像抹了蜜似的，婚后却完全不一样，这是因为结婚是所有承诺中比较重要的一个，有了这个承诺他可能就不再需要努力做其他承诺了。

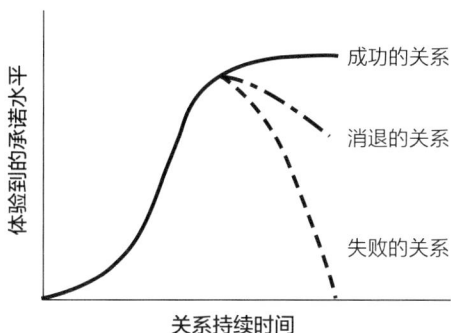

图 4-23　爱情关系中的承诺水平的变化过程

　　如果你们的关系开始出现消退，承诺也会开始消退。在感情中，你是从什么时候开始觉得对方不爱你？往往是在你察觉对方说的情话没有以前多的时候。

　　一旦感情破灭，承诺就会归零。有些人在发现前任重新开始新的感情时，会气不过而想去搅黄对方，因为前任曾经答应过他，只爱他一个。但是你们的感情已经破灭了，他之前的所有承诺都失去了时效性。

3. 八种形态的爱情

斯滕伯格根据爱情的三个成分组合情况将爱情分为 8 种（见图 4-24）：

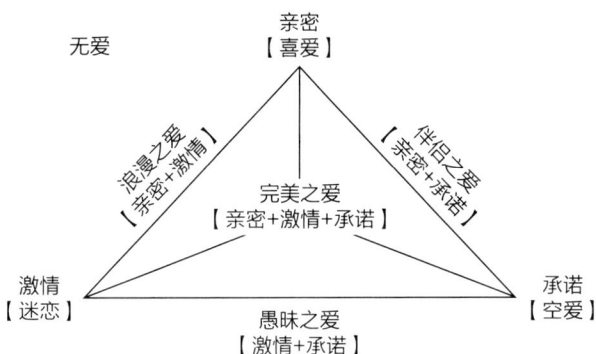

图 4-24　爱情的三个成分组成的八种爱情类型

第一种是无爱（Non Love）：三个成分均不存在，日常生活中的陌生人就是这种类型。

第二种是喜欢（Liking）：只有亲密，但是没有激情和承诺。最典型的是友情，人们对朋友有亲近和温暖的感觉，但是不会有强烈的性冲动或长期承诺。如果人们对朋友有激情或者长期承诺，注意，这有可能就不是友情。斯滕伯格认为判断关系是友情还是其他爱情形态，主要是看对分离的反应。对于友情，人们在彼此长时间分离时会想念这个朋友，但不会沉湎于朋友的缺失。如果关系超越友情，人们对对方离去的反应会很不同，会主动想念对方，并陷入对方不在身边的空虚感。这时候我们与朋友的关系可能是其他类型的爱情，而非仅仅是喜欢。

第三种是迷恋（Infatuated Love）：只有激情，没有亲密和承诺，最典型的是一见钟情。这种类型的特点是有高程度的心理、生理唤起，比如心跳加速、性的反应等。迷恋可能来得迅速，消退也迅速，因为激情是三个成分中比较不稳定的一个。

第四种是空爱（Empty Love）：只有承诺，而无亲密和激情。也就是常说的有婚姻之名却无婚姻之实，最典型的类型是包办婚姻，或者某些婚姻走到了尽头的时候。这个类型和无爱的差别在于：无爱是爱不存在，空爱是爱只剩下一个空壳。

除了以上四种单成分类型的爱情外，还有四种复合成分的爱情。

第五种是浪漫之爱（Romantic Love）：有亲密和激情，但无承诺。这种关系既有身体上的吸引，同时也有情感连接，在文学作品或者影视作品中最为常见。

第六种是伴侣之爱（Companionate Love）：有亲密和承诺，但无激情。斯滕伯格认为这种关系常见于经历很长时间的婚姻，比如让我们在日常生活中颇受感动的手牵手逛街或一起晒太阳的老爷爷和老奶奶的婚姻。

第七种是愚昧之爱（Fatuous Love）：只有激情和承诺，但是没有亲密。日常生活中的一些闪婚很可能就属于这种类型。由于这种关系起于激情，但缺乏亲密，对对方没有很好的了解，关系可能会很不稳定，这也是闪婚容易闪离的原因。

第八种是完美之爱（Consummate Love）：包含爱情的三个成分，这是很多人期望和追求的爱情。斯滕伯格用减肥做比喻，完美之爱就像是减肥的目标，达到减肥的目标比维持减肥的目标更容易。也就是说可能拥有完美之爱相对容易，但要维持完美之爱需要付出很大的努力。

下面提供了斯滕伯格编制的爱情三元论量表，如果你感兴趣的话，可以评估一下目前你的关系中三种成分的水平。

思考

你可以利用爱情三元论来分析你目前的关系，你们的亲密、激情和承诺处在哪一个发展阶段，以及你们的关系属于哪种类型？如果你期望长久地维持这段关系，可以从哪些成分着手努力？

小测验

爱情三元论量表 [①]

你可以在下面的横线上填上与你存在某种关系的一个人，请你根据自己对他的感觉补全下面的描述，在每一个描述下相应的选项选择符合你对他的感觉的一项。

1. 我无法想象还有谁能够像＿＿＿＿＿＿那样令我快乐。

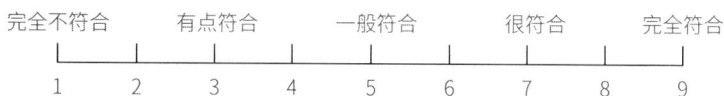

完全不符合	有点符合	一般符合	很符合	完全符合
1 2	3 4	5 6	7 8	9

2. 对我来说，＿＿＿＿＿＿和我的关系比什么都重要。

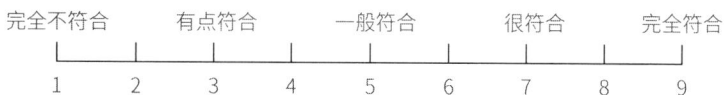

完全不符合	有点符合	一般符合	很符合	完全符合
1 2	3 4	5 6	7 8	9

[①] 这个量表是作者根据斯滕伯格的原始英文版量表进行翻译而来的，并未进行中文版修订，不能作为研究或者诊断之用。该量表不能被用于进行爱情三元论的类型划分，只能反映三个爱情成分的多寡。

3. 我跟_____的关系很温暖，令我感到很舒服。

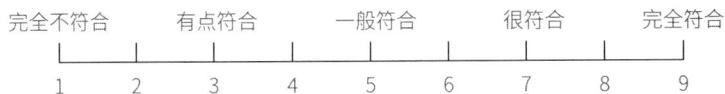

完全不符合　　　有点符合　　　一般符合　　　很符合　　　完全符合

1　　2　　3　　4　　5　　6　　7　　8　　9

4. 我总是对_____有强烈的责任感。

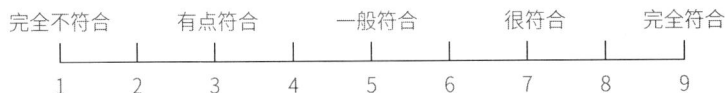

完全不符合　　　有点符合　　　一般符合　　　很符合　　　完全符合

1　　2　　3　　4　　5　　6　　7　　8　　9

5. 我期望自己对_____的爱此生永不渝。

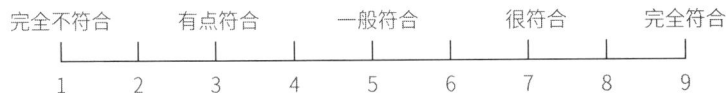

完全不符合　　　有点符合　　　一般符合　　　很符合　　　完全符合

1　　2　　3　　4　　5　　6　　7　　8　　9

6. 我跟_____亲密无间。

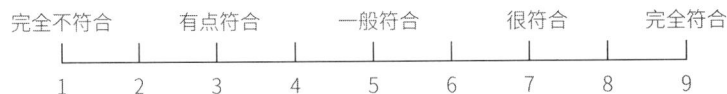

完全不符合　　　有点符合　　　一般符合　　　很符合　　　完全符合

1　　2　　3　　4　　5　　6　　7　　8　　9

7. 我跟_____的关系非常浪漫。

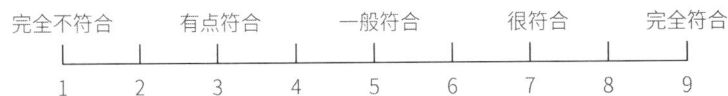

完全不符合　　　有点符合　　　一般符合　　　很符合　　　完全符合

1　　2　　3　　4　　5　　6　　7　　8　　9

8. 我无法想象自己会跟_____结束关系。

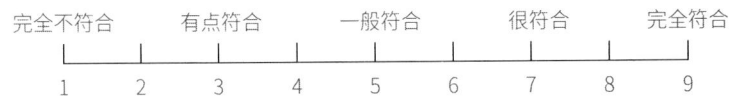

完全不符合　　　有点符合　　　一般符合　　　很符合　　　完全符合

1　　2　　3　　4　　5　　6　　7　　8　　9

9. 我相信自己和_____的关系会天长地久。

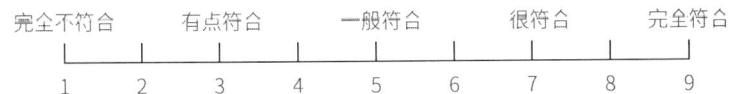

完全不符合　　　有点符合　　　一般符合　　　很符合　　　完全符合

1　　2　　3　　4　　5　　6　　7　　8　　9

10. 我非常为＿＿＿＿＿＿的幸福着想。

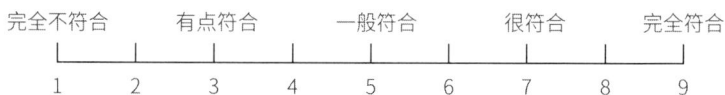

完全不符合		有点符合		一般符合		很符合		完全符合
1	2	3	4	5	6	7	8	9

11. 我跟＿＿＿＿＿能互相理解。

完全不符合		有点符合		一般符合		很符合		完全符合
1	2	3	4	5	6	7	8	9

12. 我从＿＿＿＿＿那里得到相当多的情感支持。

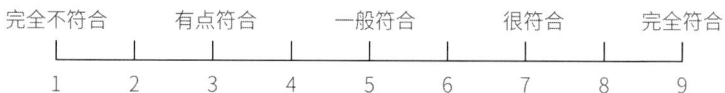

完全不符合		有点符合		一般符合		很符合		完全符合
1	2	3	4	5	6	7	8	9

13. 如果没有＿＿＿＿＿，我无法想象人生会变成什么样。

完全不符合		有点符合		一般符合		很符合		完全符合
1	2	3	4	5	6	7	8	9

14. 有需要的时候，我可以指望＿＿＿＿＿。

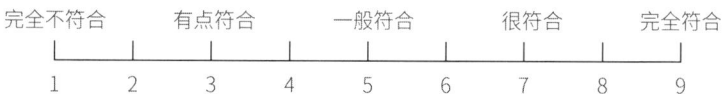

完全不符合		有点符合		一般符合		很符合		完全符合
1	2	3	4	5	6	7	8	9

15. 我对＿＿＿＿＿非常倾心。

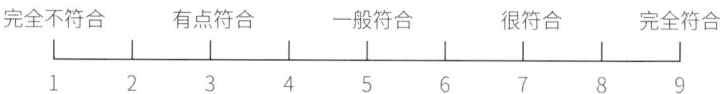

完全不符合		有点符合		一般符合		很符合		完全符合
1	2	3	4	5	6	7	8	9

16. 我对＿＿＿＿＿日思夜想。

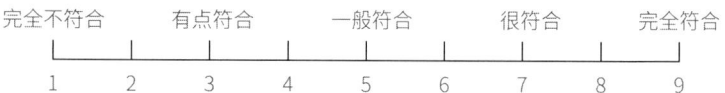

完全不符合		有点符合		一般符合		很符合		完全符合
1	2	3	4	5	6	7	8	9

17. 不过经历多少艰难，我都会和＿＿＿＿＿＿在一起。

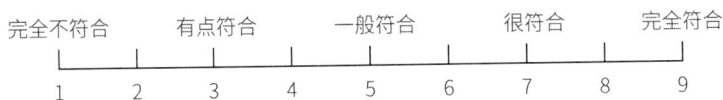

完全不符合		有点符合		一般符合		很符合		完全符合
1	2	3	4	5	6	7	8	9

18. ＿＿＿＿＿＿有需要的时候可以指望我。

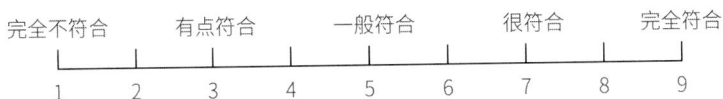

完全不符合		有点符合		一般符合		很符合		完全符合
1	2	3	4	5	6	7	8	9

19. 仅是见到＿＿＿＿＿＿就会让我兴奋起来。

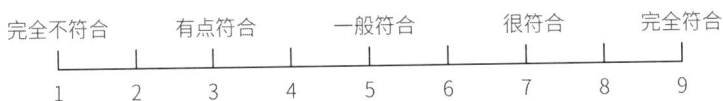

完全不符合		有点符合		一般符合		很符合		完全符合
1	2	3	4	5	6	7	8	9

20. 我把我对＿＿＿＿＿＿的承诺视为一种原则。

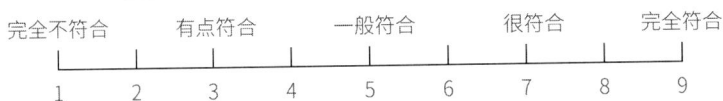

完全不符合		有点符合		一般符合		很符合		完全符合
1	2	3	4	5	6	7	8	9

21. 我很确定自己对＿＿＿＿＿＿的爱。

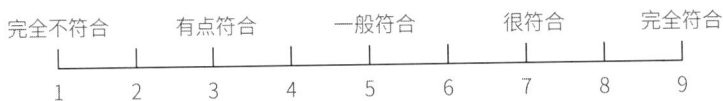

完全不符合		有点符合		一般符合		很符合		完全符合
1	2	3	4	5	6	7	8	9

22. 我发现＿＿＿＿＿＿非常有吸引力。

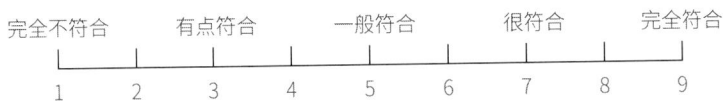

完全不符合		有点符合		一般符合		很符合		完全符合
1	2	3	4	5	6	7	8	9

23. 我非常珍惜＿＿＿＿＿＿出现在我生命里。

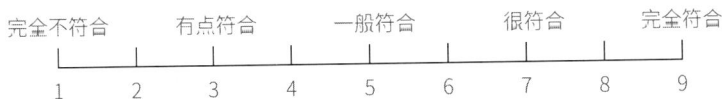

完全不符合		有点符合		一般符合		很符合		完全符合
1	2	3	4	5	6	7	8	9

24. 我对_____充满幻想。

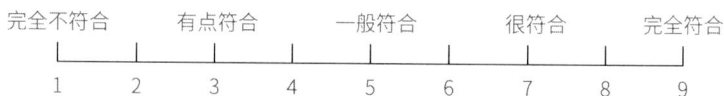

完全不符合　　　有点符合　　　　一般符合　　　　很符合　　　　完全符合

1　　2　　3　　4　　5　　6　　7　　8　　9

25. 我已经决定，要好好爱_____。

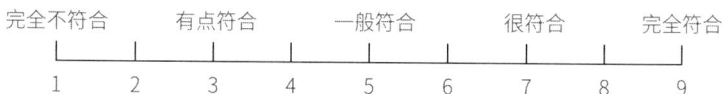

完全不符合　　　有点符合　　　　一般符合　　　　很符合　　　　完全符合

1　　2　　3　　4　　5　　6　　7　　8　　9

26. 我很乐意把自己和我拥有的东西与_____分享。

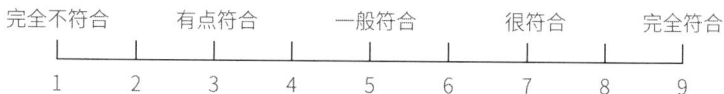

完全不符合　　　有点符合　　　　一般符合　　　　很符合　　　　完全符合

1　　2　　3　　4　　5　　6　　7　　8　　9

27. 我承诺要维系我和_____的关系。

完全不符合　　　有点符合　　　　一般符合　　　　很符合　　　　完全符合

1　　2　　3　　4　　5　　6　　7　　8　　9

28. 我和_____之间的关系有种"奇妙"的感觉。

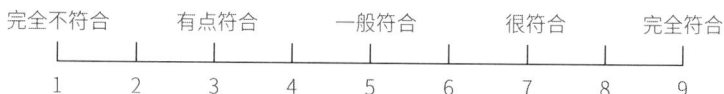

完全不符合　　　有点符合　　　　一般符合　　　　很符合　　　　完全符合

1　　2　　3　　4　　5　　6　　7　　8　　9

29. 我和_____很亲近。

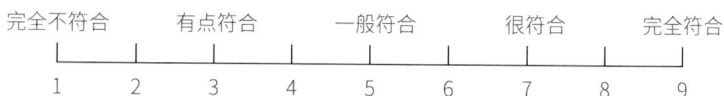

完全不符合　　　有点符合　　　　一般符合　　　　很符合　　　　完全符合

1　　2　　3　　4　　5　　6　　7　　8　　9

30. 我认为我和_____的关系至少是经过深思熟虑的。

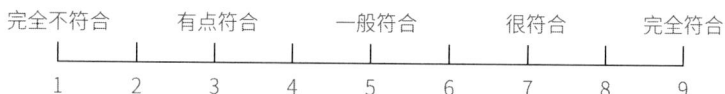

完全不符合　　　有点符合　　　　一般符合　　　　很符合　　　　完全符合

1　　2　　3　　4　　5　　6　　7　　8　　9

31. 我不会让任何事妨碍我对＿＿＿＿＿＿的承诺。

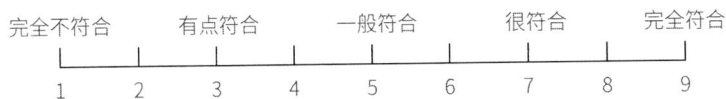

| 完全不符合 | | 有点符合 | | 一般符合 | | 很符合 | | 完全符合 |
| 1 | 2 | 3 | 4 | 5 | 6 | 7 | 8 | 9 |

32. 我和＿＿＿＿＿＿感情很亲密。

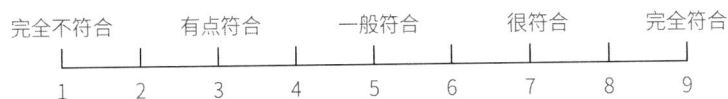

| 完全不符合 | | 有点符合 | | 一般符合 | | 很符合 | | 完全符合 |
| 1 | 2 | 3 | 4 | 5 | 6 | 7 | 8 | 9 |

33. 我和＿＿＿＿＿＿的关系令人兴奋激动。

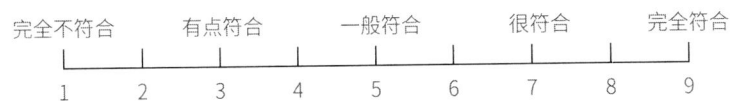

| 完全不符合 | | 有点符合 | | 一般符合 | | 很符合 | | 完全符合 |
| 1 | 2 | 3 | 4 | 5 | 6 | 7 | 8 | 9 |

34. 我对自己和＿＿＿＿＿＿的稳定关系很有信心。

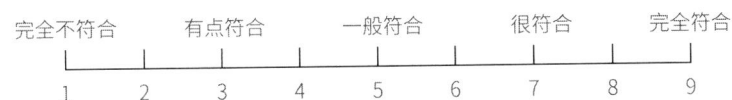

| 完全不符合 | | 有点符合 | | 一般符合 | | 很符合 | | 完全符合 |
| 1 | 2 | 3 | 4 | 5 | 6 | 7 | 8 | 9 |

35. 我给＿＿＿＿＿＿相当多的情感支持。

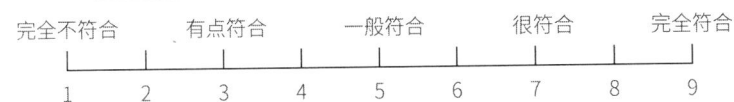

| 完全不符合 | | 有点符合 | | 一般符合 | | 很符合 | | 完全符合 |
| 1 | 2 | 3 | 4 | 5 | 6 | 7 | 8 | 9 |

36. 我特别喜欢送礼物给＿＿＿＿＿＿。

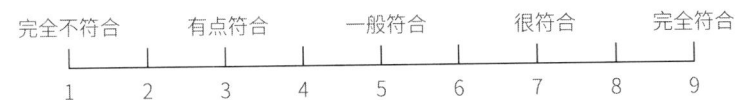

| 完全不符合 | | 有点符合 | | 一般符合 | | 很符合 | | 完全符合 |
| 1 | 2 | 3 | 4 | 5 | 6 | 7 | 8 | 9 |

把相应题目的选项分数填写在下面的表格里，并求得每个成分的平均分：

亲密	3	6	10	11	12	14	18	23	26	29	32	35	平均分
激情	1	2	7	13	15	16	19	22	24	28	33	36	平均分
承诺	4	5	8	9	17	20	21	25	27	30	31	34	平均分

书籍推荐

[1] 《爱情心理学》（作者：【美】罗伯特·J.斯滕伯格、【美】凯琳·斯滕伯格）

[2] 《爱情是一个故事：斯滕伯格爱情新论》（作者：【美】罗伯特·J.斯滕伯格）

成人依恋

七、看不见的"爱人"

这是一个真实案例，我给这个案例起名叫"只能谈异地恋的女孩"。

几年前有一个女孩来上我的心理学课，她长得非常漂亮，很有能力，性格也很好，她来上课的原因是男朋友要和她分手，她希望能通过学习心理学尝试挽回男朋友。

和很多来学习心理学的朋友一样，这个女孩来学习的目的也是改变他人。我告诉她，心理学无法帮助她改变男朋友，但也许可以帮助她改变自己。

我问她男朋友要和她分手的原因是什么，她告诉我，她有一个连自己都无法理解的奇怪恋爱习惯，就是无法接受近距离的恋爱，只能接受异地恋。而男朋友和她提出分手，是因为在他们确定关系后，见面时她总是喜欢翻看男朋友的手机，确认他是否和前女友联系。男朋友对她发誓说没有，但她对此就是不放心，还很喜欢用关于前女友的问题来激怒男朋友，后来男朋友受不了提出分手。

她和前任的分手也是出于同样的原因。她感觉每一段关系都像在重复同样的经历：从开始时的甜蜜，到因为前女友的事情吵架，再到对方受不了她提出分手。陪她一起来上课的朋友在旁边插嘴说："她这么优秀，追她的人特别多，但我就是搞不懂她为什么偏偏喜欢异地恋，而且又不放心男朋友，折腾到最后总是被分手。"

这个案例其实是众多亲密关系案例中比较典型的一个，你觉得导致女孩形成这种奇怪的恋爱模式的原因会是什么？你会从哪些角度切入来帮她思考这个问题？有些人可能会想到"原生家庭"，不过在这个主题里我会从另一个心理学理论——成人依恋（Adult Attachment）来分析我们的亲密关系模式形成。

1. 成人依恋的表征

依恋是一个心理学的专业术语，是指幼儿和照顾者（一般是母亲）在生命早期的互动过程中形成的一种情感上的联结和纽带，一般从 9 个月大开始。而成人依恋也称依恋的内部工作模式。精神分析学家约翰·鲍比（John Bowlby）认为，成人依恋是在婴儿或儿童期与父母的互动过程中发展起来的一套对他人和自我的心理表征，这套内部工作模式对长大之后的人际关系，尤其是亲密关系影响颇深。

成人依恋包含两个重要的心理表征：一个是对依恋的对象，在早期是对父母的表征，另一个是对自己的表征，每一个表征又可以被分为积极表征和消极表征（见图 4-25）。

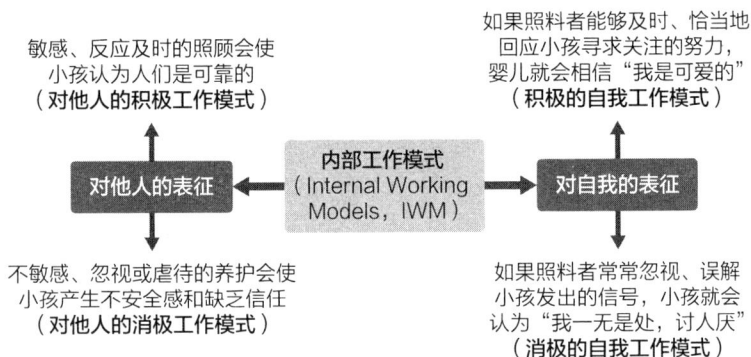

图 4-25　成人依恋的表征

先来看对依恋对象的表征。小的时候我们无法照顾自己、满足自己的需要，如果父母能够敏感地觉察并且及时回应我们的需要，我们会觉得他们是靠谱的，并且就会发展出一种认为别人是有反应并且可靠的信念，这是对他人的积极工作模式；相反，如果父母无法觉察我们的需要，忽视或者虐待我们，我们就会产生不安全感并会觉得他们不靠谱，这是对他人的消极工作模式。

再来看对自己的表征。如果父母能及时、恰当地满足我们的需要，那我们会相信自己是惹人爱的小孩，这是积极的自我工作模式。但是如果父母忽视或者误解了我们的信号，我们可能就会怀疑自己，认为自己是一无是处、讨人厌的小孩，这是消极的自我工作模式。

这两种表征都是在我们与照料者的长期互动中慢慢形成的。

2. 四种类型的成人依恋

心理学家巴斯洛缪（Bartholomew）在鲍尔比的理论基础上，根据个体对自己和他人的表征将成人依恋分为四种类型（见图4-26）。

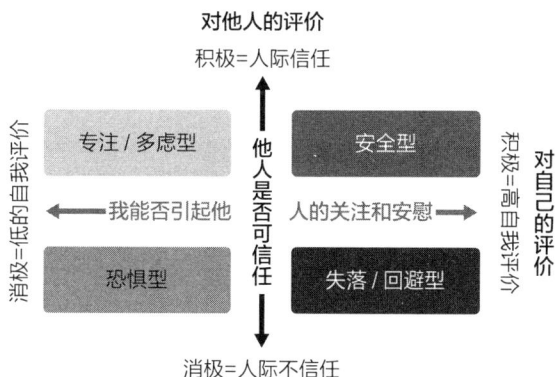

图4-26　成人依恋的四种类型

到成年期，在亲密关系中对自己的表征就是自己是否有能力得到他人的爱。觉得自己有能力得到想要的爱，即积极的自我评价；觉得自己无法得到想要的爱，则是消极的自我评价。对他人的表征——一般指伴侣，就是他人是否能够给我们想要的爱，我们如果认为他人可以给我们想要的爱，就会信任他，如果觉得他人无法给我们想要的爱，则就会不信任他。

这两个表征形成一个坐标轴，坐标轴的四个区代表了四种不同类型的成人依恋。下面逐一分析这些成人依恋是怎么形成以及如何影响亲密关系的。

　　第一种依恋风格是安全型依恋，这种类型的人相信自己能够获得自己想要的爱，同时也相信别人能够给我们想要的爱。这可能源自小的时候父母能够敏感觉察并及时满足孩子的需要，在这样的亲子关系中孩子会发展出对自己的自信同时又信任他人。长大后，他们会对亲密关系和互相依赖感到很自在，会快乐地寻求与他人建立亲密关系。这是一种适应良好的依恋。

　　下面的三种则是不安全型依恋，在亲密关系中可能会存在一些适应问题。

　　我们先来看第二种依恋风格——失落型，也可以称为回避型，这种类型的人对自己有积极的评价，但对他人并不信任。根据上述父母与孩子的互动对孩子对他人和自我的表征的影响，你觉得什么亲子互动模式会形成这种依恋？很多人在直觉上认为父母过度溺爱孩子会形成这种依恋。其实不然，研究者认为在这种亲子关系中，孩子能够引起父母的注意，但是父母在满足孩子的需要时过于武断和不敏感。也就是我是值得别人爱的孩子，但是别人给我的东西不是我需要的，久而久之我会感到失落，并且回避他们。

　　网络上曾流行一句话"世界上有一种冷，叫作你妈觉得你冷"，我认为这就是非常典型的失落型成人依恋形成的亲子关系模式。

　　假设你小的时候家里经济条件不大好，你妈妈攒了一个月工资给你买了一件衣服，放学后她拿出来叫你赶紧试试合不合身，你一看，觉得这件衣服太难看了。

　　你抗拒说："妈，这件衣服太难看了，我不要。"

　　妈妈立刻怒了："妈妈省吃俭用给你买了这件衣服，你还挑三拣四，妈妈以前都没有新衣服穿，只能穿表姐不要的衣服……"

你迫于妈妈的压力勉强穿上这件衣服，但是第二天一到学校，全班的同学都在取笑你穿得像个土包子。你感到很难受，回到家打开门哇的一声就哭了出来，你告诉妈妈："今天大家都在取笑我的衣服土。"然后你妈妈不耐烦地说："小孩子懂什么，妈妈的心意才最重要。"

在这种情况下，你会好好珍惜妈妈给你买的这件衣服吗？可能并不会，你甚至有可能趁妈妈不注意用刀片把衣服割破，这样你就可以不用穿它了。

如果你和父母是这种互动模式，长大后这件衣服就很有可能会变成一段又一段不被你珍视的感情。

在上面这个例子中，母亲关注了孩子的需要，但是她用了一种她自认为好的方式来关心孩子，却忽视了孩子真正想要满足的需要。孩子想要的不只是一件衣服，而是一件自己喜欢也会受到其他同学肯定的衣服，但妈妈并没有看到孩子的这个需要。

这个妈妈很有可能在自己小时候常常没有新衣服穿，小时候的她，如果能够拥有一件新衣服，那会是一件非常幸福的事情，她不会考虑这件衣服好不好看。但是她的孩子有条件穿新衣服，所以孩子想要的是好看的衣服。

很多父母都认为自己爱孩子、对孩子好，但问题出在父母爱孩子的方式往往是从自己的角度出发，而不是从孩子的需要角度出发，这就是为什么有时候孩子会看不到父母的爱，也无法体谅父母的苦心，因为父母把自己的需要错位在孩子身上进行满足。这其实也是很多亲子关系出问题的根本原因。

在这种模式下，长大的孩子对重要情感关系会感到漠然，因为他人无法看到自己的需要，那自己就不需要他们，他们学会自我满足，也拒绝他人的帮助，别人喜不喜欢自己不是他们关心的问题。这种人在关系中会比较被动，往往会以自我为中心不考虑伴侣，还会把伴侣的付出和努力视为理所当然或对此视而不见，长此以往会让伴侣对关系感到绝望。

而第三种专注型依恋则和刚才的回避型完全相反，我认为把这个类型称为多虑型可能更能反映其特点。这种类型的人总是觉得他人很好，自己配不上。

什么样的亲子互动模式可能会形成这种类型？

假设小时候你妈妈对待你的方式可能受到她心情的影响。她心情好，会给你做一大桌菜；她心情不好，也许会饿你两三天。在这种情况下，你可能会大哭大闹，然后你妈妈才知道你肚子饿了。这种模式就是小孩子有需要，有时能但不是总能引起看护者的关心。这时候他们会怀疑自己不是惹人爱的孩子，对建立情感链接会过于执着，而且非常害怕关系离他们而去。

长大后，在亲密关系中，这种类型的人可能会对自己很不自信，他们没有什么主见，对伴侣言听计从。如果你的伴侣是这种类型，最初你会觉得挺幸福，因为他什么都听你的，但是他的言听计从背后存在一个需要，就是你要爱他，不能离开他。这种人在关系中会表现得非常不安，任何风吹草动在他的内心就会生出一堆毫无根据的担忧。

假设你的伴侣属于多虑型依恋，今天早上起来他非常不安地问你："你是不是不爱我了，你是不是在外面有人了？"你问他为什么会这么想，他说："你以前每天都会发一百条信息说你爱我，昨天晚上我数了一下，昨天只发了99条，昨晚我想了一晚，最后那条你到底发给谁了。"这种类型的伴侣对爱的索取和确认有时会让你感到窒息。

第四种是恐惧型依恋，这种类型相对少见。形成这种成人依恋的原因比较特殊，心理学家认为这种类型的成人依恋可能是其在童年期遭受养护者的虐待而致（这种虐待包括精神和身体两种）。这导致他们一方面非常渴望被爱，另一方面又非常害怕在亲密关系中受到伤害，为了避免再次受到伤害，他们可能会避免与他人建立亲密关系。

这种类型和失落型有一定的区别，失落型成人依恋可能并不需要亲密关系，而这种类型的人内心非常渴望亲密关系，希望依靠成年后的亲密关系弥补童年期不曾得到过的爱，但是他们同时又恐惧亲密关系，因为亲密关系可能会再一次给他们带来伤害。

在这个坐标轴中，我们需要留意处于对角线的回避型和多虑型，这两种类型刚好处于依恋的两个极端方向。如果一对伴侣刚好是这两种类型，那我们可以预测他们的亲密关系可能会充满很多的矛盾和冲突，因为他们对亲密关系的定义有很大不同。

不过也有研究显示，女性是多虑型、男性是回避型的依恋组合，其关系也可能会比较稳定。心理学家认为这可能与文化中对男女两性的刻板印象有关，女性可以黏人一些，而男性也可以酷一些。相反，研究发现，女性是回避型、男性是焦虑型的组合，其关系可能不会太持久。

不过，成人依恋只是亲密关系质量中比较重要的影响因素之一，其他因素对亲密关系的影响也需要被考虑。

重新回到只能进行异地恋的女孩子的案例上来。

我当时并没有急于解决她的分手问题，而是对她的恋爱模式的两个特点很好奇：第一，为什么非要异地恋？第二，为什么非要折腾男友和前女友的事情？

她说她也不知道，只是觉得短距离的恋爱每天都腻在一起，太麻烦了，异地恋可以让双方保留一些自己的空间，想见面就见面，不想见面就不见面。然而，大部分在恋爱中的人都恨不得每时每刻和对方腻在一起。

后来我邀请她给我讲讲小时候和父母的生活中让她印象最深刻的事情。她说，小时候对父母的印象很模糊，她有很长一段时间和外公外婆住在一起，她的父母由于工作原因经常不在家，她也不清楚自己的父母在做什么。她印象比较深刻的是，有时她一觉醒来发现父母已经在家里了，也有时候她一觉醒来发现他们已经走了……

那么她和父母的生活模式与她成年后的恋爱模式之间的关系是怎样的？

从依恋角度看，童年期和父母的长期分离，会影响她对关系中自我的评价，她会对自己是不是一个值得被人爱的小孩产生怀疑。如果她是一个值得被人爱的小孩，她的父母应该在她身边照顾她。同时这种模式也会影响她对他人的评价，她会怀疑别人是否会爱她。如果父母爱她，会在她身边照顾她。

在她成年后的亲密关系中，即使她很漂亮，也很有能力，但她仍然怀疑自己是不值得被人爱的人，同时她会怀疑对方是否真的爱她，这也是她为什么在男友反复告诉她与前女友没有任何联系的情况下还执着于这个问题，因为她在检验对方是否真的爱自己。

不仅如此，这个案例还涉及异地恋和前女友这两个特殊的因素。

首先，她在小时候没有一直和最亲密的人（父母）在一起生活，所以，她不知道怎么和亲密的人天天在一起，这是她选择异地恋的原因。天天腻在一起，这不是她熟悉的模式，她会很没有安全感。

这也是我们很多人明知道父母养育我们的方式不好，但在潜移默化中还是继续采用这种方式养育自己的孩子的原因，因为那是最熟悉的模式。当然，也有些人会选择完全相反的模式，小时候没有在一起，长大后就希望能天天在一起，来弥补小时候的缺失。

其次，养育者行为的可预测性在早期依恋形成中非常重要，如果养育者的行为不可预测，会导致婴儿焦虑不安，他会用不同的方法，比如通过哭闹来测试养育者，从而获得对行为的预测，这样他才能获得对关系的控制感。

在这个只能进行异地恋的女孩的案例中，其父母和其他父母很不一样，他们的行为非常不具可预测性。在正常情况下，分离的父母将会在节假日回来、节假日结束后离开，但是她和父母的重聚与分离具有显著的不可预测性，这种不可预测性导致她对亲密关系产生很多不安全感。她需要用一些方法来保证对关系的控制，执着于前女友问题的行为背后其实是她担心男友有一天也会像她的父母一样没有征兆地离开她，而前女友可能在她看来是最大的隐患。但她这么做可能会产生两种结果：一种是留住了男友，获得关系；还有一种就是男友受不了而离开她，以往的这种经历也加深了她对关系不可预测的不安感。

当然，对于这个案例，我们还可以从其他的心理学角度进行思考，我也非常鼓励你尝试从不同的角度来分析这个案例。

人们之所以在亲密关系中总是容易陷入同一种恶性循环，很多时候都是因为成人依恋在背后运转。了解自己的成人依恋模式才能对外部行为模式有更好的理解，这里就需要有比较好的自我觉察能力。

人一直在成长和变化，所以学习成人依恋只是帮助我们理解自己的亲密关系模式，而非将自己困死在过往的经历中。与其归责父母，不如学会成长和改变，亲密关系幸福与否很重要，而更重要的是学会怎样在亲密关系中重新认识自己，调整我们已经固化的不良模式。

结束一段关系的不是我们的过去，而是拒绝成长和改变。如果你的亲密关系一直都存在很多问题又无法解决，我还是建议你寻求专业心理咨询师的帮助。

如果你想对自己的依恋风格有所了解，下文提供了一个成人依恋量表，你可以尝试一下。

思考

通过对这个主题的学习你对自己的亲密关系模式是否有了新的认识？你会做哪些新的尝试和改变？

小测验

成人依恋量表

请阅读下列语句，并衡量你对情感关系的感受程度，请考虑你的所有关系（过去的和现在的），并回答有关你在这些关系中通常感受的题目。如果你从来没有卷入情感关系中，请按你认为的情感会是怎样的来回答。

1. 我发现与人亲近比较容易。

   ①完全不符合　②较不符合　③不确定　④较符合　⑤完全符合

2. 我发现要去依赖别人很困难。

   ①完全不符合　②较不符合　③不确定　④较符合　⑤完全符合

3. 我时常担心情侣并不真心爱我。

   ①完全不符合　②较不符合　③不确定　④较符合　⑤完全符合

4. 我发现别人并不愿像我希望的那样亲近我。

   ①完全不符合　②较不符合　③不确定　④较符合　⑤完全符合

5. 能依赖别人让我感到很舒服。

　　①完全不符合　②较不符合　③不确定　④较符合　⑤完全符合

6. 我不在乎别人太亲近我。

　　①完全不符合　②较不符合　③不确定　④较符合　⑤完全符合

7. 我发现当我需要别人的帮助时，没人会帮我。

　　①完全不符合　②较不符合　③不确定　④较符合　⑤完全符合

8. 和别人亲近使我感到有些不舒服。

　　①完全不符合　②较不符合　③不确定　④较符合　⑤完全符合

9. 我时常担心伴侣不想和我在一起。

　　①完全不符合　②较不符合　③不确定　④较符合　⑤完全符合

10. 当我对别人表达我的情感时，我害怕他们与我的感觉会不一样。

　　①完全不符合　②较不符合　③不确定　④较符合　⑤完全符合

11. 我时常怀疑伴侣是否真正关心我。

　　①完全不符合　②较不符合　③不确定　④较符合　⑤完全符合

12. 我对别人建立亲密的关系感到很舒服。

　　①完全不符合　②较不符合　③不确定　④较符合　⑤完全符合

13. 当有人在情感上太亲近我时，我感到不舒服。

　　①完全不符合　②较不符合　③不确定　④较符合　⑤完全符合

14. 我知道当我需要别人的帮助时，总有人会帮我。

　　①完全不符合　②较不符合　③不确定　④较符合　⑤完全符合

15. 我想与人亲近，但担心自己会受到伤害。

　　①完全不符合　②较不符合　③不确定　④较符合　⑤完全符合

16. 我发现我很难完全信赖别人。

　　①完全不符合　②较不符合　③不确定　④较符合　⑤完全符合

17. 伴侣想要我在情感上更亲近一些，这常使我感到不舒服。

①完全不符合　②较不符合　③不确定　④较符合　⑤完全符合

18. 我不能肯定，在我需要时，总找得到可以依赖的人。

①完全不符合　②较不符合　③不确定　④较符合　⑤完全符合

量表说明及评分规则：请把你对每一道题所选的选项前的数值填写在下面表格相应的题号下并计算平均分。

亲近依赖	1	2	5	6	7	8	12	13	14	16	17	18	平均分
焦虑	3	4	9	10	11	15							平均分

安全型：亲近依赖均分＞3，且焦虑均分＜3

专注／多虑型：亲近依赖均分＞3，且焦虑均分＞3

失落／回避型：亲近依赖均分＜3，且焦虑均分＜3

恐惧型：亲近依赖均分＜3，且焦虑均分＞3

影响亲密关系的因素

八、为什么爱会"随风而逝"

为什么很多时候在关系开始时，我们都坚信彼此是天作之合，信誓旦旦"山无棱，天地合，乃敢与君绝"。但生活不是童话，很多时候"王子"和"公主"并不能幸福地生活在一起。在这个主题中我们来看看心理学的研究怎样回答为什么有些爱情会走向分崩离析。

1. 爱情"刽子手"

心理学家约翰·戈特曼（John Gottman）对 70 多对婚龄为 5 年左右的夫妻进行跟踪研究，结果发现，在结婚四年后 12.5% 的夫妻已经离婚，24.7% 已经分居，49.3% 在考虑离婚。特德·休斯顿（Ted Huston）对 168 对新婚夫妇进行了 13 年以上的跟踪研究，发现在结婚 13 年后，33.3% 的夫妻已经离婚。泰瑞·奥巴奇（Terri Orbuch）对 199 对欧洲裔新婚夫妻和 174 对非洲裔新婚夫妻进行了长达 16 年的跟踪研究，他们发现在结婚 16 年后 36% 的欧洲裔夫妻和 55% 的非洲裔夫妻已经离婚。

面对这些统计数字，不禁会生出一个值得思考的问题："杀死"婚姻的"刽子手"是什么？

戈特曼等人认为爱情的杀手可能就隐藏在夫妻之间的沟通互动模式中。他和同事对 79 对夫妻进行了一项长达四年的跟踪，他们邀请这些夫妇来到实验室，并让夫妻二人就双方在婚姻中存在最严重冲突的问题进行讨论，持续 15 分钟。研究者对他们的讨论过程进行录像，事后对他们在讨论过程中的反应进行分析。

他们发现这些夫妻在讨论过程中的反应分为以下两类。

正向交流：对问题的中立或正向描述，问题导向的信息、幽默地笑等；

负向交流：抱怨、批评、采用"对，但是……"这种说话方式，以及防御和恶化的负面情绪等。

研究者把正向交流减去负向交流，并根据这个结果把夫妻分为以下两种类型。

调节型夫妻：婚姻低风险的夫妻；

无调节型夫妻：婚姻高风险的夫妻。

他们发现，婚姻低风险的夫妻在讨论婚姻中严重问题时正向交流占了上风。相反，婚姻高风险的夫妻在交流过程则出现更多的负向交流。

研究者同时对夫妻互动中的一些消极行为表现进行了分析，发现婚姻低风险的夫妻在互动过程中比婚姻高风险的夫妻更少出现防御、冲突卷入、固执和退缩行为。另外，妻子会比丈夫表现出更多消极应对行为（见图4-27）。

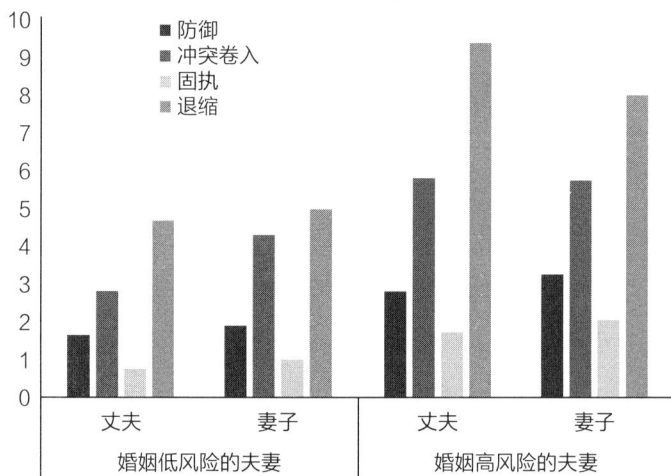

图4-27　不同婚姻风险的夫妻在交流中出现的消极行为

不仅如此，戈特曼和同事还跟踪研究了这些夫妻随后四年中的婚姻和生活质量，他们发现，这两类夫妻后续的婚姻质量上存在明显的差异，婚姻低风险的夫妻在研究开始的时候和四年后都要比婚姻高风险的夫妻对他们的婚姻更加满意，并且在随后四年中，婚姻低风险的夫妻考虑离婚、分居和实际离婚的比例也要显著低于高风险夫妻（见图 4-28 ）。

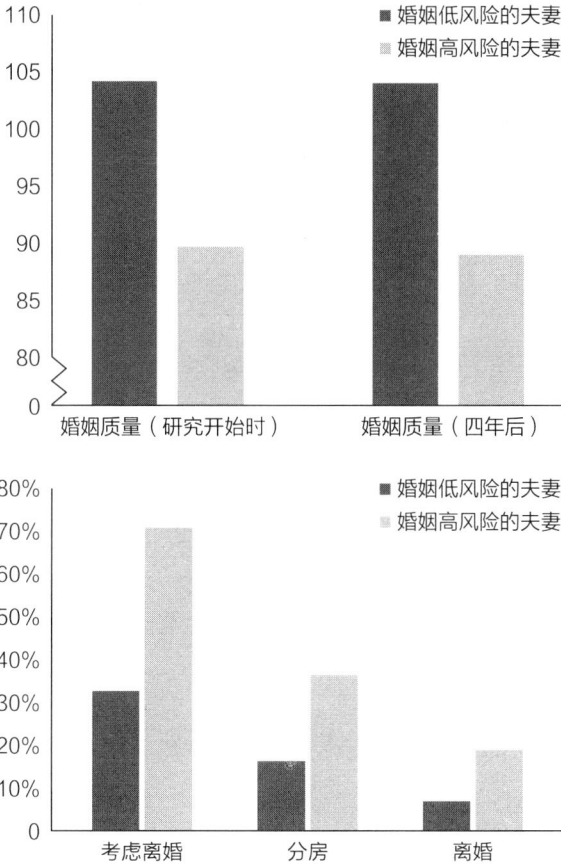

图 4-28　不同婚姻风险夫妻四年的婚礼质量

在跟踪的四年中，高风险夫妻的生病情况、婚姻中出现严重问题的程度都要高于低风险夫妻，并且他们自己也认为夫妻之间的互动更为消极（见图 4-29）。

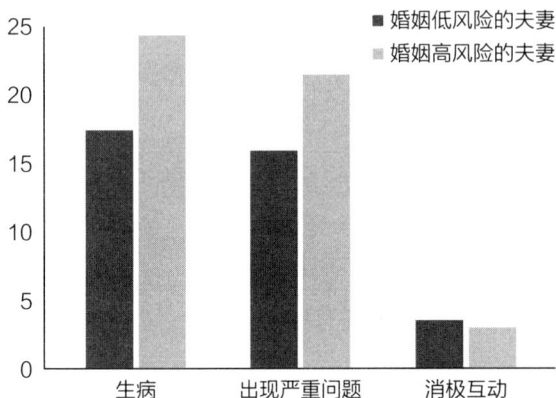

图 4-29　不同婚姻风险的夫妻出现生病问题情况

注：图中消极互动分数越低表示越消极。

最后，戈特曼根据他们对 2000 多对夫妇的观察研究指出，健康的婚姻并不一定没有冲突，而是夫妻双方能够调和差异，并且他们的感情能够胜过互相的指责。在成功的婚姻中，积极互动（微笑、触摸、赞美、欢笑）与消极互动（讥讽、反对、羞辱）的数量之比至少是 5∶1。

2. 问题可能在关系之初就已经露出迹象

戈特曼的研究对象是已经结婚几年后的夫妻，那么对于刚步入婚姻或准备步入婚姻的夫妻，有没有什么因素可以预测他们未来的婚姻走向呢？

心理学家特德·休斯顿及其同事对 168 对新婚夫妇进行了长达 13 年的跟踪研究。在这些夫妻结婚时研究人员大量收集了关于他们的求爱经历的数据，并在结婚的前两年里，询问他们对彼此的感觉、对彼此个性的评价和他们在婚姻中的行为表现,研究人员想知道这些因素是否与他们婚姻长时间存续有关。在随后的 13 年里,他们随访这些夫妇,确认他们是否仍然在婚,如果是,他们对婚姻的满意程度如何。

研究者将这些夫妇的婚姻分为以下四类。

幸福的婚姻:伴侣双方都对婚姻满意;

不幸的婚姻:至少有一方是不开心;

早离婚:在结婚后 2~6 年内离婚;

晚离婚:在结婚 7 年以后离婚。

还有一个被单列的类别:闪离,即刚结婚没几个月就立刻离婚。

他们发现闪离夫妇的情感联结很弱,而且他们的关系充满敌对,对彼此很少有爱意。他们对伴侣的积极表达和消极表达的比例情况为:丈夫约为 1:4,妻子约为 1:3,与前文戈特曼研究中成功的婚姻的对应比例刚好相反。研究者认为,这些婚姻可能在恋爱期关系就已经出现很多问题,但是他们期望通过结婚来解决已经存在的问题,却不知这样做不仅没有解决问题,反而将关系推向了无法挽救的局面。所以,如果你们两人在恋爱期间已经存在很多的问题和矛盾,选择用结婚的方式来解决这些问题可能不是一个理智的决策。

而对于其他四类婚姻,研究者跟踪测量了他们在前两年里的情感表达,包括积极表达、消极表达、对对方的爱,及关系中的矛盾程度(见图 4-30)。

幸福的婚姻在积极表达和爱两个方面均较高;早离婚夫妻在爱的体验上最低,且在婚姻前两年中的矛盾最大,矛盾自婚后两个月就一直呈增长的趋势;不幸婚姻的夫妻双方在积极表达和爱的体验上也比较低,在消极表达和矛盾方面则排在第二名。这说明在婚姻的前两年,夫妻之

积极表达

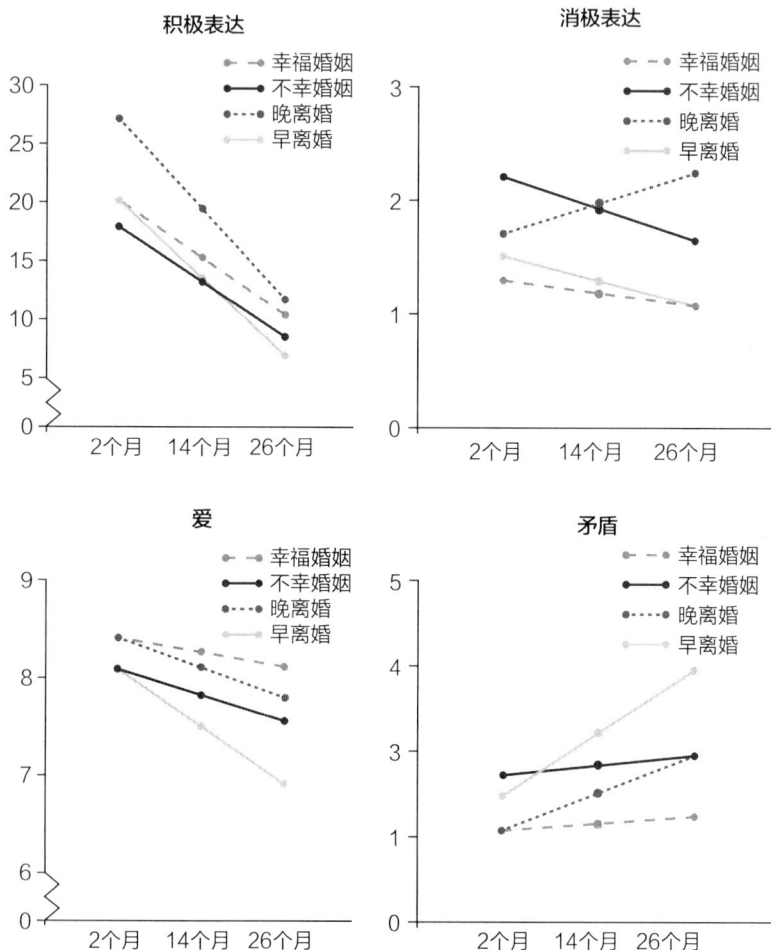

30
25
20
15
10
5
0

- 幸福婚姻
- 不幸婚姻
- 晚离婚
- 早离婚

2个月　14个月　26个月

消极表达

3

2

1

0

- 幸福婚姻
- 不幸婚姻
- 晚离婚
- 早离婚

2个月　14个月　26个月

爱

9

8

7

6

0

- 幸福婚姻
- 不幸婚姻
- 晚离婚
- 早离婚

2个月　14个月　26个月

矛盾

5

4

3

1

0

- 幸福婚姻
- 不幸婚姻
- 晚离婚
- 早离婚

2个月　14个月　26个月

图 4-30　四类婚姻在结婚前两年的情感表达

间的积极和消极表达以及爱的体验和矛盾的水平可以在一定程度上预测
他们婚姻幸福与否。

　　幸福的婚姻在前两年有更多爱的体验，也有更多积极的表达，且消极表达和矛盾比较少；而有问题的婚姻在前两年爱的体验比较少，并伴有更多的消极表达和矛盾。

3. 亲密关系冲突及应对

每个人都期望自己的亲密关系能够岁月静好，但事实上，世界上没有无矛盾冲突的关系，冲突和矛盾并不是导致我们感情破裂的根本原因，我们如何处理冲突和矛盾才是。

心理学家卡里尔·鲁斯布特（Caryl Rusbult）通过研究发现，对于我们处理亲密关系中的冲突和不满的行为可以从两个方面来进行划分：行为是主动的或被动的，行为是具有建设性或是破坏性的。这样我们就可以把应对亲密关系的冲突行为划分为四类（见图4-31）。

图 4-31

先来看关系冲突中的两类建设性行为。

第一种是主动的建设性行为，当关系出现冲突时，会主动尝试改善关系，如和伴侣讨论问题、做某些让步、尝试改变自己或伴侣、从朋友和咨询师那里获取改善相处模式的建议。

第二种是被动的建设性行为，虽然没有积极主动解决问题，但能够以乐观的态度静待关系改变，对关系保持忠诚，在面对批评的时候仍对伴侣表示支持，并祈祷关系有所改善。

另外两种属于破坏性行为。

第一种是主动损害关系，包括提出分手、分居或提出离婚，甚至主动虐待伴侣。

第二种破坏性行为是冷眼旁观任由关系恶化，包括忽视伴侣，很少和伴侣共处，拒绝和伴侣讨论问题，对关系不做任何投入，任由关系恶化。

鲁斯布尔特及其同事的研究发现，破坏性行为对关系的杀伤力要大于建设性行为对关系的修复力。

不仅如此，他们还发现，我们对亲密关系越满意，就越有可能采取主动的建设性行为，而不是选择忽视或者退出关系。但是如果我们对关系不满意或者另有想法，则更有可能退出或者忽视关系。

这种冲突解决方式还与上一节所说的成人依恋风格有关，失落型、回避型依恋的人由于对他人表现出不信任，当他们面对关系冲突或者不满的时候，更有可能采用被动的破坏性的行为，例如可能不会主动修复关系，选择忽视导致关系恶化。安全型或者专注型对他人是信任的，所以他们可能会主动讨论或努力尝试解决问题，但我们也可以预测到多虑型的人由于特别依赖关系，过于执着地保持关系可能会使其变成抱怨。

很多人学习亲密关系课程的目的是希望能找到打开幸福爱情之门的钥匙，让他们能够坐拥永久的幸福，但这把钥匙是不存在的。所有的关系都不可能一成不变,希望取得秘籍后就能高枕无忧的想法往往只是痴人说梦。就算是专门解决感情问题的家庭治疗师,他们的婚姻也可能会破裂。过分信奉某一些研究结果或者观点,会让我们无法看到关系的多样性和复杂性。

任何关系,不管幸福与否,最重要的是在关系中学会自我成长,只有不断地成长,我们才有机会拥有更多的可能。现实中很多的关系都败于伴侣双方停止成长。

那怎么才算成长呢?读书、学习、听课都是成长的一种,最关键的是保持一颗对自己、对他人、对生活好奇的心。

在一千零一夜的故事里,国王为什么一直舍不得杀掉山鲁佐德,因为她的故事总是没有讲完,国王恨不得赶紧天黑,他就又可以躺在床上听她讲故事的续集。这个故事其实是对亲密关系的一个绝佳隐喻。如果我们在关系之初就已经讲完了所有的故事,那后面漫长的日子该怎么过?

双方都保持学习、成长状态,就可以使自己持续拥有很多可能的故事。

如果你对自己和伴侣的冲突解决方式感兴趣,可以尝试一下下面的亲密关系冲突问卷。

思考

你在亲密关系中曾发生过哪些重要的冲突或矛盾,当时你们是如何应对这个冲突或矛盾的?如果可以回到当时,你会不会用新的方式来应对,你会怎么做?

小测验

亲密关系冲突问卷 [1]

下面是一些有关亲密关系冲突的描述，请你根据自己与伴侣的相处情况选择相应的选项。

1. 当我对伴侣不满意时，我会考虑分手。

   ①从不这么做　②偶尔这么做　③常常这么做　④总是这么做

2. 当伴侣说或做我不喜欢的事情时，我会和他谈论是什么让我不安。

   ①从不这么做　②偶尔这么做　③常常这么做　④总是这么做

3. 当我们的关系出现问题时，我会耐心地等待事情好转。

   ①从不这么做　②偶尔这么做　③常常这么做　④总是这么做

4. 当对我的伴侣感到不满时，我宁愿生气而不是直面问题。

   ①从不这么做　②偶尔这么做　③常常这么做　④总是这么做

5. 当我对我们关系中的某些事情感到不安时，我会先静观一段时间看事情是否会自行好转。

   ①从不这么做　②偶尔这么做　③常常这么做　④总是这么做

6. 当我对我的伴侣生气时，我会提分手。

   ①从不这么做　②偶尔这么做　③常常这么做　④总是这么做

7. 当我和伴侣有问题时，我会和他讨论。

   ①从不这么做　②偶尔这么做　③常常这么做　④总是这么做

8. 当伴侣让我感到受伤时，我什么也不说，只是原谅他。

   ①从不这么做　②偶尔这么做　③常常这么做　④总是这么做

---

[1] 这个问卷目前没有中文修订版，这里提供的是作者根据鲁斯布尔特编制的英文版修订而来的，在原始英文问卷中采用 1~9 计分方式，作者将其改为四点量表，由于该版本没有经过心理测量学的检验，不能用于研究或者诊断。

9. 当我真的为伴侣所做之事烦心时，我会牵扯并批评他那些与这个问题无关的事。

①从不这么做 ②偶尔这么做 ③常常这么做 ④总是这么做

10. 当我和伴侣互相生气时，我会留出一段时间让情绪冷静下来而不是立即采取行动。

①从不这么做 ②偶尔这么做 ③常常这么做 ④总是这么做

11. 当我们的关系出现严重问题时，我会采取行动来结束这段关系。

①从不这么做 ②偶尔这么做 ③常常这么做 ④总是这么做

12. 当我真的很生气时，我对伴侣很恶劣（例如，忽视他或者说一些冷酷的话）。

①从不这么做 ②偶尔这么做 ③常常这么做 ④总是这么做

13. 当我对伴侣不满意时，我会告诉他是什么困扰我。

①从不这么做 ②偶尔这么做 ③常常这么做 ④总是这么做

14. 当我对关系不满意时，我会考虑和别人约会。

①从不这么做 ②偶尔这么做 ③常常这么做 ④总是这么做

15. 当伴侣做一些我不喜欢的事情时，我会接受他的缺点和弱点，不会试着去改变他。

①从不这么做 ②偶尔这么做 ③常常这么做 ④总是这么做

16. 当我们之间关系不好的时候，我建议对关系做出一些改变来解决问题。

①从不这么做 ②偶尔这么做 ③常常这么做 ④总是这么做

17. 当我对伴侣感到不安时，我会暂时不理他。

①从不这么做 ②偶尔这么做 ③常常这么做 ④总是这么做

18. 当我对伴侣生气时，我会考虑结束我们的关系。

①从不这么做 ②偶尔这么做 ③常常这么做 ④总是这么做

19. 当我和伴侣互相生气时，我会提出一个折中的解决方案。

①从不这么做 ②偶尔这么做 ③常常这么做 ④总是这么做

20. 当我对伴侣生气时，我会花更少的时间和他在一起（例如，我花更多的时间与朋友在一起，看很长时间的电视，工作更长时间等）。

    ①从不这么做　②偶尔这么做　③常常这么做　④总是这么做

21. 当伴侣没有体谅我时，我会理解他并忘掉这件事情。

    ①从不这么做　②偶尔这么做　③常常这么做　④总是这么做

22. 当我们有问题的时候，我会和他讨论结束我们的关系。

    ①从不这么做　②偶尔这么做　③常常这么做　④总是这么做

23. 我们吵架后，我会马上和伴侣尝试解决问题。

    ①从不这么做　②偶尔这么做　③常常这么做　④总是这么做

24. 当我们的关系有问题时，我会忽略这个问题甚至忘记它。

    ①从不这么做　②偶尔这么做　③常常这么做　④总是这么做

25. 当我们的关系出现严重问题时，我会考虑从其他人（朋友、父母、咨询师）那里获取建议。

    ①从不这么做　②偶尔这么做　③常常这么做　④总是这么做

26. 当我们之间的关系很糟糕的时候，我会做一些事情把伴侣赶走。

    ①从不这么做　②偶尔这么做　③常常这么做　④总是这么做

27. 不管我们遇到多大的困难，我都会忠于我的伴侣。

    ①从不这么做　②偶尔这么做　③常常这么做　④总是这么做

28. 当我和我的伴侣有问题时，我拒绝和他谈这件事。

    ①从不这么做　②偶尔这么做　③常常这么做　④总是这么做

　　量表说明及评分计分：把你所选题目下选项前面的数值填写在相应题目下的表格里并计算每一个维度的平均分。

发声	2	7	13	16	19	23	25	平均分
忠诚	3	5	8	10	15	21	27	平均分
退出	1	6	11	14	18	22	26	平均分
无视	4	9	12	17	20	24	28	平均分

第五章

播种善意

偏见

一、戴上"有色眼镜"

先来做一个有趣的测验。

一位父亲带他的儿子去面试，争取一家大型股票经纪公司的职位，当他们到达这家公司的停车场时，儿子的电话响了。

儿子看了爸爸一眼，爸爸说："你接电话呀。"

打电话的人是一家贸易公司的 CEO，说："儿子，祝你好运，你一定可以的。"

儿了挂断电话后，再次看向坐在他身旁的父亲。

那么，你会怎么解释这通电话呢？

国外的心理学家找了 20 多个不同背景的人来回答这个问题，得到的答案五花八门：有人说这个孩子有两个爸爸，有人说这个打电话的人是面试公司的 CEO，也有人说这是其他的长辈打来的，等等。

实际上，给小男孩打来电话的是他妈妈，是一位女 CEO。在他们的测试中甚至有一位女性自己就是一位 CEO，但是她也没有想到这个答案。

如果把这个测试里的 CEO 换成其他职业，比如工程师、医生、警察、消防人员呢？这个测试所展示的就是这个主题的内容之一：性别偏见。

之前的主题是从自我、行为和关系层面这种微观的角度来理解人，从本节开始将把视角转向更为宏观的社会和群体角度，先来讲一种普遍存在的社会现象——偏见和歧视。

1. 刻板印象、偏见和歧视

在现实生活中人们经常会把"刻板印象""偏见""歧视"这些术语混用，但在心理学中，这三个说法有所区别。

先来看刻板印象，所谓刻板印象（Stereotype），就是对某一个群体持有比较笼统概括的看法。这主要表现为在人际交往过程中，主观或者机械地把交往对象归于某一类人，不管他是否呈现出该类人的特征，都认为他是该类人的代表。这就是典型的刻板印象。

而偏见（Prejudice）则是对某一特定群体的敌意或负面态度。也就是说偏见属于刻板印象的一种，即消极的刻板印象。

下面的调侃非常经典地展示了刻板印象和偏见：所谓天堂，是一个有着美式房屋、中国食物、英国警察、德国汽车和法国艺术的地方。所谓地狱，是一个有着日式房屋、美国政府、英国食物、德国艺术和法国汽车的地方。第一句属于刻板印象，因为在这个说话者眼中，他认为美国的房子都是舒适的，而第二句就是偏见，在他眼中日本的房子非常不舒适，这是一种负面的评价。

偏见通常和歧视相关联，所谓歧视（Discrimination）是针对某个特定群体或群体中的个体的不公正或者伤害性行为。

所以，刻板印象是认知上的判断，偏见是情感上的讨厌，而歧视是行为上的不平等对待。由于很多时候偏见和歧视连在一起的，所以在这个主题里不再详细区分这两者。

2. 性别偏见：男女不同？

生活中的偏见多种多样，这个主题重点介绍一种常见的偏见——性别偏见（Sexism）。

先来看不同时期社会对女性的劝诫或者评价。在汉代史学家班固的妹妹班昭所写的《女戒》中有这样一句话："妇德，不必才明绝异；妇言，不必辩口利辞；妇容，不必颜色美丽；妇功，不必工巧过人。"现在也有些人甚至会调侃高学历的女性："本科生是黄蓉，硕士生是李莫愁，博士生是灭绝师太，博士后是东方不败。"这些言论在某种程度上都表现出了对女性的性别偏见和歧视。

有些人可能不会直接地表现出对女性的偏见和歧视，但是研究者认为这种性别的偏见或歧视可能会以一些不容易觉察的方式表现出来。就如本节初的那个测试，性别偏见的一个典型例子就是男女两性在职场上被对待的差别。在职场的晋升中，相比男性，女性在获得同等职位上更不具备优势。

一起来看一项非常巧妙的研究。心理学家莱曼·波特（Lyman Porter）及其同事给参加实验的大学生展示了一些照片，照片中有五个人围坐在一个桌子旁，类似公司开会的场景。五个人中的一个人坐在桌子的首席，另外四个人分坐在桌子两边，每边各有两个人。研究者让大学生判断照片中谁可能是这个团队的领导。这些照片分为两大类，第一大类照片中五个人是同一性别，研究者发现，如果整个团队都是同性别的人，不管男女，坐在桌子的首席位置的那个人最有可能被认为是这个团队的领导（见图 5-1）。

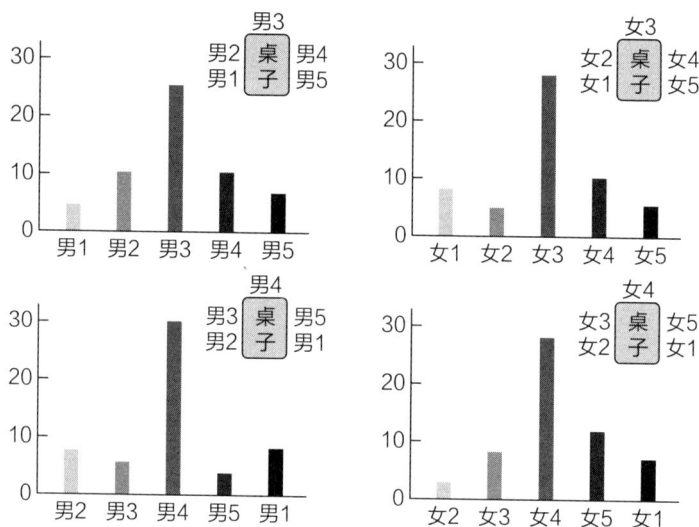

图 5-1　同一性别下大学生对团队领导位置的判断

但是如果这个团队有男有女的话，结果会怎么样？结果显示，如果桌子的首席是男性，大家基本上都会认为这个男的是这个团队的领导。但是如果女性坐在首席，他们并不觉得这个女性是团队的领导，相反，坐在两边的男性更有可能被认为是领导（见图 5-2）。

研究者还邀请大学生从领导能力、主导权和表达能力三个方面对坐在首席的男性或女性进行评估。他们发现，如果在同性别的团体中，女性首席和男性首席在三个方面都没有差异。如果是处在性别混合群体中，

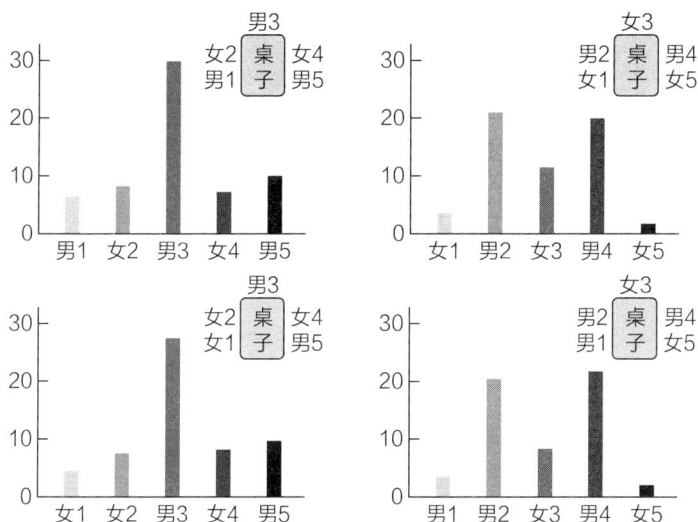

图 5-2　不同性别下大学生对团队领导位置的判断

男性首席在三个方面和他处在同性别团体中也无差异。但是大学生对处在混合性别群体中的女性首席的领导力、主导权和沟通能力的评价要远低于男性，甚至低于她处在单纯女性群体中时的评价。

3. 看不见的"有色眼镜"：内隐偏见

现在提倡人人平等，但是人们的内心是否会存在某种连自己都没有意识到的偏见呢？心理学家把这种我们自己可能都没有意识到的偏见称为内隐偏见（Implicit Prejudice），并开发了一种非常有趣的方法来测试这种无法意识到的偏见。

首先，请被试者坐在电脑前面，电脑屏幕上每次会出现一个刺激，这个刺激可能是一张图片，也可能是一个词。其中，图片有两类：一类是花朵的图片，另一类是昆虫的图片。词也有两类：一类是积极的词，比如开心、爱、成功，而另一类是消极的词，比如死亡、战争。

被试者要做两轮判断，在第一轮中，如果屏幕上出现花或积极的词，就按下键盘上的左键；如果出现昆虫或者消极的词，就按下右键。第二轮判断与第一轮有所区别：如果屏幕上出现花或者消极的词，按下左键；如果屏幕上出现昆虫或者积极的词，按下右键。

研究者发现，大部分人完成第一轮的按键速度要快过第二轮，也就是说他们更容易把花和好的词联结在一起，而把昆虫和消极词联结在一起。这说明他们对花的内隐态度是积极的，而对昆虫的内隐态度是消极的。你可能会觉得这很正常，毕竟与昆虫相比，大部分人更喜欢花。

心理学家鲁德曼（Rudman）及其同事邀请了一些男性和女性进行性别内隐联结测验，及另一个性别威胁内隐联结测验。在这个测验中，他们需要把男性或女性的名字与一些具有威胁意思的词，比如暴力、危险，或者安全意思的词，比如无害、可信任，进行联结。

结果显示男性对两个性别的偏好基本上一样，他们把男性和积极词、女性与积极词进行联结的速度基本上差不多，也就是没有明显偏好男性或女性。但是女性则非常明显偏好女性群体，也就是她们把女性与积极的词、男性与消极的词进行联结的速度更快，这说明女性更有性别内隐偏见（见图5-3）。

在性别威胁内隐测验中，如果分数越高则表示更倾向于把男性与威胁、女性与安全进行联结。同样可以看到，女性的得分也要高于男性，也就是说相比男人，女人更倾向于把男人和威胁、女人和安全进行联结。

上面这些研究展示了一个值得深思的问题，即使很多人都宣称自己对某个群体没有偏见，但是内隐联结测验显示很多人可能仅仅是没有意识到自己存在偏见而已。

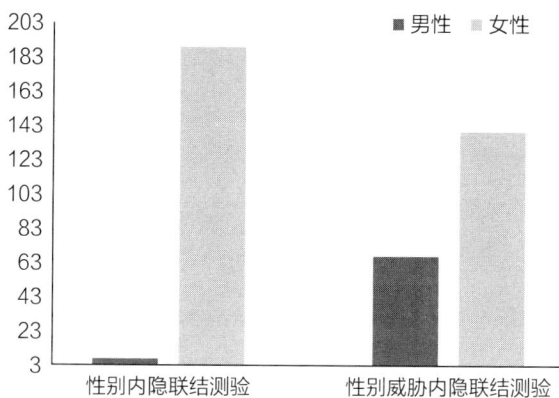

图 5-3　两性的性别内隐偏见

注：图的左边是性别内隐联结测验，分数越高就表示更偏好自己的性别群体。

思考

　　你是否也曾成为偏见的受害者或者被他人歧视，你觉得我们可以做哪些事情来避免偏见或歧视的产生？

偏见的原因及预防

二、读书真的无用吗

　　下面有两份名单，看看你认识其中哪些人？

　　名单 1：傅以渐、王式丹、毕沅、林召堂、王云锦、刘子壮、陈沆、刘福姚、刘春霖。

名单 2：曹雪芹、胡雪岩、李渔、顾炎武、金圣叹、黄宗羲、吴敬梓、蒲松龄、洪秀全、袁世凯。

第一份名单里的人全是清朝科举状元，而第二份名单里的人全是当时落第的秀才，网络上有人使用这两份名单来佐证读书并没有什么用。不仅如此，他们还会告诉你，比如乔布斯、比尔·盖茨、扎克伯格都曾从大学退学，而马云读的是非双一流的大学。甚至民间还有这样的说法：隔壁小王是大学生，一个月工资才 4000 元，他同班的小李小学没毕业，现在是身家 4000 万元的大老板。你说读书还有什么用？

你是否认同上述这种观点？请你思考，这种观点存在什么逻辑漏洞？这个主题可以说明上面这种思维是导致偏见的原因之一。

哪些因素会造成偏见或歧视？

心理学家认为导致偏见的原因可以分为三类：第一类是社会根源，包括社会的不平等、宗教因素或者社会制度；第二类是动机根源，包括挫折或竞争，以及群体的身份认同；第三类是认知根源，包括类别化和独特性。后面两类属于心理学层面的根源，这个主题将重点介绍这两类。

1. 替罪羊

心理学家认为，当我们受挫的时候，可能会产生偏见甚至进行攻击。一起来看心理学家卡尔·兰塞姆·罗杰斯（Carl Ransom Rogers）及其同事进行的一项研究。他们邀请一些欧洲裔大学生来参加一个所谓的"生理反馈"实验。这些学生可以自己决定用多高的电压电击在另外一个房间里的人。被电击的那个人有时是欧洲裔，有时是非洲裔。

在进行实验之前和实验中他们听到这个被电击的人和实验者在隔壁

房间的对话，对话分为两种情况：有侮辱和无侮辱的对话。在有侮辱的情况下，被电击者对实验者说这个电击机器看起来挺复杂的，他怀疑像这个电击者这么蠢的人到底懂不懂操作这个机器，并说电击者以为自己很了不起。在无侮辱的情况下，被电击者只是同意参加这个实验。

研究发现，在没有发生侮辱的情况下，欧洲裔大学生对非洲裔的电击水平要比对欧洲裔低，研究者认为可能是他们为了彰显自己对非洲裔没有任何歧视，所以用了低一些的电压（见图5-4）。但是一旦被电击者说了带有侮辱性的语言，欧洲裔大学生的电击水平则发生了变化，他们对欧洲裔侮辱者的电击水平没有发生明显的变化，但是对非洲裔侮辱者的电击水平迅速上升。

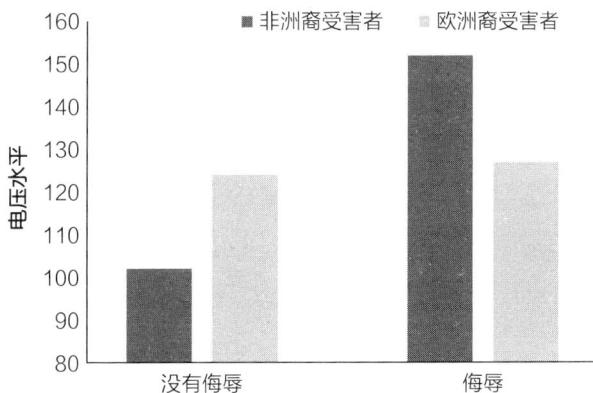

图 5-4　拜仁大学生对受害者的电击水平

心理学家认为在一般情况下，我们会抑制自己对他人的负面态度，但是一旦被激怒或受到挫败，我们就可能会直接表现自己对他们的偏见。一些地缘冲突，也可能源于某些群体的愤怒被激发或者他们感到挫败，进而引发了群体之间的偏见甚至是攻击。

2. 群体认同：非我族者，其心必异

导致偏见的另外一个因素是群体认同。对某个群体的认可可能会导致我们偏好自己的群体，同时讨厌或贬低群体外的成员。

我曾在课堂上问学生一个问题：如果现在有一个人在公交车上没有给老人让座，你觉得这个人是我们学校的学生还是隔壁大学的学生？大部分学生都会异口同声地说是隔壁大学的。这就是非常明显的群体认同导致对非群体成员的偏见，因为他们认为，承认这个人是我们学校的学生会威胁到自我形象。

缺乏自我认同的人更有可能会通过认同某个群体来获得积极的自我评价。这就是为什么有的青少年喜欢拉帮结派成为小群体，并对群体外的人表现出偏见甚至是欺凌行为。他们刚好处于自我认同比较迷茫的时期，所以会在群体中寻求认同，为了表示对群体的忠诚，做出敌视群体外成员的行为来强化群体认同感。

3. 类别化：仗义每多屠狗辈，负心多是读书人

导致偏见的第三个因素是类别化（Categorization）：人们倾向于对人进行归类，而一旦把人进行归类之后，我们可能会认为他们都是同样的人。

如果我们有机会接触某个群体，随着对他们的愈渐熟悉，愈能发现同一群体的人之间也存在很大的差异。但是，如果我们不熟悉这个群体，我们对他们的刻板印象和偏见可能就会很严重。网络上有些人总是认为"外国的月亮比中国圆"，他们中的一些人可能并没有真正在国外生活过，所以以为所有的外国人都一样，忽略了外国人也存在很大的个体差异。也就是说，他们所理解的外国人和真正的外国人可能是两回事。一旦他

们有机会去国外生活，就会发现，不管是哪个国家的人，都一样是形形色色的。

月亮无论在哪里都是一样"圆"。不是世上所有的屠狗辈都是仗义的，也不是所有的读书人都是负心人！

4. 独特性：突出的人和生动的事

另外一个造成偏见的因素是独特性（Uniqueness），比如独特的人或极端的事件，这些人或事件会吸引注意力并扭曲判断。

如果某个人很独特，比如说他的长相特别或者身份比较特殊，那么往往会很容易引起注意，可能会导致我们认为所发生的事情就是这个人引起的，进而对他产生偏见。

来看心理学家埃伦·J. 兰格（Ellen J. Langer）和他同事一起进行的一项"独特的男人"的研究。他们给参与实验的学生播放了一个年轻男人坐在桌前阅读《纽约时报》上的文章的录像，这些学生观看的都是同一个录像。不同的是，有的学生被告知这个男人是一个精神病人、癌症患者、同性恋、离异或者百万富翁等，还有一些学生只是正常观看这个录像，没有被告知这个男人的身份。在观看完后学生要报告他们对这个男人的观察。

他们发现，与没有告知这个男人身份独特性的学生相比，知道这个男人身份独特性的大学生会发现这个男人更多的独特性，比如独特的面部特点等，并且他们对这个人的评价会更极端，更倾向于认为这个人与大多数人不一样（见图 5-5）。

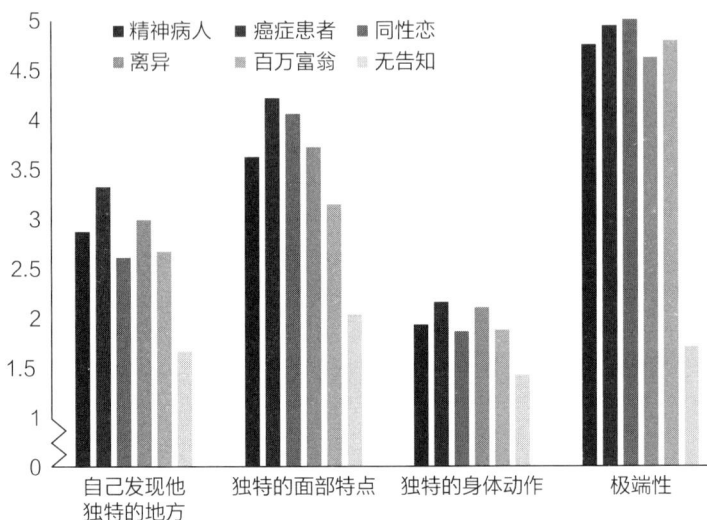

图 5-5　大学生对同一男人的不同看法

如果在生活中，你遇到一个养了狗和蛇的人，你更认为他是哪一种人：平平无奇的养狗人士还是嗜好怪异的养蛇人士？很多人可能都更倾向于后一个，这就是独特性引发的偏见。

不仅特别的人容易造成偏见，特别生动或者极端的事件也有可能造成偏见。

心理学家罗斯巴特及其同事给大学生看 50 个男性所做的事件描述，其中有 10 人有过犯罪行为，5 个是普通的犯罪行为，比如盗窃、制造赝品、逃税、故意破坏公共财物，另外的 5 个是极端恶劣的犯罪行为，比如强奸、谋杀、猥亵儿童、绑架这类。随后，研究者让被试者评估这些男性未来犯罪的可能性以及他们能回忆出来的犯罪行为。

研究结果显示，那些看过极端犯罪行为的大学生会高估这些人未来犯罪的可能性，并且更能回忆起他们的犯罪行为（见图 5-6）。这意味着一个人一旦有污点，便很难洗净。

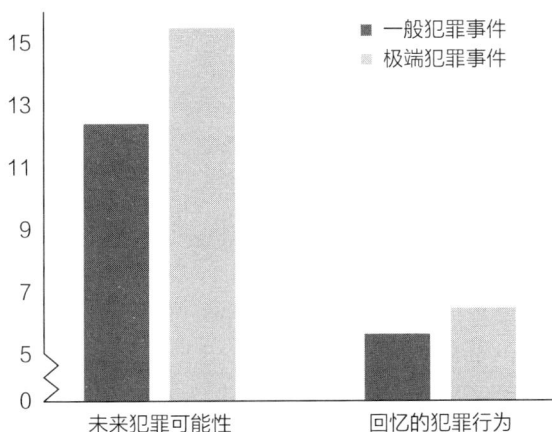

图 5-6 看到样本犯罪行为后大学生对样本未来犯罪可能性评估

不仅如此，特殊的事件或人物还可能产生一种心理学称为错觉相关
（Illusory Correlation）的现象——原本是没有联系的东西，却被认为是有
关系的一种倾向。

比如，假设新闻报道了一起情况比较极端的案件，如果新闻中的施
虐者是一位明星，相比一个普通人，人们更容易认为明星有奇怪的嗜好。
这是因为案件性质很极端，而明星也是比较少见的群体，当二者碰到一
起后，会加深人们以为其是有关系的错觉。

还有，比如当听说大学时期的校花后来嫁给了一个有钱的男人，但
遇人不淑，最后被抛弃时，可能有人就会感慨长得好看的女性容易婚姻
不幸。但我们要注意的是，长得好看能成为校花的人已经是少数群体，
同时她还遭遇婚姻失败，这种情况也很少见。这时候我们可能会建立起
一个错误的相关：校花（长得好看的女性）的命真不好。但人们并没有

做过调查统计以确认是不是大部分的校花都是如此。

现在回到前文有关读书无用论的例子。大家可以明显看到在这些例子中体现的就是错觉相关。

首先，对于清朝的两份名单，落第但又成为名人是非常少见且独特的事件，其实落第和成为伟人之间并没有必然的联系，因为还有更多的落第的人最后毫无声息地消失在历史的长河里。其实，第一份榜单里的状元们也不都是毫无成就，他们里面有很多人在某个领域非常有造诣，只是可能不为大众所知。

其次，那些退学最后成了富翁的人也是虚假相关。乔布斯、扎克伯格以及比尔·盖茨从名校退学很罕见，退学后还非常成功就更加罕见。但这并不能说明他们的成功是因为退学。

最后一个是小学没有毕业却有 4000 万元身家的小李，这能说明读书没有用吗？答案是不能，小李身家 4000 万元也许和他有没有上学没有太大关系，这世上还有很多小学没有毕业的小陈、小林、小张，可能连月薪 4000 元都未必能达到。

所以，那些拿上述例子来告诉你读书无用的人，不是蠢就是坏，你离他们越远越好。

5. 合作共赢可以消除偏见

那有没有什么办法可以消除我们的偏见？

心理学家穆扎弗·谢里夫（Muzafer Sherif）和他的同事进行过的一项非常出名的"罗伯斯山洞夏令营实验"，也许可以提供一些启发。他们在美国俄克拉荷马州一个叫作罗伯斯山洞的夏令营中做了一项研究，把一些 11~12 岁的男孩子分为两个队，分别起名叫老鹰队和响尾蛇队。

在实验的第一阶段，研究者让两队为游戏奖品、寻宝和其他活动进行竞赛。随着竞赛的进行，两组之间的对抗越来越激烈，他们会制作威胁性的标语、喊侮辱性的话，互相表现出明显的敌意。研究者发现，仅仅消除他们之间的冲突和竞争，并无法使他们重归于好。

为了减少他们之间的敌意，研究者让这两队孩子进入实验的第二阶段，让他们设计一些需要两个队合作才能完成的项目。例如，要通力合作一起找出并解决营地突然供水中断的问题，通过讨论并解决如何共同出资观看一部他们都喜欢的电影，出游时他们的车辆出了问题，两组人需要共同把车推上斜坡等。

他们发现，在竞争阶段，这些孩子很少和自己团体外的人成为好朋友，但是在合作阶段，两组孩子互相成为好朋友的比例明显上升了（见图 5-7）。这项经典的研究显示了冲突和竞争并不能消除我们的偏见，反而通过增强相互依赖、追求共同目标，以及合作才有可能减少偏见。

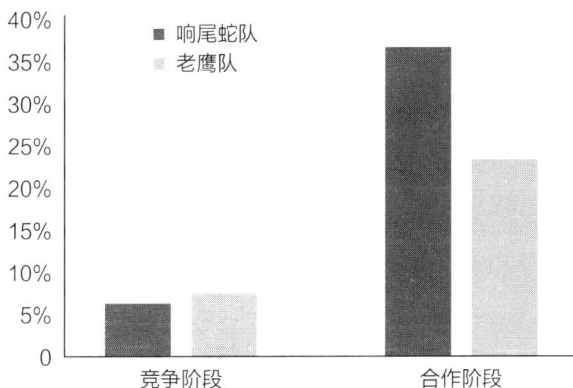

图 5-7　夏令营中两组孩子间互相成为好朋友的比例

最后，用英国作家简·奥斯汀（Jane Austen）的一句名言来结束偏见这个主题：傲慢让别人无法来爱我，偏见让我无法去爱别人。

思考

你在生活中是否曾成为偏见或歧视的受害者，或者你是否遇到过别人成为偏见或歧视的受害者，请你分析是什么原因导致了这种偏见或歧视的发生。

> 助人的交换理论与社会规范理论

三、善良实验

本节将探讨一种非常重要的社会现象：当别人处于困境之中，我们是帮还是不帮？

探讨助人行为，需要先思考一个重要问题：助人行为看起来对助人者来说并没有明显的好处，却要承担一定的风险，比如可能会牺牲自己的时间、损失财产，甚至还有可能被对方讹诈，或在助人过程中丢掉性命。为什么人们还会帮助别人，并且将这种行为视为一种道德高尚的行为呢？

1. 社会交换理论：助人好处多

对于助人的行为，不同的心理学家曾经尝试从不同的角度进行解释。

在这里先考虑一个问题：帮助别人对助人者有什么好处？

社会交换理论（Social Exchange Theory）认为，帮助别人可以带来很多好处，首先，在提升价值感的同时，还可以让助人者更开心。我想问你一个问题：你觉得把钱花在自己身上和把钱用来帮助别人，哪一个使你更快乐？

心理学家伊丽莎白·邓恩（Elizabeth Dunn）及其同事进行过一项研究，他们邀请参与调查的人报告自己的快乐水平，同时报告他们每个月花多少钱用于支付个人账单或给自己买礼物、花多少钱给别人买礼物或者用于慈善捐款。他们发现人们花在自己身上的钱的多少与他们的快乐水平没有关系，但是他们花在亲社会行为上的钱越多就越开心。

研究者还设计了一个实验，他们给了被试者一笔钱，然后要求他们当天把这笔钱花在自己身上，比如支付账单、给自己买礼物，或者是花在亲社会行为上，比如给别人买礼物、捐出去。研究者当天早上和晚上让这些人报告自己的快乐水平。结果显示，那些把这笔钱用于亲社会行为的人到晚上时快乐水平有所提升，而那些把钱花在自己身上的人到了晚上反倒没有早上开心。

心理学家甚至发现，我们在把钱财捐给慈善机构时，大脑中的犒赏中枢回路会被激活，这和收到钱时的大脑活动模式很像。

助人还有另外一个好处，可以帮助人们消除内心的内疚感。

心理学家麦克米伦和他的同事进行了一项关于"谎言的力量"的实验。一些大学生被要求两两一组来到实验室参加实验，在他们等待实验的过程中，另一个人（实验者的同伙）进入实验室假装来找他遗忘在实验室中的书，并和两人聊了起来。这个人告诉部分学生，他已经完成实验，在这个实验中他们要完成一份多项选择题的心理测试，这份测试的大部分题目都选择 B。对于另外一些学生，这个人并没有和他们谈起这个测验。这个人离开实验室后，实验者进入实验室并问被试者是否参加或听过这个实验，没有一个被试者承认自己已经知道了这个实验。然后这些学生完成测试后，研究者告诉他们可以走了，但是如果他们愿意的话，研究者想请他们留下来帮忙给 500 多份问卷评分。

如果你是这实验里的被试者，如果你在之前没有说谎，你会花多长时间来帮助这个实验者？如果你撒了谎呢？

这项研究发现，那些没有撒谎的大学生，他们平均只愿意花 1.5 分钟来帮助这个研究者；而那些撒了谎的学生，愿意帮忙的平均时间是 63 分钟。一个小小的谎言所造成的威力如此巨大。在生活中千万别做亏心事，要不然你可能要花很大的力气来偿还你的良心债。

助人还可以帮助我们缓解其他的消极情绪。

心理学家汤普森和他的同事进行了一项关于"悲伤的力量"的研究。他们邀请一些大学生来到实验室参加关于"想象力"的研究，研究者让大学生听一段录音，并要求他们把自己代入录音中的人物。他们被随机分配到三种情境，在前两种情境中他们需要听一个罹患晚期淋巴癌的人的故事，被试者需要把这个人想象成自己的一个异性朋友。

其中一些人听到的录音版本讲述的是自我关注的悲伤，录音中描述了这个朋友患这种病给被试者带来的担忧和悲伤：他将死去，你会失去他，再也见不到他，你和他在一起的每一分钟都有可能是最后一分钟……他会慢慢消失在你的眼前，你们约好一起做的事情都戛然而止，只留下你一个人孤零零地在这世上。你的内心空荡荡……你因为这个好朋友将被凶残的疾病夺取生命而感到痛苦、恐惧和愤怒。

另一个版本则讲述了关注他人的悲伤，这个录音版本中描述的是这个疾病给这位朋友带来的痛苦和悲伤：他只能躺在床上打发时间，等待最后的时刻……他自己独自面对最坏的结果，他可能会慢慢死去，看到自己越来越糟糕直到最后无法动弹。他无法接受事实，他望着天空出神，意识到慢慢死亡的恐惧……他因为自己将要死亡而感到痛苦、恐惧和愤怒。

还有一组被试者听到的是一个与情感无关的录音，用第二人称陈述了一个设计平贴画的人的思维过程。

在三组人都听完录音后，研究者要求他们完成一些调查问卷，并告诉他们实验已经结束。他们可以离开，或者也可以选择留下来帮助一个研究生完成一些调查问卷的评分。他们留下来帮忙的比例和帮助的时间视为他们的助人指标。

研究者发现，在悲伤指向他人的一组中，有83%的人会选择留下来帮忙，他们平均的助人时间为11分钟；而悲伤指向自己和没有悲伤的两组人，均只有25%的人选择留下来帮忙，他们的助人时间平均值为4分钟（见图5-8）。

当我们感到痛苦时，如果这种痛苦是指向他人的，我们可能会产生同情或共情，从而促使我们去帮助别人，但如果这种痛苦指向自己，则不大可能促使我们去助人，因为我们可能会沉浸在自己的悲伤之中，自顾不暇。

与悲伤相反的是快乐，自己快乐和看着别人快乐，哪一种更有可能促使我们去帮助别人呢？心理学家罗森汉和他的同事让一些大学生在实验室里听录音带的指引，想象一些自己快乐或别人快乐的事情。其中，自己快乐组的人的录音指引他们想象自己去夏威夷度假，享受夏威夷的美丽风光并参加各种令人兴奋的活动；而看着他人快乐组则被指引想象一个同性的朋友去夏威夷度假。实验的最后，被试者同样被告知可以离开实验室或留下来帮助另一个研究者对问卷进行评分。他们发现，自己快乐组的所有人都留下来帮忙，并且平均帮助研究者完成 15.3 个问题，而看着他人快乐组的人只有 40% 留下来帮忙，他们平均完成了 1.3 个问题。

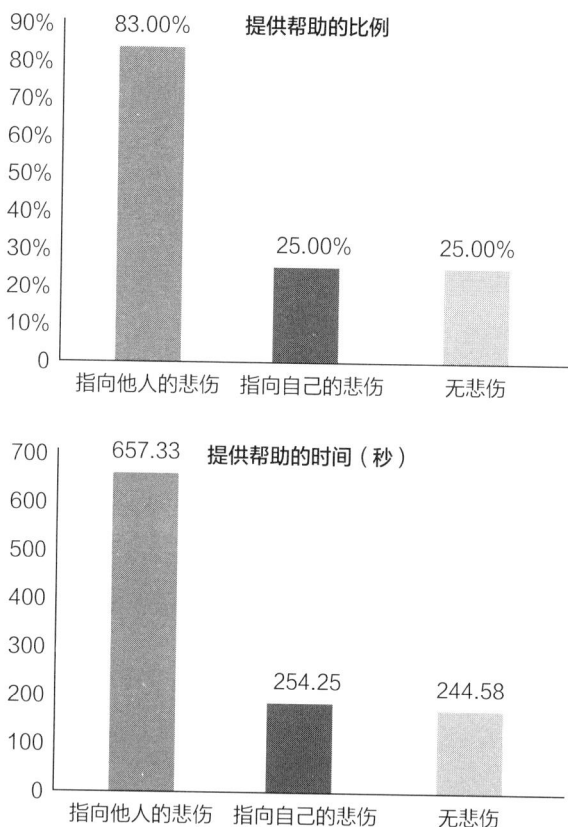

图 5-8　不同悲伤指向的被试者提供帮助的情况

不仅如此，还有研究者发现这种快乐心情促使的助人行为的有效期大概只有 5 分钟。所以，下一次当你的伴侣或者同事朋友开心的时候，及时向他们提出帮助请求说不定成功率会更高哦!

2. 社会规范理论：投桃报李和乐于助人

社会规范理论（Social Norm Theory）是指所有人都生活在社会之中，社会对行为有很多期望或者设置了行为准则，比如抚养子女、赡养老人、诚实守信等，这些约定俗成的准则被称为社会规范，生活在社会之中的个体需要遵守这些准则。

在助人方面，社会有哪些期望呢?

社会期望人们帮助那些曾经提供过帮助的人，也就是《诗经》中说的"投桃报李"。大部分人之所以会鄙视"农夫与蛇""东郭先生与狼"故事中恩将仇报的蛇与狼，是因为这些行为违反了助人的社会规范。

而对于那些非回报式的行为，社会规范理论认为，我们有责任去帮助那些需要被帮助的人，而不是考虑助人的回报。但是，对于任何一个需要被帮助的人，你都会为他提供帮助吗? 不见得，那你最有可能帮助哪些人呢?

假设现在有两个女人：第一个女人在当初结婚时，大家都劝阻她不要嫁给这个男人，可是她不听劝阻一意孤行，最后遭受虐待；另一个女人被父母逼迫嫁给一个人，婚后也经常受到丈夫的虐待。你觉得哪个女人更可怜并更愿意帮助她?

本质上来说，这两个女人都需要帮助，但很多人都会选择帮助第二个女人，为什么? 心理学家认为，我们在助人之前会对被助者的困境进行归因，如果我们认为他人的困境是不可控的环境导致的，我们就会帮助他，但是如果我们认为困境是他自己的选择所导致的，这时候我们选择帮助他的概率会大大降低。也就是说我们会帮助那些最需要帮助并且最应该得到帮助的人。

思考

你在生活中是否曾经帮助过别人，你当时是出于什么原因伸出援助之手的？这个助人行为给你带来哪些感悟？

信任、合作与助人

四、无私的吸血蝙蝠

随着网络募捐活动越来越多，近年来，利用网友好心骗捐的事情时有发生，这些事件的发生引起了整个社会的广泛批评和反感。为什么网友对骗捐事件会如此愤慨？它触动了人们心理上的哪一个痛点？

这一个主题重新回到进化心理学的视角，来看看进化心理学家是如何解释人类为什么会保留这种对生存没有明显好处的助人行为。

1. 血亲之间的助人行为

进化心理学家把助人行为分为两类：血亲之间的助人和非血亲的助人。

先讲血亲之间的助人。

假设有两个小孩同时掉入水中，其中一个是你的孩子，另一个是你兄弟姐妹的孩子，你只有能力救一个，你会选择救谁？

同样还是两个小孩掉入水中，其中一个是你兄弟姐妹的孩子，另一个是陌生人的孩子，还是只能救一个，你会选择救谁？

很多人都会选择先救那个与自己血缘关系比较近的孩子。进化心理学家认为，我们与血亲之间共享一部分基因，这些基因使我们愿意关心和保护与我们亲缘关系比较近的人。因为帮助有血缘关系的人，可以使得我们之间共享的基因有更高的存活可能性。

研究者曾进行过一个非常有趣的实验，我称为"为亲人潜水"。他们邀请几个家庭的全体成员来参加实验，这些人需要为某一个家庭成员，把自己的头伸进装有水的盆子里，并尽可能久地憋住气。他们憋气的时间越长，这位家庭成员所获得的金钱回报就越多。

一个小女孩为与她共享约 1/4 基因的姨妈憋气时间是 51 秒，而为与她共享 1/8 基因的表姐憋气时间是 47 秒，为与她共享 1/2 基因的哥哥则是 72 秒。研究者对很多家族进行这个实验后发现，尽管所有的人在每次都会拼尽全力憋气，但是他们憋气的时长与该成员的血缘亲疏远近有关，血缘关系越密切，他们憋气的时间就越长。

2. 吸血蝙蝠的秘密：非血亲的助人行为

血亲之间的助人行为较好理解，但是人类社会中还存在更多的非血亲关系的助人，这种助人行为不但不能帮助我们提高自己的基因的存活可能性，还有可能让我们损失自己的资源甚至生命，如何解释这种反进化的行为呢？

进化心理学家认为，有些人对非血缘关系的人的助人行为可能出于在未来某些时刻会给我们带来好处或者回报。

我们可以通过一项动物学方面的研究来理解这一理论。吸血蝙蝠是目前自然界中除了人类以外，少数存在非血缘关系的助人行为的物种之一，对于吸血蝙蝠这种行为的研究可以帮助我们理解人类是怎么进化出非血亲助人行为的。

吸血蝙蝠属于群居动物，他们需要以动物的血液为食，而且一旦超过 3 天不进食就会被饿死。然而，不是每一只吸血蝙蝠每次都能成功吸到血，这样一来它们就会面临非常严峻的生存问题。科学家发现，吸血蝙蝠为了维持生存，进化出一种有趣的进食机制——同群体中吸到血的蝙蝠在返回山洞后会把一部分血液吐出来给其他的同伴喝。他们用这种方式来提高族群的生存可能。

但假设某天，这群蝙蝠中有一只蝙蝠突然发现，即使它躲在洞里不出去找食物，等待其他伙伴吸完血回来喂它，他也完全可以生存下去。这样一来，它一方面既避开了外出寻找食物可能被天敌吃掉的危险，同时还能保证不被饿死。这只蝙蝠对应的就是我们人类社会中的骗子。如果这个逻辑没有问题，整个吸血蝙蝠的群体会慢慢出现越来越多不愿意出去吸血的蝙蝠，最后骗子蝙蝠就在整个群体中盛行。但吸血蝙蝠的族群并没有往这个方向发展。

研究者发现，吸血蝙蝠为了对抗这种搭顺风车的"破坏分子"，它们不会随便将血吐出来给其他同伴，只有长时间相处，甚至 60% 以上的时间都在一起的那些蝙蝠才有可能从同伴那里得到食物。也就是说吸血蝙蝠在把血吐出来给同伴喝之前，会确认这个蝙蝠是否靠谱，未来在自己挨饿的时候，它是否也会帮助自己。如果有一只蝙蝠只喝同伴吸的血而不反哺，它会被这个群体标记出来，以后就没有其他蝙蝠会帮助它了。

我们把吸血蝙蝠的这个故事放在人类社会中来看，在原始社会中，我们的祖先不是每天都能找到食物，如果你把自己多余的食物分给另外一个挨饿的人，而不是让它白白浪费，那么未来某一天在这个人找到食物而你没找到的情况下，他会把自己的食物分享给你，这样就可以同时提高你们两个人的生存机会。

回到上面进化心理学家有关非血亲的助人行为的解释观点，就像吸血蝙蝠一样，我们帮助他人的部分原因是希望未来我们在需要帮助的时候，他人也会帮助我们。但是，我们的祖先在分享食物之前，面临着和吸血蝙蝠一样的问题，我们帮助的这个人未来真的值得信赖吗？他未来也会和我们分享他的食物吗？

进化心理学家认为，非血亲的助人行为的前提是信任和识别欺骗。那信任是如何形成的？

一起来看下面这个情境。你和一个陌生人同时面临两种选择：与对方合作或者与对方竞争。如果你们两个人都选择和对方合作，则你们两个人都能同时获得 1 元钱的收益，但是如果其中有一个人选择合作，而另一个人选择竞争，则选择竞争的这个人就把 2 元钱都拿走，而选择合作的那个人就会损失 1 元钱。如果两个人都选择竞争，那两个人都各损失 1 元钱。

如果你第一次玩这个游戏，会怎么选择：合作还是不合作？如果你要和这个人反复玩这个游戏很多遍，你觉得哪种选择会占上风？

心理学家发现，我们往往会选择先信任对方，并且在多轮游戏之后，信任合作的策略会占上风。但是如果某一次对方出卖我们，选择不合作，那我们在下一轮也可能会采用不合作的策略来惩罚他，我们甚至愿意拿出自己已有的部分钱来获得惩罚对方的机会。如果对方在选择不合作之后悔过自新，我们可能也会给对方改过的机会，并重归信任合作的良性循环。

我们的原始祖先通过这种方式，进化出了信任这一心理机制。即使在 21 世纪，我们熟悉的网络购物依然遵循这个机制，在淘宝上，你和卖家也面临着这两种选择——信任还是不信任，我们往往会先选择信任。

不过上面这个游戏只能说明我们会选择先信任对方，但并没有回答要怎么识别可信任与不可信任的人。

回想你在淘宝上与那些不认识的卖家交易时，你怎样判断这个卖家靠谱与否？你往往会根据之前和他合作过的其他买家的评价。淘宝这种网络购物模式之所以成功，一个重要因素就是依据买家的评价所形成的卖家信誉的标识。这就是为什么对于淘宝店铺来说中差评的威力很大，因为中差评破坏了卖家的信誉，使得买家觉得这个卖家是不靠谱的。

但是我们的原始祖先并没有像现在流行的淘宝这样的评价机制可供参考，那他们是通过什么方法来判断眼前这个人是否靠谱的？

进化心理学家认为，判断一个人是否可靠的一个重要信息是他会不会乐于助人，如果一个人乐于助人，大家会认为这个人比较靠谱。所以，助人这种看似对我们没有什么好处的行为现在就变成了香饽饽，乐于助人成为诚信、靠谱的活广告，在向其他人释放出一种信号：我很靠谱，快来和我合作吧，我们可以共赢！在所有人都知道乐于助人的好处后，可能就会有一些不良企图者假装成乐于助人的人来行骗。为什么有些明星在形象受损之后选择做公益？他们正是在利用这个机制，通过助人行为来修补自己的信誉问题。

助人不仅可以提高名声，甚至还可以提高吸引力！

心理学家托马斯·摩尔（Thomas More）及其同事给男女性被试者看一些带有个人头像和信息的异性卡片。这些卡片被分为两类，部分被试者看到的卡片呈现了这个人的助人信息，给当地一所学校的问题儿童做免费的指导，而另外一些被试者看到的图片则没有助人信息（见图5-9）。

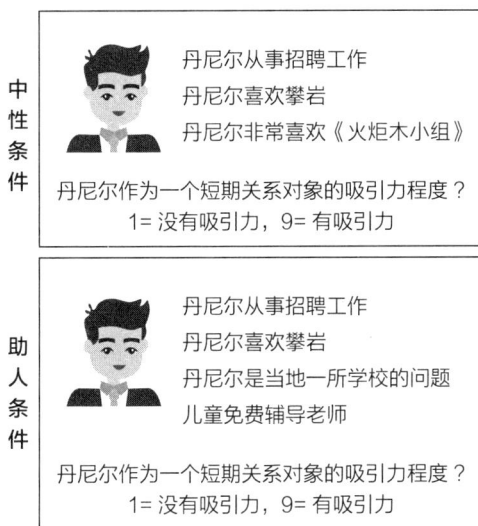

中性条件

丹尼尔从事招聘工作
丹尼尔喜欢攀岩
丹尼尔非常喜欢《火炬木小组》

丹尼尔作为一个短期关系对象的吸引力程度？
1= 没有吸引力，9= 有吸引力

助人条件

丹尼尔从事招聘工作
丹尼尔喜欢攀岩
丹尼尔是当地一所学校的问题儿童免费辅导老师

丹尼尔作为一个短期关系对象的吸引力程度？
1= 没有吸引力，9= 有吸引力

图 5-9　有无助人行为的异性吸引力程度

研究者要求被试者评价这个人作为短期关系对象或者长期关系对象的吸引力程度。他们发现，对于男性图片，不管是短期关系还是长期关系，只要呈现了助人信息，女性都会认为这个人更有吸引力。但对于女性图片，只有在长期关系中呈现助人信息，男性才会认为她更有吸引力，在短期关系中，助人信息不影响她的吸引力。

3. 欺骗猛于虎

除了信任外，由于欺骗可以窃取不属于自己应得的资源，让助人者产生严重的损失，因此欺骗这种行为会被视为一种特别不靠谱的品质，这会导致我们对欺骗行为非常敏感，因为只有善于识别欺骗的人才能避免损失，从而保证自己的生存。

骗捐事件被揭露之后，大家愤怒的原因是这些人利用了他人的爱心，窃取了他人的资源，这触发了我们对欺骗的警报。当这个警报在群体中响起之后，我们就会群起而攻之，通过群体攻击这个欺骗者来警告其他可能的潜在欺骗者——欺骗行为的后果非常严重。

人们不仅对助人中的欺骗行为敏感，事实上，只要和欺骗有关的行为都会让人感到愤怒，比如亲密关系中的背叛、被好朋友挖了墙脚，这种背叛所造成的愤怒往往比失去爱人之痛更让我们无法忍受。

对于欺骗的敏感体现在另外一种社会现象上：很多人都热衷于讨论明星隐瞒整容、出轨等八卦事件。因为这些行为本质上也和欺骗有关，一旦行为暴露，八卦的行为等同于告诉其他人，这些人不值得信赖，大家要避而远之。这就是为什么明星一旦陷入个人形象问题，很多合作的商家就会撤掉他们的代言。人类之所以喜欢八卦，是因为八卦可以用来对抗欺骗行为。但有时八卦也会伤及无辜，不管在哪个时代，流言蜚语的杀伤力都不可小觑。

现代人类社会的发展导致人与人之间的联结越来越紧密，单独一个人很难独自生存，而且随着信息越来越透明化，未来个人信用将是非常宝贵的资源，我们每一个人都要爱惜自己的羽毛。以后，信用不好的人可能真的会寸步难行。

思考

在生活中你是否曾经被欺骗过，请你分析一下当时对方使用了什么方法或者利用了什么条件骗你。这个事件给你带来了哪些方面的影响？

★ 助人经典实验及助人模型

五、无动于衷的目击者

在 1964 年 3 月 13 日凌晨 3 点钟的美国纽约，一名叫凯蒂·基诺维斯（Kitty Genovese）的女性在下班回家的路上被一个歹徒尾随。当她快走到自己公寓的大门口时，歹徒用刀从背后袭击了她，她大喊救命。

此时，一位住在路对面的邻居听到她的叫声后朝歹徒大喊："离那个女孩远点。"歹徒被吓跑，已经受伤的基诺维斯艰难往自己的公寓大门走去，但这个歹徒又再次返回，杀死了基诺维斯，并奸污了她的尸体，还拿走了她身上的 49 美元。

当时的媒体报道，警方事后发现有 38 位基诺维斯的邻居都目击了这场杀害事件，除了那个朝歹徒大喊一声的人外，其他人都没有做出行动，甚至连报警电话都没有人打。而那个对歹徒大喊一声的邻居目睹了整个杀害过程，事后却坚称自己看花了眼，那应该是情侣之间的争执，因此没有多管闲事。凶手被抓后坦白，当他发现根本不会有人出来"管闲事"的时候，他再次壮着胆子追上基诺维斯并杀害了她。

虽然最初的媒体报道中有一定的夸大成分，但在当时，此事足以震惊整个美国，以至于后来还产生了一个术语——"基诺维斯症候群"（Genovese Syndrome），用来指人们本着事不关己高高挂起的态度，在需要提供援助的时候选择袖手旁观的现象。

基诺维斯事件促使美国心理学家约翰·达利（John Darley）和比布·拉塔奈（Bibb Latané）进行了一系列经典的助人实验，他们想搞清楚在他人需要帮助的情境下，什么因素会阻碍我们伸出援助之手。在这些研究的基础上，他们提出了一个助人的理论模型。

1. 旁观者效应

对于基诺维斯事件中围观的人们没有提供帮助，达利和拉塔奈提出了一种解释：围观的人产生了旁观者效应（Bystander Effect），即如果有人处于需要被帮助的情境中，周围旁观的人越多，则他们提供帮助的可能越小，而且提供帮助的时间延迟会越久。

来看他们进行的一个经典的"抽疯实验"。他们邀请纽约大学的学生到实验室参加一个学校生活适应主题讨论，每个人都单独待在一个小房间里，通过语音系统轮流发言。研究者告诉这些大学生这个语音系统每次仅允许一名学生讲话，每位学生有两分钟的讲话时间。他们会听到有一个学生讲述他存在学校适应困难，随后尴尬地补充说，他患有严重的癫痫症，接着他开始语无伦次并求救。其实，这些内容都是研究者提前录制好的。

参与实验的大学生被随机分配到以下三种情境里：第一种是零旁观者，只有他和那个发病的人在发言；第二种是存在一个旁观者，也就是除了被试者和发病的人，还有另外一个人；第三种是存在四个旁观者。

研究者观察在这个人发病后的 6 分钟内，这些学生离开自己的小房间去和实验者报告那个人发病的人数比例和他们做出这个决定所需要的时间。

研究者发现，如果没有旁观者，85% 的人在 6 分钟内向研究者报告求救；如果存在一个旁观者，只有 62% 的人会报告；如果存在四个旁观者，则这个比例降为 31%。同时他们做出助人决定的时间也会随着旁观者数量的增加，从平均 52 秒增加到 166 秒。

为了更真实地模仿基诺维斯事件，达利等人进行了另外一项"受伤的女人"的实验。一名女性研究者带领一批大学生到实验室完成一些调查问卷，在他们填写问卷期间，这名女性走进实验室隔壁的房间，两个房间之间的门被门帘隔开，大学生看不到那名女性。在她进入房间四分钟后用录音机播放一段提前录好的录音，录音里这名女性爬上椅子去取书架上的纸张，然后椅子倒下，这名女性摔倒在地，大声地说自己的腿不能动，被东西压到了。这个实验真实地模拟了一个急需被帮助的情境。研究者发现，如果一名大学生单独在那里做问卷，在两分钟内 70% 的被试者都会走进那个房间查看或者尝试提供帮助。但如果同时还有其他两个陌生人在实验室里填写问卷，两分钟内大学生提供帮助的比例只有40%。达利和拉塔奈等人通过大量的、不同形式的实验验证了旁观者效应的存在。

在这里要问一个问题：为什么他人的存在会降低人们的助人行为呢？

2. 助人五步走

达利和拉塔奈提出了一个经典的助人模型来解释助人行为之所以不发生的原因，我称其为"助人五步走"模型（见图 J-10）。

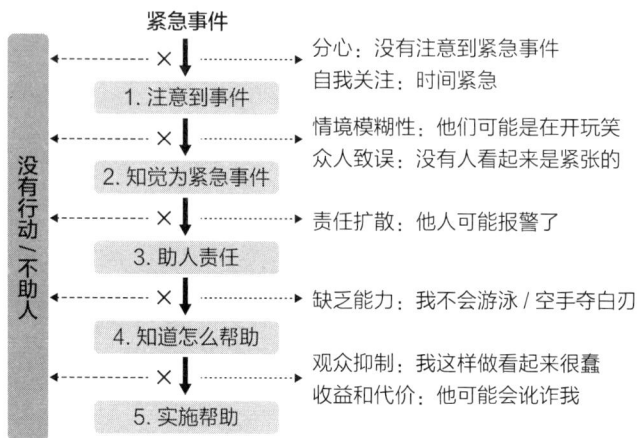

图 5-10 "助人五步走"模型

假设现在你在一个人头涌动的广场看见张三拿着一把刀追着一名女性，你是否会伸出援手救下这个女性？

按照助人五步走模型，第一步是你是否注意到这个事件的发生？从理论上来说，张三拿刀追女人这么夸张的事件你大概率会注意到，但如果现实生活中有一些助人事件没有被注意到，可能是由于周围还有其他刺激吸引了注意，或是人们正在忙自己的事情，没有留意到事件的发生。

达利和巴森特进行了另一个实验。他们邀请了一些学生前往附近的录音室进行一个助人故事主题的即兴演讲录音。这些学生被随机地分配到三种不同的条件中，其中一些人被告知他们的时间很充裕，还有一些人被告知如果他们立刻赶往演讲厅，时间刚刚好；而最后一些人则被告知他们立刻赶过去也可能会赶不上。在他们前往录音室途中，需要经过一个瘫坐在门口的老人，这个老人垂头咳嗽、呻吟。研究者发现，如果在时间充裕的情况下，63% 的人都会停下来帮助这个老人，而时间紧迫的情况下只有 10% 人会停下来帮助，尽管这些人被邀请去录制的演讲的主题就是助人故事。

回到张三拿刀追女人的事件，如果你现在正急着赶去单位完成领导分配给你的工作。如果你的家人遇到了紧急事件需要你尽快去处理，你可能在匆忙中无法注意到这个事件。这也就是为什么在上下班高峰期的地铁口发生需要被救助的事件时，有时被害人会得不到及时帮助，可能是经过的人有急需处理的事情。

如果你已经注意到张三拿刀追女人，你就会提供帮助吗？不一定。这时进入到助人的第二步：你是否认为这是一个紧急的事件？如果你不觉得这是紧急事件，你就可能不会行动起来。

达利等研究人员进行过另外一项叫"充满烟雾的房间"的实验来验证这个观点。他们邀请一些大学生来参加关于"城市生活态度"的调查。在他们完成问卷期间，研究者通过房间通风口往房间里注入白色烟雾，不久后，房间里充满烟雾，伸手不见五指，整个实验过程持续六分钟。

如果你是参加这项研究的人，你的第一反应是什么？也许你会认为房间可能失火了。

研究者设置了三种情况：第一种情况是大学生自己一个人在房间里做问卷，第二种情况是还有两个陌生人在同一个房间里做问卷，第三种情况是有两个实验者假扮的参与者，且这两人从始至终都没有任何反应。

他们发现，如果是自己一个人做问卷，在 6 分钟内有 75% 的人会向研究者报告这种情况；如果还有另外两个陌生人一起参与研究，只有 38% 的人行动起来；如果还有两个人，但是这两个人一直不为所动，就只有 10% 的人行动起来（见图 5-11）。达利的这个实验发现，当他人存在的时候，如果他们没有行动，可能会给我们造成一种错觉，这件事情不紧急，这个现象被称为众人致误（Pluralistic Ignorance）。

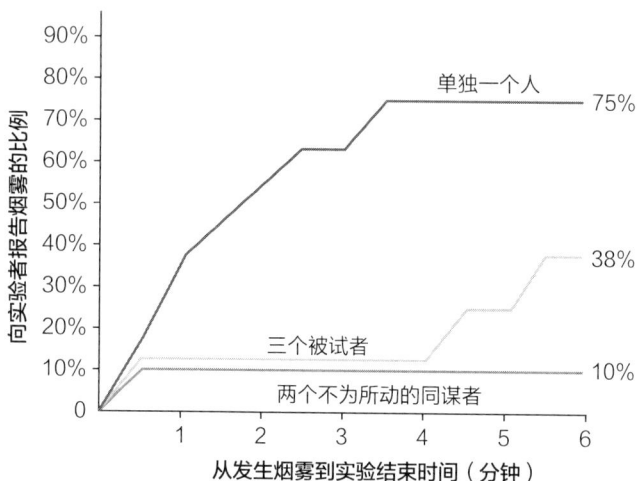

图 5-11　被试者对充满烟雾的房间的反应

　　再次回到张三拿刀追女人事件，如果周围的人对这个事件都没有反应，就可能会给我们造成一种错觉：这件事情并不紧急。情境的模糊性也可能会让我们觉得事情不紧急，比如，如果张三拿着刀对那个女人说：亲爱的，不要跑，这是我送给你的情人节惊喜。而那个女人还不时回头对张三笑，你就不会觉得这是一个紧急事件，更有可能会认为这是一对情侣在玩无聊的游戏。在现实生活中，很多歹徒侵犯女性的时候会假装成女性的伴侣来蒙骗周围的人，这正是利用了这个情境模糊性的阻碍因素。

　　如果注意到事件发生并知觉为紧急事件，我们就会提供帮助吗？还是不一定。

　　助人的第三步是我们是否认为自己有责任去帮助别人。达利等人认为旁观者效应是在这一步出现的责任扩散（Diffusion of Responsibility）导致的，也就是如果旁观者越多，每个人知觉到自己助人的责任越少，所以他们更不可能助人。就像基诺维斯的案例中有些邻居事后声称："我以为别人报警了，所以我就没有报警。"

即使你知道自己有责任帮助他人，比如在张三案例中，你知道你有责任帮助那个女人，你就会行动吗？仍旧是不一定。这时进入助人的第四步：你是否有能力提供帮助。也就是说，如果你要帮助她，你得有能力对付张三，但他现在手持利刃，如果你没有空手夺白刃的能力，即使上去可能也不会提供任何帮助。这经常发生在受助者所需要的帮助超过助人者的能力范围的事件中，比如有人掉下水，你很想帮他，但是你不会游泳。

但是即使你有能力帮助对方，你就会帮助吗？答案依然不确定。举一个最常见的例子，人们大都有过在公交车或地铁上没有给有需要的人让座的经历，你注意到他需要座位，你也知道自己有责任让座，同时你也有让座的能力，但是你为什么没有给他让座呢？很多人犹豫的原因可能是，如果我让了座，他拒绝了我，那我是继续坐回去还是坚持让座，这会不会让我看起来很蠢？这是第五步中阻碍助人的因素之一。也就是如果做出助人行为，可能会让自己看起来很蠢，因此也不一定会做出助人行为。

还有一个因素也会阻碍人们做出助人行为，就是帮助别人会不会让自己付出无法承担的代价，比如对方会不会反过来讹诈我。

通过达利等人的助人模型，可以看到，从一个需要帮助事件的发生到助人行为的产生需要经过非常复杂的思考过程，并且存在多重阻碍因素，不助人不一定是人性冷漠的反应。同时，这个模型也告诉我们，如果需要他人的帮助，需要尽可能破除这些阻碍因素。

思考

假设未来某一天，你处在需要他人帮助的困境中，你可以通过什么方法逐一破除助人五步走模型中每一步的阻碍因素，请他人对你伸出援手？

宽恕的力量

六、一笑"泯"恩仇

历史上有如下两个非常著名的故事。

《史记·范雎蔡泽列传》中记载，秦昭王三十六年，魏国人范雎被人陷害，魏国的宰相魏齐怀疑他谋反，将他打得半死并对他进行轮番羞辱——打断了他的肋骨，打掉他的牙齿，把他卷在席子中，扔进了厕所，还让人对他撒尿。范雎装死，并在看守的帮助下捡回一条小命，化名为张禄躲了起来。后来范雎跟随秦昭王派来魏国出使的使臣王稽一起去了秦国，被秦王重用封为秦国的宰相。范雎要求魏王交出魏齐，秦昭王四十六年，魏齐在走投无路的情况下自杀。这就是"君子报仇，十年未晚"的典故，"睚眦必报"这个成语也来源于此。

同样在《史记·淮阴侯列传》中记载，韩信早年受胯下之辱，后来帮助刘邦夺得天下，衣锦还乡时对当初羞辱他的人不但不记仇，反而封他为楚中尉。这就是"以德报怨"成语的出处。

1. 宽恕的力量

宽恕是最近十几年心理学界一个热门的研究主题。

那么，宽恕真的有用吗？

几年前，我曾经带过一个学生，这是一个非常有个性的男生，大家都说他是一个小愤青，有些老师对这个学生十分头疼。刚好他和我很合得来，我倒觉得这个学生的坚持己见和执着是他的一个优点。有一次我们两个人讨论他刚刚失败的一个实验，他很苦恼，不知道接下来可以做什么。

我就随口说了一句："我觉得你这个人还蛮容易愤慨的，要不你去研究宽恕怎样？你需要学学宽恕。"这引起了我们之间的争论。

他认为在被冒犯之后，报复才是更好的办法，而我却认为宽恕可能会比报复更好，我们俩谁也说不过谁。当时我灵光一闪，说不如我们做一个实验，来比较一下宽恕和报复哪种更有用。我们很好奇，在被别人冒犯之后，宽恕和报复哪一种更能降低我们的怒气？

我们经过一番思考之后设计出了一个大学生比较熟悉的冒犯情境故事，但是对来参加我们研究的大学生说，这是一项语言表达特点的研究，研究会设定特定的主题，然后通过分析个体对这些主题相关问题的回答内容，进而了解人们的语言风格表达特点。接着，我们要求他们以第一人称视角阅读下面这个事件。

一个我偶尔会在课堂上遇到的同学告诉我，这周末之前他必须提交这门课的论文。我已经写完了这门课的论文，而这个同学说他还没有想

311

好写什么，想借我的论文参考一下，并且保证和我的不一样，我同意了。但这个同学直接将我的论文稍加修饰润色后交了上去。老师发现了两篇雷同的论文，认定我抄袭了这个同学的论文，还把我叫到办公室狠狠地训了一顿，说要取消我这门课的成绩。我向老师说明了我的选题思路以及数据分析过程，而这个同学对论文思路一无所知。老师相信论文是我写的。

在他们读完这个故事后，用一分钟的时间想象这个故事就发生在自己身上，接着让他们评估自己的愤怒感。随后我们将这些大学生随机分配到宽恕组或报复组，他们需要回答三个问题：他们会用什么方法来宽恕或者报复这个同学，他们在宽恕或者报复过程中可能会有什么体验，说明他们进行宽恕或报复的原因。在完成上面的问题后，他们再一次评估自己的愤怒感。

在读完材料之后，两组大学生的愤怒水平差异不大，满分 100 分制，两组人评分都在 75~80 分，这说明这个事件确实会让他们很生气。我们发现报复和宽恕二者都能相应地降低愤怒感，但是宽恕的降低作用要远远好于报复，报复组的愤怒平均下降了 15 分，而宽恕组下降了 32 分，是报复组降幅的两倍。

我们还做了一系列对比宽恕和报复的研究，都发现宽恕的作用好于报复。但在研究中存在一个问题，就是我们只是被动地呈现了一个冒犯事件，要求被试者立刻进行宽恕，这和我们实际生活中进行宽恕还是有很大不同的。

2. 如何宽恕

如果想进行宽恕可以怎么做呢？一般来说，宽恕要经历四个阶段的心理过程。

小红和张三谈了六年的恋爱，两个人关系也比较不错，但是张三的父母一直不喜欢小红，以各种要求为难小红。尽管小红经常委屈自己以博得张三父母的欢心，最终张三还是在父母的逼迫下选择和小红分手。这个事件让小红非常愤怒和痛苦。

如果小红想要宽恕张三，她需要做哪些工作呢?

宽恕的第一阶段是体验伤害阶段，"我真的受伤了"。在这个阶段人们会认识、体会和接纳自己在受伤害后可以出现愤怒、羞愧和对事件的过度关注等消极反应。这些体验会强化我们的愤怒和悲伤情绪，只有当人们意识和接纳自己的这些消极情绪与看法之后，才有可能做出改变。

所以，对于小红来说，她需要意识到张三和自己分手这件事让她感到非常愤怒和痛苦，而不是拒绝自己的这些体验。有一些受害者可能出于伤害事件让他们感到羞耻的心理，对于伤害事件会采用防御或否认的方式来应对。

第二阶段是决定宽恕阶段，"我愿意宽恕你"。在这个阶段人们意识到自己之前应对冒犯的策略可能是没有用的，进而考虑是否把宽恕作为一种新的选择，进而做出宽恕的承诺。

在分手之初，小红可能会通过埋怨张三的父母，或者贬低自己的方式，比如我可能真的是一个非常糟糕的情人，或者以指责张三软弱这些方式来应对分手，但是这些策略可能无法帮她解决她的愤怒和悲伤。所以在第二阶段，她可能会思考宽恕对她意味着什么，是否要采用宽恕。

第三阶段是实施宽恕阶段，"我宽恕你"。在这个阶段受害者会从新的角度看待冒犯者，开始换位体会对方的困惑和压力，这时受害者不再执拗于自己所受的伤害，能够理解对方，对对方产生共情。

在这一阶段，小红会尝试从张三的角度来思考分手这件事情，她可能会发现张三在分手过程中也很痛苦和无奈，这时候小红看到的就不仅是自己的痛苦，也能对张三的痛苦感同身受。这时候她可能会放弃报复张三，内心的愤怒和悲伤可能会逐渐减少，开始获得内心的平静。

第四阶段是深化宽恕阶段，"新生"。在这个阶段我们可能会思考磨难和给予宽恕对我们的人生有何意义，开始对冒犯事件赋予新的积极的意义，可能也会意识到自己也需要他人的宽恕，开始树立新的生活目标。这时我们对冒犯者的消极情绪逐渐减少，积极情绪逐渐增加，内心得以释然。

到了这一阶段，小红可能会发现张三分手这件事情让她重新思考一段亲密关系对自己的意义是什么，一味满足对方完全放弃自己不是最好的方式，她在关系中是否要保持自我，如果当保持自我与对方的期望不一致时，除了委屈、改变自己，她还可以做哪些方面的事情。她开始发现与张三的分手，让自己重新思考如何平衡亲密关系中的需要和付出，同时也开始意识到在这段关系中，自己的某些做法纵容了张三父母的过分要求，所以自己也需要承担一定的责任。到了这一阶段，小红就能够坦然接受分手这个事件，也不再感到愤怒和悲伤，并真正宽恕了张三。

不是每一个宽恕者都要经历上述所有过程，也不是每一个人都会按照这四个阶段逐个来进行。

上面的内容只是为了让大家了解宽恕的发生过程，并不是给大家提供一个自我练习宽恕的指导。宽恕是一个漫长的过程，在宽恕的过程中出现倒退也很正常，真正的宽恕是很专业的心理治疗过程，最好是在专业的咨询师的帮助下来做。

下面来看看心理学家进行的一些宽恕方面的干预研究发现。

心理学家柯伊尔（Coyle）和恩赖特（Enright）招募了 10 名因伴侣决定堕胎而受到伤害的男性。研究人员把他们随机分配到宽恕干预组或者等待组。宽恕干预组接受为期 12 周、每周 90 分钟的宽恕干预，而等待组不做任何干预。研究人员测量了两组在干预前后的心理健康评分。在 12 周结束后，等待组的 5 名男性也接受同样 12 周的宽恕干预。12 周后，研究者再一次测量了两组的心理健康水平。

他们发现，宽恕干预组的男性在进行 12 周的宽恕干预后，他们的焦虑、抑郁和悲痛等消极情绪都得到明显的改善，但是等待组的男性在12 周中并没有明显的变化。等待组在等待结束进行 12 周的宽恕干预后，他们的消极情绪也都得到明显的改善。而之前已经接受宽恕干预的那组男性在 12 周的追踪研究里其消极情绪的改善作用仍然在持续（见图 5-12）。

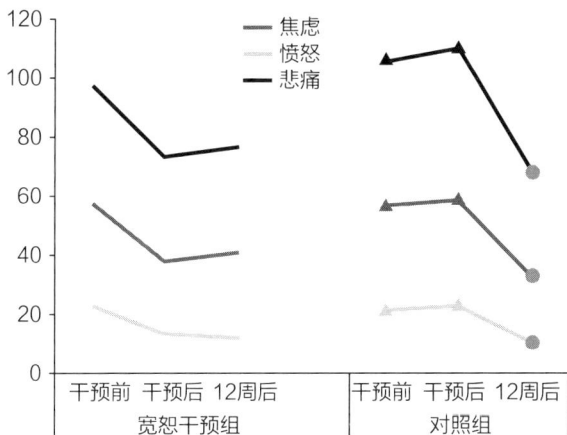

图 5-12　宽恕干预后受到伤害的男性的心理健康评分

心理学家里德（Reed）和恩赖特把 20 名曾受过伴侣情感虐待的女性

随机分为宽恕干预组和对照组。宽恕干预组接受宽恕的干预，而对照组在同样的时间段里接受同样次数的生活问题讨论，包括对过往情感虐待的影响讨论。两个组接受干预的时长均介于 5~12 个月，平均为 7.95 个月，每周 1 次，每次 1 小时。研究人员在干预前后评估了两组女性的多项心理指标。

研究者发现接受宽恕的女性在干预后的自尊、对环境的掌控感、意义寻求方面都有积极的提升，而她们的焦虑和抑郁以及创伤应急症状都有显著的下降，并且在随后的跟踪中，这些效果都得到保持甚至继续改善，而只是参加问题讨论组的对象在大部分心理指标上都没有明显的变化（见图 5-13 上方折线图）。

研究者还让这些女性在干预前后分别讲述了伴侣的心理虐待在她们生活中所起的作用，然后将她们所讲的内容分类为受害者故事和生存者故事。受害者故事倾向于强调施暴者的力量、将自己描述成受害者，描述中还包括对虐待的怨恨、重复和侵入式记忆等；生存者故事则倾向于强调自己的选择，将虐待转变成做出新决定的动力等。研究者发现，经过宽恕的干预后，这些女性所讲述的受害者故事逐渐减少，而生存者故事逐渐增多，但是对照组并没有发生明显的变化（见图 5-13 下方折线图）。

中国的武侠小说中也不乏这种案例，在武侠小说里出现过这样的情节：受害者通过自虐式的修炼最终练成绝世武功，然后把仇家杀光。但是他从此获得幸福快乐了吗？并没有，他们很有可能选择自我毁灭，因为复仇后他们找不到新的活着的意义。

约翰·弥尔顿（John Milton）曾说："复仇的感觉是甜美的，但是当其反弹后，苦涩是无尽的。"

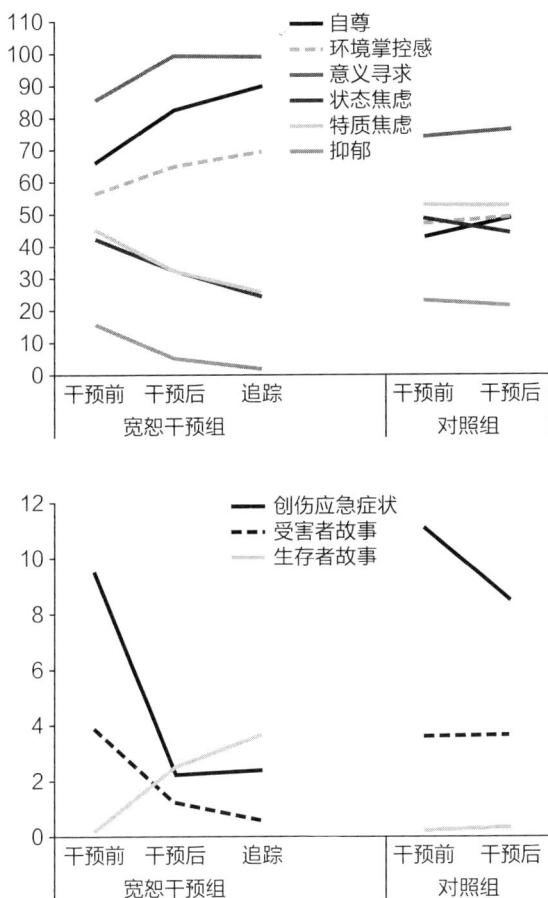

图 5-13　宽恕干预后受到伤害的女性的心理健康评分

　　本书的最后我给大家讲一个真实的小故事，这个故事也是促使我和我的学生进行宽恕方面的研究的原因之一。那时候打车软件还没有流行，我们学校门口聚集着很多黑车。一个学生在大学刚入学的时候，和学校门口的一个黑车司机发生过冲突，被那个司机羞辱了一番，这导致大学四年中他每次一想到这件事就极其愤怒，甚至因为深受这个事件的困扰，在大学生活中过得很糟糕。听到这件事的时候，我感到非常可惜，如果这个学生能够学会用宽恕去处理这件事不知道他大学四年的时光又会是怎样的？如果你们也曾经受过不平等对待或者伤害，但到现在你还是无法放下这段经历，不知道你是否会考虑用宽恕来应对？

思考

你是否曾经经历过不平等或者伤害事件？你是怎么应对这些事件的？通过这一讲的学习，你是否会考虑尝试用宽恕的方法来应对？如果会，你计划怎么做？

书籍推荐

[1] 《宽恕是一种选择》(作者：【美】罗伯·恩莱特)
[2] 《学会宽恕》(作者：【美】弗雷德·罗斯金)

主要参考文献

第一章　理解自我

T. Talhelm, X. Zhang, S. Oishi, C. Shimin, D. Duan, X. Lan, S.Kitayama. Large-scale Psychological Differences within China Explained by Rice versus Wheat Agriculture [J]. *Science*, 2014, 334 (6184).

N D, Weinstein S E Marcus, R P Moser. Smokers' Unrealistic Optimism about Their Risk [J]. *Tobacco Control*, 2005.

Berglas S, Jones E E. Drug Choice as a Self-handicapping Strategy in Response to Noncontingent Success [J]. *Journal of Personality & Social Psychology*, 1978.

Baumeister R F, Bratslavsky E, Muraven M, et al. Ego Depletion: is the Active Self a Limited Resource? [J]. *Journal of personality and social psychology*, 1998.

Finkel E J, Dewall C N, Slotter E B, et al., Self-Regulatory Failure and Intimate Partner Violence Perpetration [J]. *Journal of Personality & Social Psychology*, 2009.

Rosenthal R, Jacobson L. Teachers' Expectancies: Determinants of Pupils' IQ Gains [J]. Psychological Reports, 1966.

第二章　探究行为

Dweck, Carol S. The Role of Expectations and Attributions in the Alleviation of Learned Helplessness [J]. *Journal of Personality and Social Psychology*, 1975.

Ross L D, Amabile T M, Steinmetz J L. Social Roles, Social Control, and Biases in Social-perception Processes. [J]. *Journal of Personality & Social Psychology*, 1977.

Taylor S E, Fiske S T. Point of View and Perceptions of Causality [J]. *Journal of Personality and Social Psychology*, 1975.

第三章　改变态度

Festinger L, Carlsmith J M. Cognitive Consequences of Forced Compliance [J]. *Journal of Abnormal Psychology*,1959.

Freedman J L. Long-Term Behavioral Effects of Cognitive Dissonance [J]. *Journal of Experimental Social Psychology*, 1965.

Linder D E, Cooper J, Jones E E. Decision Freedom as a Determinant of the Role of Incentive Magnitude in Attitude Change [J]. *Journal of Personality & Social Psychology*, 1967.

Aronson E, Mills J. The Effect of Severity of Initiation on Liking for a Group [J]. *Journal of Abnormal & Social Psychology*, 1959.

Brehm, Jack W. Postdecision Changes in the Desirability of Alternatives [J]. *Journal of Abnormal Psychology*, 1956.

Janis I L, Kaye D, Kirschner P. Facilitating Effects of "Eating-while-reading" on Responsiveness to Persuasive Communications [J]. *Journal of Personality & Social Psychology*, 1965.

Banks S M, Salovey P, Greener S, et al., The Effects of Message Framing on Mammography Utilization [J]. *Health Psychology: Official Journal of the Division of Health Psychology American Psychological Association*, 1995.

Leventhal H,Watts J C,Pagano F.Effects of Fear and Instructions on How to Cope with Danger [J]. *Journal of Personality and Social Psychology*, 1967, 6(3).

Katz D. Studies in Social Psychology in World War II [J]. *Psychological Bulletin*, 1951.

Chaiken S, Eagly A H. Communication modality as a determinant of message persuasiveness and message comprehensibility [J]. *Journal of Personality & Social Psychology,* 1976.

Russano M B, Meissner C A, Narchet F M, et al. Investigating True and False Confessions Within a Novel Experimental Paradigm [J]. *Psychological Science*, 2005.

Freedman J L, Sears D O. Warning, Distraction, and Resistance to Influence [J]. *Journal of Personality and Social Psychology*, 1965.

Telch M J, Killen J D, Mcalister A L, et al. Long-term Follow-up of a Pilot Project on Smoking Prevention with Adolescents [J]. *Journal of Behavioral Medicine*, 1982.

第四章　破解情感

Langlois J H, Roggman L A. Attractive Faces Are Only Average [J]. *Psychological Science*, 1990.

Sacco D F, Hugenberg K, Kiel E J. Facial Attractiveness and Helping Behavior Beliefs [J]. *Social Psychology*, 2013.

Finch J F, Cialdini R B. Another Indirect Tactic of (Self) Image Management: Boosting [J]. *Personality and Social Psychology Bulletin*, 1989.

Baaren R B V, Holland R W, Steenaert B, et al. Mimicry for Money: Behavioral Consequences of Imitation [J]. *Journal of Experimental Social Psychology*, 2003.

Moreland R L, Beach S R. Exposure Effects in the Classroom: The Development of Affinity among Students [J]. *Journal of Experimental Social Psychology*, 1992.

Zajonc, Robert B. Attitudinal Effects of Mere Exposure. [J]. *Journal of Personality & Social Psychology*, 1968.

Mita T H, Dermer M, Knight J. Reversed Facial Images and the Mere-exposure Hypothesis [J]. *Journal of Personality and Social Psychology*, 1977.

Festinger L, Schachter S, Back K W. Social Pressures in Informal Groups: a Study of Human Factors in Housing [J]. *The Milbank Memorial Fund Quarterly*, 1950.

Back M D, Schmukle S C, Egloff B. Becoming Friends by Chance [J]. *Psychological*, 2008.

Baumeister R F, Twenge J M, Nuss C K. Effects of Social Exclusion on Cognitive Processes: Anticipated Aloneness Reduces Intelligent Thought [J]. *Journal of Personality & Social Psycholog*, 2002.

Eisenberger N I, Lieberman M D, Williams K D. Does Rejection Hurt? An fMRI Study of Social Exclusion. *Science*, 2003.

Kenrick D T, Sadalla E K, Groth G, et al. Evolution, Traits, and the Stages of Human Courtship: Qualifying the Parental Investment Model [J]. *Journal of*

Personality, 2010.

Buss D M, Schmitt D P. Sexual Strategies Theory: an Evolutionary Perspective on Human Mating [J]. *Psychological Review*, 1993.

Michael, W, Wiederman. Evolved Gender Differences in Mate Preferences: Evidence from Personal Advertisements [J]. *Ethology & Sociobiology*, 1993.

Greenlees I A, McGrew W C. Sex and Age Differences in Preferences and Tactics of Mate Attraction: Analysis of Published Advertisements [J]. *Ethology & Sociobiology*, 1994.

Johnston V S, Hagel R, Franklin M, et al., Male Facial Attractiveness: Evidence for Hormone-mediated Adaptive Design [J]. *Evolution & Human Behavior*, 2001.

Douglas T Kenrick, Richard C Keefe. Age Preferences in Mates Reflect Sex Differences in Mating Strategies [J]. *Behavioral & Brain Sciences*, 1992.

Aharon I, Etcoff N, Ariely D, Chabris C F, O'Connor E, Breiter H C. Beautiful Faces have Variable Reward Value: fMRI and Behavioral Evidence [J]. *Neuron*, 2001,32(3).

Singh D. Adaptive Significance of Female Physical Attractiveness: Role of Waist-to-hip Ratio [J]. *Journal of Personality & Social Psychology*, 1993.

Buss D M, Schmitt D P. Sexual Strategies Theory: an Evolutionary Perspective on Human Mating [J]. *Psychological Review*, 1993.

Silverthorne Z A, Quinsey V L. Sexual Partner Age Preferences of Homosexual and Heterosexual men and women [J]. *Archives of Sexual Behavior*, 2000.

Kay D, Hanna Randel H. Courtship in the Personals Column: the Influence of Gender and Sexual Orientation [J]. *Sex Roles*, 1984.

Abbey A, Cozzarelli C, McLaughlin K, Harnish R J. The Effects of Clothing and Dyad Sex Composition on Perceptions of Sexual Intent: Do Women and Men Evaluate These Cues Differently [J]. *Journal of Applied Social Psychology*, 2006.

Goetz A T, Causey K. Sex Differences in Perceptions of Infidelity: Men often Assume the Worst [J]. *Evolutionary Psychology*, 2009.

Takahashi H, Matsuura M, Yahata N, Koeda M, Suhara T, Okubo Y. Men and Women Show Distinct Brain Activations during Imagery of Sexual and Emotional Infidelity [J]. *Neuroimage*, 2006.

Sternberg R J. A Triangular Theory of Love [J]. *Psychological Review*, 1986.

Sternberg R J. Construct Validation of a Triangular Love Scale [J]. *European Journal of Social Psychology*, 1997.

第五章 播种善意

Natalie, Porter, Florence, et al. Are Women Invisible as Leaders? [J]. *Sex Roles*, 1983.

Phelps E A, O Connor K J, Cunningham W A, et al. Performance on Indirect Measures of Race Evaluation Predicts Amygdala Activation [J]. *Journal of Cognitive Neurosciena*, 2000, 12(5):729-738.

Rogers R W, Prentice-Dunn S. Deindividuation and Anger-mediated Interracial Aggression: Unmasking Regressive Racism [J]. *Journal of Personality & Social Psychology*, 1981.

Langer E J, Imber L. Role of Mindlessness in the Perception of Deviance [J]. *Journal of Personality & Social Psychology*, 1980.

Rothbart M, Fulero S, Jensen C, et al. From Individual to Group Impressions: Availability Heuristics in Stereotype Formation [J]. *Journal of Experimental Social Psychology*, 1978.

Sherif C W. Intergroup Conflict and Cooperation: The Robbers Cave Experiment [J]. *Robbers Cave Experiment Intergroup Conflict & Cooperation*, 1961.

Dunn E W, Aknin L B, Norton M I. Spending Money on Others Promotes Happiness [J]. *Science*, 2008.

McMillen D L, Austin J B. Effect of Positive Feedback on Compliance Following Transgression [J]. *Psychonomic Science*, 1971.

Thompson W C, Cowan C L, Rosenhan D L. Focus of Attention Mediates the Impact of Negative Affect on Altruism [J]. *Journal of Personality & Social Psychology*, 1980.

Rosenhan D L, Salovey P, Hargis K. The Joys of Helping: Focus of Attention Mediates the Impact of Positive Affect on Altruism [J]. *Journal of Personality & Social Psychology*, 1981.

Wilkinson, Gerald S. Reciprocal Food Sharing in the Vampire Bat [J]. *Nature*, 1984.

Moore D, Wigby S, English S. Selflessness is Sexy: Reported Helping Behaviour Increases Desirability of Men and Women as Long-term Sexual Partners [J]. *BMC Evol Biol* 13, 2013.

Darley J M, Latane B. Bystander Intervention in Emergencies: Diffusion of Responsibility [J]. *Journal of Personality & Social Psychology*, 1968.

Bibb Latané, Rodin J. A Lady in Distress: Inhibiting Effects of Friends and Strangers on Bystander Intervention [J]. *Journal of Experimental Social*

Psychology, 1969.

Darley J M, Batson C D. "From Jerusalem to Jericho": A Study of Situational and Dispositional Variables in Helping Behavior [J]. *Journal of Personality & Social Psychology*, 1973.

Latane B, Darley J M. Group Inhibition of Bystander Intervention in Emergencies [J]. *Journal of Personality & Social Psychology*, 1968.

陈晓, 高辛, 周晖. 宽宏大量与睚眦必报: 宽恕和报复对愤怒的降低作用 [J]. 心理学报, 2017.

Coyle, Enright C T, Robert D. Forgiveness Intervention with Postabortion Men. [J]. *Journal of Consulting and Clinical Psychology*, 1997.

Reed G L, Enright R D. The Effects of Forgiveness Therapy on Depression, Anxiety, and Posttraumatic Stress for Women after Spousal Emotional Abuse [J]. *Journal of Consulting and Clinical Psychology*, 2006.